Photoshop CS6
实战基础培训教程

全视频微课版

麓山文化 编著

人民邮电出版社

北京

图书在版编目（ＣＩＰ）数据

Photoshop CS6实战基础培训教程：全视频微课版 /
麓山文化编著. -- 北京：人民邮电出版社，2020.5
ISBN 978-7-115-51938-2

Ⅰ. ①P… Ⅱ. ①麓… Ⅲ. ①图象处理软件—技术培
训—教材 Ⅳ. ①TP391.413

中国版本图书馆CIP数据核字(2019)第195743号

内 容 提 要

　　本书全面介绍了 Photoshop CS6 的基本功能及使用方法，有助于入门级读者快速而全面地掌握 Photoshop CS6 的应用。

　　全书共 17 章，前 13 章从 Photoshop 的基础使用方法开始讲起，循序渐进地解读了 Photoshop 的基本操作、选区、绘画、颜色调整、图像修饰、路径、文字、图层、滤镜、蒙版、通道、动作与自动化、3D 等核心功能和应用技巧。后 4 章则从 Photoshop 的实际应用出发，针对创意合成、网店装修、平面广告及 UI 图标设计几个方面进行实战练习，不仅帮助读者巩固了前面所学的 Photoshop 技巧，更为以后的实践学习打下了基础。

　　本书资源包括全书所有案例的素材文件、效果源文件和在线教学视频，并为读者精心准备了 Photoshop CS6 快捷键索引。另外，还附赠丰富的笔刷、动作、图案、样式等资源，以方便读者学习。

　　本书适合广大 Photoshop 初学者，以及有志于从事平面设计、插画设计、包装设计、三维动画设计、影视广告设计等工作的人员使用，同时也适合高等院校相关专业的学生和各类培训班的学员参考阅读。

　◆　编　　著　麓山文化

　　　责任编辑　张丹阳

　　　责任印制　马振武

　◆　人民邮电出版社出版发行　　北京市丰台区成寿寺路 11 号

　　　邮编　100164　电子邮件　315@ptpress.com.cn

　　　网址　http://www.ptpress.com.cn

　　　大厂聚鑫印刷有限责任公司印刷

　◆　开本：800×1000　1/16

　　　印张：20

　　　字数：622 千字　　　　　　　　　2020 年 5 月第 1 版

　　　印数：1 – 3 000 册　　　　　　　2020 年 5 月河北第 1 次印刷

定价：45.00 元

读者服务热线：(010)81055410　印装质量热线：(010)81055316
反盗版热线：(010)81055315
广告经营许可证：京东工商广登字 20170147 号

前　言

Photoshop 作为 Adobe 公司旗下著名的图像处理软件，在平面设计、视觉创意合成、数码插画设计、网店装修等领域应用广泛，深受广大艺术设计人员和电脑美术爱好者的喜爱。

■ 编写目的

鉴于 Photoshop 强大的图像处理能力，我们力图编写一本全方位介绍 Photoshop CS6 基本功能和技巧的工具书，供读者逐步掌握 Photoshop CS6 的使用方法。

■ 本书写作特色

为了让读者更好地学习与阅读，本书在编写体系上做了精心的设计，具体总结如下。

难易安排有节奏　轻松学习乐无忧

本书在编写时特别考虑到读者的水平可能有高有低，因此在内容上有所区分。

- **重点**：带有**重点**的为重点内容，多是实际应用中使用较频繁的操作，需重点掌握。
- **难点**：带有**难点**的为难点内容，有一定的难度，适合学有余力的读者深入钻研。

其余则为基本内容，勤加练习即可应付绝大多数的工作需要。

资深讲师编著　图书质量更有保障

作者系经验丰富的专业设计师和资深讲师，确保图书内容实用。

案例贴身实战　技巧原理细心解说

本书案例各个经典，每个案例都包含了相应工具和功能的使用方法和技巧。在一些重点和要点处，还添加了"答疑解惑"和"延伸讲解"栏目，帮助读者理解和加深认识，从而真正掌握，以达到举一反三、灵活运用的目的。

四类商业案例　行业应用全面接触

本书涉及的四类商业案例，包括创意合成、网店装修、平面广告、UI 设计，旨在通过不同类型的综合案例，帮助读者积累实战经验，为工作就业搭桥。

多个精选实例　制作技能快速提升

本书的每个案例均经过作者精挑细选，十分典型，具有重要的参考价值，读者可以边做边学，从新手快速成长为 Photoshop 高手。

麓山文化

2020 年 3 月

资源与支持

本书由数艺社出品，"数艺社"社区平台（www.shuyishe.com）为您提供后续服务。

■ 配套资源

书中所有实例均提供了效果源文件和素材文件，方便读者在学习的同时进行操作练习。

本书所有实例都提供了在线教学视频，提高读者学习效率。

附赠丰富的笔刷、动作、图案、样式等资源，以方便读者学习。

■ 资源获取请扫码

"数艺社"社区平台，为艺术设计从业者提供专业的教育产品。

■ 与我们联系

我们的联系邮箱是 szys@ptpress.com.cn。如果您对本书有任何疑问或建议，请您发邮件给我们，并请在邮件标题中注明本书书名及 ISBN，以便我们更高效地做出反馈。

如果您有兴趣出版图书、录制教学课程，或者参与技术审校等工作，可以发邮件给我们；有意出版图书的作者也可以到"数艺社"社区平台在线投稿（直接访问 www.shuyishe.com 即可）。如果学校、培训机构或企业想批量购买本书或数艺社出版的其他图书，也可以发邮件联系我们。

如果您在网上发现针对数艺社出品图书的各种形式的盗版行为，包括对图书全部或部分内容的非授权传播，请您将怀疑有侵权行为的链接通过邮件发给我们。您的这一举动是对作者权益的保护，也是我们持续为您提供有价值的内容的动力之源。

■ 关于数艺社

人民邮电出版社有限公司旗下品牌"数艺社"，专注于专业艺术设计类图书出版，为艺术设计从业者提供专业的图书、U 书、课程等教育产品。出版领域涉及平面、三维、影视、摄影与后期等数字艺术门类；字体设计、品牌设计、色彩设计等设计理论与应用门类，UI 设计、电商设计、新媒体设计、游戏设计、交互设计、原型设计等互联网设计门类，环艺设计手绘、插画设计手绘、工业设计手绘等设计手绘门类。更多服务请访问"数艺社"社区平台 www.shuyishe.com。我们将提供及时、准确、专业的学习服务。

目 录

第03章 选区工具的应用
视频讲解 36 分钟

第04章 绘画与编辑功能
视频讲解 46 分钟

第07章 文本的应用
视频讲解 26 分钟

第08章 掌握图层的应用
视频讲解 22 分钟

图像的相关知识

第01章

读者在正式学习用Photoshop CS6处理图像前，需要了解图像的相关知识。本章将详细地介绍像素与分辨率、位图与矢量图、图像的颜色模式、色域与溢色及常用的图像文件格式等内容，帮助读者了解图像的相关内容，为更好地处理图像打下良好的基础。

学习重点
- 位图与矢量图
- 图像的颜色模式中的灰度模式、双色调模式、RGB模式、CMYK模式
- 溢色与查找溢色区域

1.1 位图与矢量图

通常将图像分为位图图像与矢量图形两种类型，Photoshop是典型的位图软件，同时具有处理矢量图形的功能。

1.1.1 位图图像　重点

位图图像在技术上称为"栅格图像"，也就是通常所说的"点阵图像"或"绘制图像"。它是由像素组成的，在Photoshop中处理图像时，编辑的就是像素。打开一个图像文件，把它放大到原来的4倍，发现图像变模糊了，而放大更多倍时，就可以看到画面中出现许多彩色的小方块，它们是位图图像的显著特点，如图1-1所示。

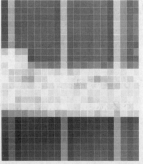

图1-1 原图与放大后图片对比

延伸讲解

位图图像与分辨率有关，也就是说，对位图进行缩放时，位图会变形。

1.1.2 矢量图形　重点

矢量图形也称为矢量形状和矢量对象，矢量图形是图形软件通过数学的向量方式进行计算得到的图形，它与分辨率没有直接的关系，因此可以任意缩放和旋转，不会影响图形的清晰度，如图1-2所示。

图1-2 矢量图形的清晰度

?? 答疑解惑：矢量图形的特点

◆ 文件小。矢量图形中保存的是线条和图块的信息，所以矢量图形文件与分辨率、图像大小无关，只与矢量图形的复杂程度有关，因此，一般矢量图形文件所占的存储空间较小。

◆ 对矢量图形进行缩放、旋转和变形操作时，矢量图形不会产生锯齿效果。

◆ 可采用高分辨率印刷。矢量图形文件可以在任意输出设备或打印机上以打印或印刷的最高分辨率进行打印输出。

1.2 像素与分辨率

通常情况下，在Photoshop中进行图像处理是指对位图图像进行装饰、合成等操作，图像的像素和分辨率会影响图像的尺寸和清晰度。

1.2.1 什么是像素

通常情况下，一张普通的图像必然有连续的色相和明暗的过渡，如果把位图图像放大数倍，则会看见许多色彩相近的小方块，这些小方块就是构成图像的最小单位——"像素"，如图1-3和图1-4所示。

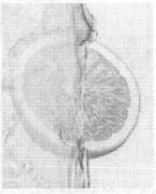

图 1-3 原图　　　　图 1-4 放大后的像素图

构成一幅图像的像素点越多，色彩的信息就越丰富，效果就越好，当然文件所占的空间也会越大。位图中，像素的大小指的是沿图像的高度和宽度测量出的像素数目，图1-5所示的两张图像的大小分别为800像素×800像素、400像素×250像素。

图1-5 800像素×800像素和400像素×250像素图像对比

1.2.2 什么是分辨率

分辨率指的是位图图像中的细节精细度，测量单位是像素/英寸（ppi），每英寸的像素越多，分辨率就越高。一般来说，图像的分辨率越高，印刷出来的质量就越好，如图1-6所示，这两张图像的像素相同，内容也相同，左图的分辨率为72ppi，右图的分辨率为360ppi，可以观察到这两张图像的清晰度有明显的差异，即右图的清晰度明显高于左图。

图 1-6 分辨率高低的对比

图像的分辨率和尺寸都影响着文件的大小和输出质量。在一般情况下，分辨率和尺寸越大，图形文件所占用的磁盘空间也就越多。

延伸讲解

像素和分辨率是两个不可分开的重要概念，它们的组合方式决定了图像的数据量。在打印时，高分辨率的图像要比低分辨率的图像包含更多的像素，因此，像素越小，像素的密度越高，呈现的颜色过渡效果越精细。

1.3 图像的颜色模式

使用Photoshop处理照片时经常会涉及"颜色模式"这一概念。图像的颜色模式是指将某种颜色表现为数字形式的模型，或者说是一种记录图像颜色的方式。在Photoshop中，颜色模式分为位图模式、灰度模式、双色调模式、索引颜色模式、RGB颜色模式、CMYK颜色模式、Lab颜色模式和多通道模式。

1.3.1 位图模式

位图模式指使用黑白两种颜色值中的一个来表示图像中的像素。位图模式的图像也叫作黑白图像，因为图像中只有黑白两种颜色，如图1-7所示。将图像转换为位图模式会使图像颜色减少到两种，从而大大简化了图像中的颜色信息，同时也减小了文件的大小。

图 1-7 原图与位图模式

延伸讲解

当需要将色彩模式转换为位图模式时，必须先转换为灰度模式，由灰度模式才能转换为位图模式。

1.3.2 灰度模式 重点

灰度模式是用单一的色调来表现图像的模式，如果选择了灰度模式，则图像中没有颜色信息，色彩饱和度为零，图像有256个灰度级别，从亮度0（黑）到255（白）；如果要编辑处理黑白图像，或将彩色图像转换

为黑白图像，可以指定图像的模式为灰度，由于灰度图像的色彩信息已从文件中删掉，所以灰度图像文件的大小相对于彩色图像文件要小得多，如图1-8所示。

图 1-8 原图与灰度图像

1.3.3 双色调模式 重点

双色调模式是用一种灰色油墨或者彩色油墨来渲染的灰度图像。该模式最多可向灰度图像中添加4种颜色，从而可以打印出比单纯灰度图像更有趣的多色调图像。

双色调模式是采用2~4种彩色油墨并混合其色阶来创建双色调（2种颜色）、三色调（3种颜色）和四色调（4种颜色）的图像，图1-9所示为双色调图像。将灰度图像转换为双色调模式图像的过程中，可以对双色调进行编辑，以产生特殊的效果。双色调模式的功能之一是可以使用尽量少的颜色来表现尽量多的颜色层次，减少印刷成本。

图 1-9 双色调图像

只有灰度模式的图像才能转换为双色调模式。

1.3.4　索引颜色模式

索引颜色模式是位图图像的一种编码方法，当色彩图像转换为索引颜色的图像后，包含将近256种颜色。索引颜色模式的图像包含一个颜色表，如果原图像中的颜色不能用256色来表现，则Photoshop会从使用的颜色中选出最相近的颜色来模拟这些颜色，这样可以减小图像文件的尺寸，图1-10所示为原图与其索引颜色模式。

图1-10　原图与其索引颜色模式

1.3.5　RGB颜色模式　**重点**

RGB颜色模式是Photoshop默认的颜色模式，是图形图像设计中最常用的色彩模式。RGB即Red（红色）、Green（绿色）和Blue（蓝色），它由光学中的红、绿、蓝三原色构成，即"光学三原色"，其中每一种颜色存在256个等级的强度变化，当三原色重叠时，由于不同的混合比例和强度，重叠部分会产生其他的颜色，如图1-11所示。

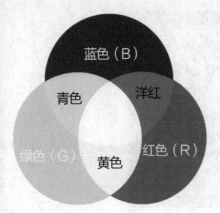

图1-11　RGB 颜色模式

1.3.6　CMYK颜色模式　**重点**

CMYK颜色模式是一种印刷模式，即青色（Cyan）、洋红（Magenta）、黄色（Yellow）和黑色（Black），在印刷环节中代表4种颜色的油墨。CMYK模式在本质上与RGB模式没有什么区别，只是产生色彩的原理不同。在RGB模式中，由光源发出的色光混合生成颜色；而在CMYK模式中，光线照到含不同比例的C、M、Y、K油墨纸上，部分光谱被吸收后，反射到人眼中的光产生颜色。由于C、M、Y、K在混合生成颜色时，随着C、M、Y、K这4种成分的增加，反射到人眼的光会越来越少，光线的亮度也会越来越低，所以CMYK模式产生颜色的方法又被称为色光减色法，如图1-12所示。

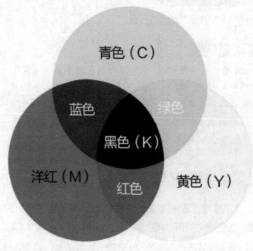

图 1-12　CMYK 模式

CMYK 模式用于印刷色打印的图像，将 RGB 图像转换为 CMYK 模式即可产生分色。通常情况下，先在 RGB 模式下编辑，然后再转换为 CMYK 模式。

1.3.7　Lab颜色模式

Lab颜色模式是由L（照度）和有关色彩的a、b这3个元素组成。L代表亮度分量，它的范围是0~100，a代表由红色到绿色的范围，b代表由蓝色到黄色的范围，如图1-13和图1-14所示，颜色分量a和b的取值范围均为-128~+127。

图 1-13 Lab 模式的图像

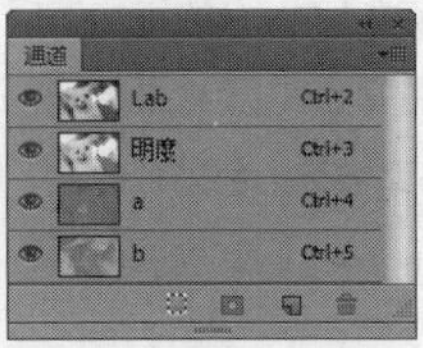

图 1-16 多通道模式的图像

图 1-14 Lab 模式的通道面板

Lab 颜色模式是 Photoshop 进行颜色模式转换时使用的中间模式。例如，将 RGB 模式的图像转换为 CMYK 模式时，先将 RGB 模式转换为 Lab 模式，再由 Lab 模式转换为 CMYK 模式，因此，Lab 色域较宽，包含了 RGB 和 CMYK 的色域。

1.3.8 多通道模式

多通道模式对有特殊打印要求的图像非常有用。例如，当图像中只用了两三种颜色时，使用多通道模式可以减少印刷成本并确保图像的正确输出。

多通道模式是一种减色模式，将一张RGB颜色模式的图像转换为多通道模式后，之前的红色、绿色和蓝色3个通道将变成青色、洋红和黄色通道，如图 1-15 和图 1-16所示。

1.4 图像的位深度

Photoshop中RGB的位数是用来表示颜色深度的，也是颜色质量的单位。位深度主要用于指定图像中的每个像素可以使用的颜色信息数量，每个像素使用的信息位数越多，可用的颜色就越多，色彩的表现就越逼真。执行"图像"→"模式"命令，打开子菜单，子菜单中有"8位 / 通道""16位 / 通道"和"32位 / 通道"3个子命令。

1.4.1 8位/通道

8位/通道的RGB图像中的每个通道可以包含256种颜色，这就意味着这张图像可能拥有的颜色值多于1600万个。

8位/通道模式下的Photoshop文件，所有命令都可以正常使用。在16位/通道和32位/通道下面，有些命令将不可用，例如，"滤镜"菜单中的部分命令就无法正常使用，因为大多数滤镜是基于8位/通道的图像来运算的，如图1-17和图1-18所示。

图 1-15 RGB 模式的图像

图 1-17 8 位 / 通道图像

图 1-18 16 位 / 通道图像

1.4.2 16位/通道

16位/通道的图像的位深度为16位，每个通道包含65000种颜色信息，所以图像中的色彩通常会更加丰富与细腻。

答疑解惑：8位/通道和16位/通道的区别

◆ 文件大小：使用8位/通道时，如果一个8位/通道的图像有10MB，当图像变成16位/通道时，文件的大小将变成20MB。

◆ 色彩对比：16位/通道的图像比8位/通道的图像有较好的色彩过渡，更加细腻，携带的色彩信息更加丰富，这是16位/通道的图像可表现的颜色数目大大多于8位/通道的图像的原因。

1.4.3 32位/通道

32位/通道的图像也称为高动态范围（HDRI）图像。它是一种亮度范围非常广的图像，与其他模式的图像相比，32位/通道的图像有着更大亮度的数据存储，而且记录亮度的方式与传统的图片不同，不是用非线性方式将亮度信息压缩到8位或者16位的颜色空间内，而是用直接对应的方式记录亮度信息。由于它记录了图片环境中的照明信息，因此通常可以使用这种图像来"照亮"场景。有很多HDRI文件都是以全景图的形式提供的，同样也可以用它作为环境背景来产生反射和折射。

1.5 色域和溢色

数码相机、扫描仪、显示器、打印机及印刷设备等都有特定的色彩空间，了解它们之间的区别，对于平面设计、网页设计、印刷等工作都是很有帮助的。

1.5.1 色域

色域是另一种形式上的色彩模型，它具有特定的色彩范围。在现实世界中，自然界中可见光谱的颜色组成了最大的色域空间，该色域空间中包含了人眼能见到的所有颜色。

为了能够直观表达色域这一概念，CIE（国际照明协会）制定了一个用于描述色域的方法，即CIE-*xy*色度图，如图1-19所示。在这个坐标系中，各种显示设备能表现的色域范围都用RGB3点连线成组的三角形区域来表示，三角形的面积越大，表示这种显示设备的色域范围越大。

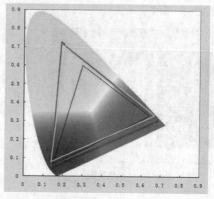

图 1-19 CIE-*xy* 色度图

1.5.2 溢色　　　　　　　　　　　重点

在计算机中，如果显示的颜色超出了CMYK颜色模式的色域范围，就会出现溢色。显示器的色域（RGB模式）要比打印机（CMYK模式）的色域广，这就会导致在显示器上看到的颜色或者调出来的颜色却打印不出来的情况发生，那些不能被打印机准确输出的颜色就是溢色。

在RGB颜色模式下，可以采用以下两种方式来判断是否出现了溢色。

◆ 在图像窗口中将鼠标指针移到溢色上时，"信息"面板中的CMYK值旁边会出现一个惊叹号，如图1-20所示，此时即表示溢色。

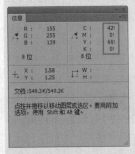

图 1-20 "信息"面板中的溢色

◆ 当选择了一种溢色时，"拾色器"对话框和"颜色"面板中都会出现一个"溢色警告"按钮（即一个黄色三角惊叹号），"溢色警告"按钮下方的色块中显示与当前选择颜色最接近的CMYK模式的颜色，单击"溢色警告"按钮即可选定色块中的颜色，如图1-21所示。

图 1-21 "颜色"面板中的"溢色警告"

1.5.3 查找溢色区域　重点

打开一个文件，如图 1-22所示，想要了解哪些地方出现溢色，可以执行"视图"→"色域警告"命令，图像中溢色的区域将被高亮显示，默认以灰色显示，如图1-23所示。

图 1-22 原图

图 1-23 溢色区域

1.6 常用的图像文件格式

当用Photoshop制作或处理好一幅图像后，就要选择合适的格式进行存储。Photoshop有20多种文件格式可供选择，本节主要向读者介绍常用的8种文件格式，如图 1-24所示。

图 1-24 文件保存方式

1.6.1 PSD格式　重点

PSD格式是Photoshop默认的文件格式，它可以保留文档中所有图层、蒙版、通道、路径、未栅格化的文字和图层样式等。通常情况下，都是将文件保存为PSD格式，方便以后随时更改。

1.6.2 BMP格式

BMP格式是DOS和Windows平台上的标准图像格式，是英文Bitmap（位图）的简写。BMP格式支持1~24位颜色深度，所支持的颜色模式有RGB、索引颜色、灰度和位图等，但不能保存Alpha通道。

1.6.3 GIF格式

GIF格式是一种非常通用的图像格式，由于最多只能保存256种颜色，且使用LZW方式压缩文件，因此GIF格式保存的文件不会占用太多的磁盘空间，非常适合网络上的图片传输，GIF格式还可以保存动画。

1.6.4 EPS格式

EPS格式是一种通用的行业标准格式，可同时包含像素信息和矢量信息。除了多通道模式的图像，其他模式都可以存储为EPS格式，但它不支持Alpha通道。EPS格式最大的优点之一就是可以在排版软件中以低分辨率进行预览，却以高分辨率进行图像输出。

1.6.5 JPEG格式 `重点`

JPEG是一种高压缩率、有损压缩真彩的图像文件格式，但在压缩文件时可以通过控制压缩的范围来决定图像的最终质量，主要用于图像预览和网页制作。

JPEG格式最大的特点之一就是文件小，因而在注重文件大小的领域中使用非常广泛。JPEG格式支持RGB模式、CMYK模式和灰度颜色模式，但不支持Alpha通道。JPEG格式是压缩率较高的图像格式，这是由于JPEG格式在压缩保存时会以失真最小的方式丢掉一些肉眼能看到的数据，因此保存后的图片和原图相比较会有所差异，此格式保存的图像没有原图的质量好，所以不适于在印刷、出版等对图像质量有较高要求的领域使用。

1.6.6 PDF格式

便携文档格式（PDF）是一种通用的文件格式，支持矢量数据和位图数据，具有电子文档搜索和导航功能，是Adobe Acrobat的主要格式。PDF格式支持RGB颜色、CMYK颜色、索引颜色、灰度、位图和Lab颜色模式，不支持Alpha通道。

1.6.7 PNG格式

PNG格式是专门为Web开发的，它是一种将图像压缩到Web上的文件格式。与GIF格式不同的是，PNG格式支持24位图像并产生无锯齿状的透明背景。

1.6.8 TGA格式

TGA格式专用于使用Truevision视频板的系统，它支持一个单独Alpha通道的32位RGB文件，以及无Alpha通道的索引、灰度模式，并且支持16位和24位的RGB文件。

?? 答疑解惑：常用的文件格式有哪些

PSD是重要的文件格式，它可以保留文档的图层、蒙版、通道等内容，读者编辑图像之后，尽量保存为该格式，以便以后可以随时修改。此外，矢量软件Illustrator和排版软件InDesign也支持PSD文件，这意味着一个透明背景的文档置入这两个软件之后，背景仍然是透明的；JPEG格式是众多数码相机默认的格式，如果要将照片或者图像文件输出，或者通过E-mail传送，保存文件应采用该格式；如果图像用于Web，可以选择JPEG或者GIF格式；如果要为没有Photoshop软件的人选择一种可以阅读的文件格式，不妨使用PDF格式保存文件，借助免费的Adobe Reader软件即可显示图像，还可以向文件中添加注释。

第02章

学习Photoshop的基础知识

Photoshop是目前应用较广泛的图形图像处理软件，它集图像扫描、图像编辑、图像输入和输出于一体，深受广大平面设计人员和美术设计爱好者的喜爱。本章将详细介绍Photoshop CS6的工作界面、应用领域、文件的操作、工作区的设置、更改图像和画布的大小等内容。

学习重点
- Photoshop CS6工作界面
- 图像大小
- 裁剪工具
- 精确改变画布尺寸
- 历史记录面板

2.1 Photoshop的应用

作为Adobe公司旗下优秀的图像处理软件，Photoshop的应用领域非常广泛，在CG插画、创意合成、视觉创意、平面广告、包装与封面设计、网页设计、界面设计等领域，Photoshop都起着举足轻重的作用。

2.1.1 CG插画

Photoshop中包含大量的绘画和调色工具，为数码艺术爱好者和普通用户提供了广阔的绘画空间，用户可以使用Photoshop绘制出风格多样的作品，如图2-1和图2-2所示。

图 2-1 影视特效插画

图 2-2 三维动画插画

2.1.2 创意合成

随着数码技术的不断发展，Photoshop展示了它强大的图像编辑功能，为数码艺术爱好者和普通用户提供了无限的创作空间，用户可以随心所欲地对图像进行修改、合成与再加工，制作出更具创意的合成图像，如图2-3和图2-4所示。

图 2-3 创意合成图像1

图 2-4 创意合成图像2

2.1.3 视觉创意

　　视觉创意在国外已经是一个比较成熟的行业，它间接地影响了其他的领域，凭借天马行空的创意，给人以美的享受和视觉震撼，更加能够吸引人们的目光，如图2-5和图2-6所示。

图 2-5 视觉合成 1

图 2-6 视觉合成 2

2.1.4 平面广告

　　平面广告是Photoshop应用较为广泛的领域，无论是图书封面，还是招贴、海报、宣传栏，这些具有丰富图像的平面印刷品均可通过Photoshop软件来完成，如图2-7和图2-8所示。

图 2-7 海报设计 1

图 2-8 海报设计 2

2.1.5 UI设计

　　UI作为一个新兴的领域，已经受到越来越多的软件企业及开发者的重视，UI设计与制作均可通过Photoshop来完成，使用Photoshop的渐变、图层样式和滤镜等功能可以做出各种真实的质感和特效，如图2-9和图2-10所示。

图 2-9 手机界面

图 2-10 游戏界面

2.1.6 网店装修

随着互联网时代的到来，电商已经惠及每家每户，如何让自己的网店脱颖而出，很大程度上与网店的装修有直接关系，而Photoshop强大的图像处理功能完全可以胜任任何网店元素的制作，从抠图到合成再到视频制作，都能轻松完成，如图2-11和图2-12所示。

图2-11 主图海报

图2-12 双旦活动

2.2 Photoshop CS6的工作界面 重点

应用Photoshop对图像进行处理之前，读者需要对Photoshop CS6的工作界面有一定的了解。Photoshop CS6的工作界面主要由菜单栏、标题栏、状态栏、工具箱、选项栏、文档窗口和面板7个部分组成，如图2-13所示。

图2-13 Photoshop CS6 的工作界面

2.2.1 菜单栏

菜单栏包含了11组菜单，分别是文件、编辑、图像、图层、文字、选择、滤镜、3D、视图、窗口和帮助，单击菜单名称即可打开相应的菜单，例如，"滤镜"菜单中包含的用于设置图像效果的命令如图2-14所示。

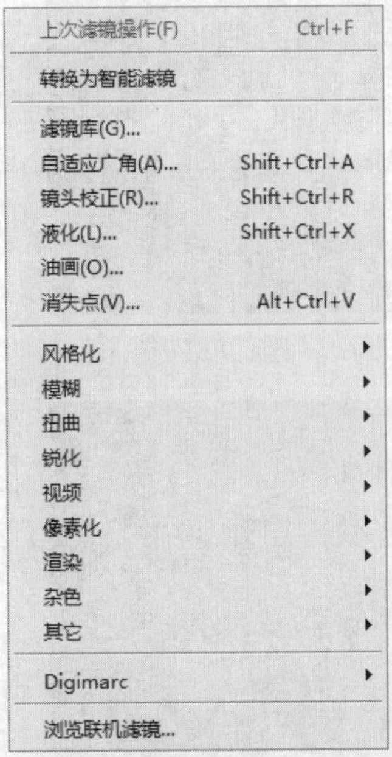

上次滤镜操作(F)	Ctrl+F
转换为智能滤镜	
滤镜库(G)...	
自适应广角(A)...	Shift+Ctrl+A
镜头校正(R)...	Shift+Ctrl+R
液化(L)...	Shift+Ctrl+X
油画(O)...	
消失点(V)...	Alt+Ctrl+V
风格化	▶
模糊	▶
扭曲	▶
锐化	▶
视频	▶
像素化	▶
渲染	▶
杂色	▶
其它	▶
Digimarc	▶
浏览联机滤镜...	

图2-14 "滤镜"菜单

◆ 文件：在"文件"菜单中，可以执行新建、打开、存储、关闭、置入、导入、导出以及打印等命令。

◆ 编辑："编辑"菜单中的命令用于对图像进行编辑，包含还原、后退一步、粘贴、复制、填充、描边和变换等。

◆ 图像："图像"菜单命令主要用于对图像的模式、颜色、大小等进行设置。

◆ 图层："图层"菜单主要用于对图层进行相应的操作，如新建图层、复制图层、图层样式、图层蒙版、图层编组等。

◆ 文字："文字"菜单主要用于对文字图层进行编辑和管理，包括消除锯齿、创建工作路径、转换为形状以及栅格化文字图层等。

◆ 选择："选择"菜单主要用于对选区进行操作，可以对选区进行反复的修改。

◆ 滤镜："滤镜"菜单主要用于对图像设置不同的特效。

◆ 3D："3D"菜单主要用于制作立体效果。

◆ 视图："视图"菜单主要用于对整个视图进行调整和设置，包括缩放视图、校样颜色、色域警告和显示标尺等。

◆ 窗口："窗口"菜单主要用于控制Photoshop CS6工作界面中的工作箱和各个面板的显示和隐藏。

◆ 帮助："帮助"菜单为用户提供了软件的各种帮助信息。用户可以通过此菜单查看各种命令、工具的功能和使用方法。

2.2.2 标题栏

打开一个图像以后，Photoshop CS6会自动创建一个标题栏，标题栏显示了文档名称、文件格式、窗口缩放比例和颜色模式等信息，如图2-15所示。

图 2-15 标题栏

2.2.3 文档窗口

文档窗口是显示图像的地方。如果只打开了一张图像，则只有一个文档窗口；如果打开了多张图像，则文档窗口会按选项卡的方式进行显示，如图2-16所示。单击一个文档窗口，即可将其设置为当前操作的窗口，如图2-17所示；按Ctrl+Shift+Tab快捷键，可切换窗口的顺序。

图 2-16 文档窗口停放的选项卡

图 2-17 当前操作窗口

单击某个窗口的标题栏并将其从选项卡中拖出，便可成为浮动窗口（拖动标题栏即可移动），如图2-18所示；拖动浮动窗口的一角，可以调整文档窗口的大小，如图2-19所示；将一个浮动窗口的标题栏拖动到选项卡中，当出现蓝色横线时松开鼠标，可以将窗口停放在选项卡中。

图 2-18 浮动窗口

图 2-19 调整浮动窗口大小

2.2.4 工具箱

工具箱是Photoshop CS6的一个巨大的工具"集合箱"，包含用于创建和编辑图像、图稿、页面元素的工具，如图2-20所示。

工具箱位于工作界面的左侧，只需要单击工具按钮，即可在文档窗口中使用相应工具。单击工具箱顶部的双箭头 ▶▶，可以将工具切换为单排（或双排）显示，单排工具箱可以为文档窗口让出更多的空间。

移动工具箱

默认情况下，工具箱停放在窗口左侧，将光标放在工具箱顶部的双箭头 ▶▶ 右侧，单击并向右侧拖动鼠标，可以将工具箱从左侧拖出，放在窗口的任意位置。

选择工具

若工具按钮的右下角有一个三角形 ▣，表示该工具按钮中还包含其他的工具按钮，在工具按钮上单击鼠标右键，可以显示其他工具，如图2-21所示；将光标移动到隐藏的工具上单击鼠标，即可选择该工具，如图2-22所示。

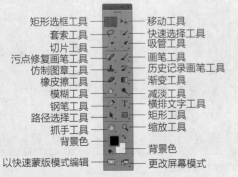

矩形选框工具 —— 移动工具
套索工具 —— 快速选择工具
切片工具 —— 吸管工具
污点修复画笔工具 —— 画笔工具
仿制图章工具 —— 历史记录画笔工具
橡皮擦工具 —— 渐变工具
模糊工具 —— 减淡工具
钢笔工具 —— 横排文字工具
路径选择工具 —— 矩形工具
抓手工具 —— 缩放工具
背景色
背景色 —— 背景色
以快速蒙版模式编辑 —— 更改屏幕模式

图 2-20 工具箱

图 2-21 显示 / 隐藏工具 图 2-22 选择指定工具

❓答疑解惑：怎样通过快捷键选择工具

在Photoshop的工具箱中，常用的工具都有相应的快捷键，因此，可以通过按下快捷键来选择工具。将光标放在一个工具上并停留片刻，就会显示工具名称和快捷键信息。按Shift+工具快捷键，可以在一组隐藏的工具中循环选择各个工具。

2.2.5 选项栏

在工具选项栏中可以对所选工具的属性进行设置，根据选择的工具不同，工具选项栏中的内容会相应改变。单击工具箱中的"矩形选框工具" ▣，选项栏显示的内容如图2-23所示；单击工具箱中的"图案图章工具" ▣，选项栏显示的内容如图2-24所示。

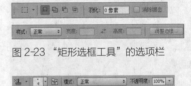

图 2-23 "矩形选框工具"的选项栏

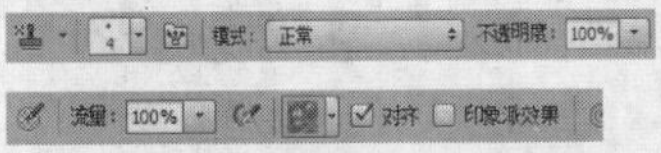

图 2-24 "图案图章工具"的选项栏

2.2.6 状态栏

状态栏位于图像窗口的底部，它可以显示文档窗口的缩放比例、文档的大小、当前使用的工具等信息。单击状态栏中的 ▶ 按钮，打开状态栏菜单，可以在菜单中选择状态栏的显示内容，如图2-25所示。

图 2-25 "状态栏"菜单

2.2.7 面板

面板是Photoshop中不可或缺的重要部分，它增强了Photoshop的功能并使其操作更为灵活。Photoshop CS6中的面板主要有"颜色"面板、"色板"面板、"样式"面板、"图层"面板、"通道"面板、"路径"面板、"历史记录"面板、"信息"面板、"属性"面板和"字符"面板等。

◆ "颜色"面板："颜色"面板可用于设定当前的前景色和背景色，单击面板中的"切换前景色和背景色"按钮，可选定当前为前景色或者背景色，然后在颜色条中选取要设定的颜色，如图2-26所示。

◆ "色板"面板：当光标移动到色板上时，光标会变成吸管形状，并进行颜色提示，如图2-27所示。色板中的颜色都是预先设置好的，此时单击即可选定某一颜色作为当前的前景色，按住Ctrl键单击，即可设置此颜色为背景色。

图2-26 "颜色"面板　图2-27 "色板"面板

◆ "样式"面板："样式"面板列出了一些常用的样式按钮，单击某一样式按钮，即可在当前工作的图层中应用该样式，产生样式特效，如图2-28所示。

◆ "图层"面板：用于创建、编辑和管理图层，以及添加图层样式。面板中显示了所有的图层、图层组和图层样式的效果，如图2-29所示。

图2-28 "样式"面板　图2-29 "图层"面板

◆ "通道"面板：在"通道"面板中，用户可以进行

各种与通道有关的操作，例如，选取RGB色彩模式下的RGB色彩通道及其3个原色通道，或者单独选取一个原色通道，还可以建立新的Alpha通道，如图2-30所示。

◆ "路径"面板："路径"面板用于保存和管理路径，面板中显示了每条存储的路径、当前工作路径和当前矢量蒙版的名称以及缩览图，如图2-31所示。

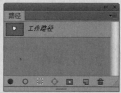

图2-30 "通道"面板　图2-31 "路径"面板

◆ "历史记录"面板：编辑图像时所做的每一步操作，Photoshop都会记录在"历史记录"面板中。当要取消某些操作时，可在此面板中选取想要恢复到的某一操作，使返回位置的滑块位于该操作名称前，此时"历史记录"面板等其他面板中的内容都返回到此操作前的工作状态，如图2-32所示。

◆ "信息"面板："信息"面板用于显示图像的相关信息。如选区的大小、光标所在位置的颜色以及方位等。另外，还能显示颜色取样器工具和标尺工具的测量值，如图2-33所示。

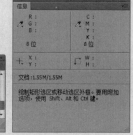

图2-32 "历史记录"　图2-33 "信息"面板
面板

◆ "属性"面板：可以调整所选图层中的图层蒙版和矢量蒙版属性，以及光照效果滤镜和图层参数，如图2-34所示。

◆ "字符"面板："字符"面板用于设置文字的字体、大小以及样式等，如图2-35所示。

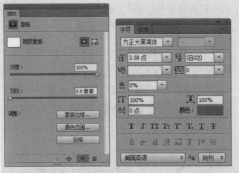

图 2-34 "属性"面板　　图 2-35 "字符"面板

2.3 文件操作

　　新建文件是使用Photoshop CS6进行图像处理的第一步。新建文件、打开文件以及保存和置入文件，都是通过Photoshop软件的菜单栏中的"文件"命令来完成的。

2.3.1 新建文件

　　在Photoshop中不仅可以编辑一个现有的图像，还可以创建一个空白的文件，然后对它进行各种编辑操作。执行"文件"→"新建"命令或者按Ctrl+N快捷键，打开"新建"对话框，如图2-36所示，再设置对话框中的文件名称、大小、分辨率、颜色模式和背景内容等，然后单击"确定"按钮即可新建文件。

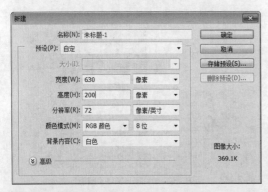

图 2-36 "新建"对话框

◆ 名称：可以根据需要设置文件的名称，也可以使用默认的文件名。创建文件后，文件名会自动显示在文档窗口的标题栏中。
◆ 预设：可以选择不同的文档类别，如Web、A3、A4打印纸等尺寸预设。

◆ 宽度/高度：用于设置文件的宽度和高度。在各自右侧的下拉列表中可以选择单位，如厘米、像素、英寸和毫米等。
◆ 分辨率：用于设置文件的分辨率。在右侧的下拉列表中可以设置分辨率的单位，如像素/英寸、像素/厘米。
◆ 颜色模式：用于设置文件的颜色模式。如位图、灰度、RGB颜色、CMYK颜色、Lab颜色。右边的下拉列表中可以设置文件的位深度，如8位、16位和32位。
◆ 背景内容：用于设置文件的背景。如白色、背景色和透明色。"白色"是默认设置。

延伸讲解

在"新建"对话框中，"分辨率"用于设置新建文件分辨率的大小。若创建的图像用于网页中，分辨率一般设置为 72 像素 / 英寸；若将图像用于印刷，则分辨率不能低于 300 像素 / 英寸。

2.3.2 打开文件

　　要在Photoshop CS6中编辑一个图像文件，需要先将其打开。文件的打开方式有很多种，可以使用命令打开，也可以使用快捷键打开。

用"打开"命令打开文件

　　执行"文件"→"打开"命令，可以弹出"打开"对话框，选择一个文件或按住Ctrl键选择多个文件，如图 2-37所示，单击"打开"按钮，或者双击均可将其打开，如图 2-38所示。

图 2-37 "打开"对话框

图 2-38 打开文件

用"打开为"命令打开图像

如果使用与实际文件不相匹配的扩展名存储文件，或者文件没有扩展名，则Photoshop无法确定文件的正确格式，导致不能打开。

遇到这种情况，可以执行"文件"→"打开为"命令，弹出"打开为"对话框，选择文件并在"打开为"列表中为它指定正确的格式，如图 2-39所示，单击"打开"按钮将其打开。如果这种方法也不能打开文件，则选取的格式可能与文件的实际格式不匹配，或者文件已经损坏。

图 2-39 "打开为"对话框

2.3.3 置入文件

置入文件是将照片、图片等位图，以及AI、PDF等矢量文件作为智能对象置入Photoshop CS6。可以执行"文件"→"置入"命令，打开"置入"对话框，选择当前要置入的文件，将其置入Photoshop。

2.3.4 实战：置入EPS格式文件

素材位置	素材 \ 第 2 章 \2.3.4 \ 置入 EPS 格式文件 .jpg
效果位置	素材 \ 第 2 章 \2.3.4 \ 置入 EPS 格式文件 -ok. psd
在线视频	第 2 章 \2.3.4 置入 EPS 格式文件 .mp4
技术要点	置入文件的方法

打开或新建一个文档后，可以执行"文件"→"置入"命令，将图片、照片等位图，以及EPS等矢量文件作为智能对象置入Photoshop。

01 启动Photoshop CS6软件，选择本章的素材文件"置入EPS格式文件.jpg"，将其打开，如图2-40所示。

02 执行"文件"→"置入"命令，打开"置入"对话框，选择要置入的EPS格式的文件，如图2-41所示。

图 2-40 打开素材

图 2-41 选择 EPS 格式文件

03 单击"置入"按钮，将素材置入T恤，按Ctrl+T快捷键，对其进行自由变换，按Enter键确认置入，如图2-42所示。

04 此时在图层中可以看到置入的矢量素材被创建为智

能对象，如图2-43所示。

图 2-42 最后效果图　　图 2-43 创建为智能对象图层

2.3.5 实战：置入AI格式文件

素材位置	素材\第2章\2.3.5\置入AI格式文件.psd
效果位置	素材\第2章\2.3.5\置入AI格式文件-ok.psd
在线视频	第2章\2.3.5置入AI格式文件.mp4
技术要点	置入文件的方法

AI是Adobe Illustrator的矢量文件格式，将Illustrator文件置入Photoshop时，可以保留对象的图层、蒙版、透明度等属性。此外，置入后，如果修改Illustrator源文件，Photoshop中的图像也会更改到与之相同的状态。

01 启动Photoshop CS6软件，选择本章的素材文件"置入AI格式文件.psd"，将其打开，如图2-44所示。

02 执行"文件"→"置入"命令，打开"置入"对话框，选择要置入的AI格式的文件，如图2-45所示。

图 2-44 打开素材

图 2-45 选择 AI 文件

03 单击"置入"按钮，打开"置入PDF"对话框，在"裁剪到"下拉列表中选择"边框"，如图2-46所示。

04 单击"确定"按钮，将AI文件置入"父亲节海报"，然后按Shift键拖动其边框的控制点，对文件进行等比例缩放，按Enter键确认，置入的AI文件被创建为智能对象，如图2-47所示。

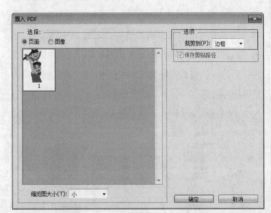

图 2-46 "置入 PDF"对话框

图 2-47 最终效果图

❓❓ 答疑解惑：“裁剪到”下拉列表中包含的 6 种裁剪方式

◆ 边框：可裁剪到包含页面所有文本和图形的最小矩形区域。

◆ 媒体框：裁剪到页面的原始大小。

◆ 裁剪框：裁剪到PDF文件的剪切区域。

◆ 出血框：裁剪到PDF文件中指定的区域。

◆ 裁切框：裁剪到为得到预期的最终页面尺寸而定的区域。

◆ 作品框：裁剪到PDF文件中指定的区域。

2.3.6　导入与导出文件

Photoshop可以编辑变量数据组、视频帧到图层、注释WIA支持等内容，当新建或者打开图像文件后，可以通过执行“文件”→“导入”命令，将内容导入Photoshop进行编辑，如图 2-48所示。

在Photoshop中创建和编辑好图像后，可以将其导出为文件或者视频，执行“文件”→“导出”命令即可，如图 2-49所示。

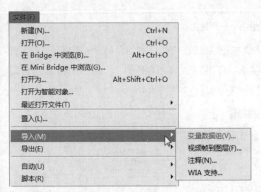

图 2-48　“导入”方法

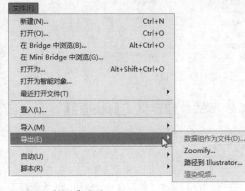

图 2-49　“导出”方法

2.3.7　保存文件

在图像处理过程中应及时保存文件，养成随时保存的习惯，以免因突然断电或者死机导致文件丢失。Photoshop提供了几个用于保存文件的命令，可以用不同的格式存储文件，以便其他程序使用。

◆ 用“存储”命令存储文件：当需要保存当前操作的文件时，执行“文件”→“存储”命令，或者按Ctrl+S快捷键，保存所做的修改，图像会按照原来的格式进行保存。如果是一个新建的文件，则会弹出一个“存储为”对话框，在该对话框中设置文件保存的位置、文件名、文件保存类型，然后单击“保存”按钮即可。

◆ 用“存储为”命令存储文件：如果要将文件保存为另外的名称或其他格式，或者存储在其他的位置，可执行“文件”→“存储为”命令，在打开的“存储为”对话框中保存文件，如图 2-50所示。

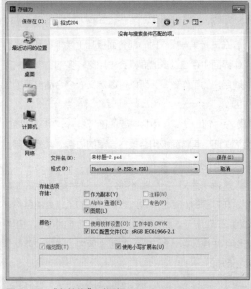

图 2-50　“存储为”对话框

2.4　设置工作区

工作区包括文档窗口、工具箱、菜单栏和面板，如图 2-51所示。Photoshop提供了适合不同阶段任务的预设工作区，比如绘画时，可以选择“绘画”工作区，窗口中便会显示与画笔、色彩等有关的面板，也可以创建适合自己的工作区。

在Photoshop中，一般使用默认的基本功能工作区，这个工作区包含了一些常用的面板，比如"颜色"面板、"调整"面板和"图层"面板等。

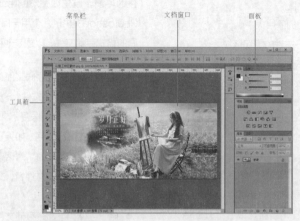

图 2-51 基本工作区

2.4.1 实战：创建自定义工作区

在线视频	第 2 章 \2.4.1 创建自定义工作区 .mp4
技术要点	创建自定义工作区

在进行某些操作时，部分面板几乎是用不到的，而操作界面中存在过多的面板会占用比较多的空间，从而影响用户的工作效率，所以可以定义一个合适自己的工作区。

01 在"窗口"菜单中将需要的面板打开，将不需要的面板关闭，再将面板组合放在合适的位置，以便使用，如图 2-52所示。

02 执行"窗口"→"工作区"→"新建工作区"命令，在打开的对话框中输入自己想要的工作区的名称，如图 2-53所示。默认情况下只存储面板的位置，用户若要将快捷键存储到自定义的工作区内，单击"存储"按钮即可。

图 2-52 面板组合

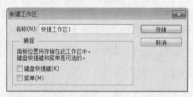

图 2-53 新建工作区

03 执行"窗口"→"工作区"命令，在其对应的下拉菜单中可以看到之前所创建的工作区，选择它就可以切换到该工作区，如图 2-54所示。

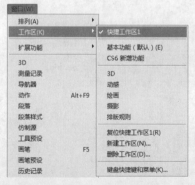

图 2-54 选择创建的自定区

2.4.2 实战：自定义工具快捷键

在线视频	第 2 章 \2.4.2 自定义工具快捷键 .mp4
技术要点	定义快捷键

在Photoshop中，使用快捷键是可以大大提高工

作效率的，并不是所有的命令都有快捷键，没有快捷键的命令就需要用户一步一步地操作，可能会有些麻烦。由此看来，为一些常用的命令设置快捷键是非常有必要的。

01 执行"编辑"→"键盘快捷键"和菜单命令，打开"键盘快捷键"和菜单对话框，然后在"应用程序菜单命令"选项组中单击"图像"前面的▷按钮，打开该菜单，如图2-55所示。

02 选择一个需要添加快捷键的命令，这里选择"自然饱和度"命令，如图2-56所示。

图 2-55 "键盘快捷键和菜单"对话框

图 2-56 "自然饱和度"命令

03 单击"自然饱和度"的空白处，然后同时按住Ctrl键和／键，此时会出现Ctrl+／快捷键的组合，单击"确定"按钮完成操作，如图2-57所示。

04 执行"图像"→"调整"→"自然饱和度"命令，即可看到"自然饱和度"后边有Ctrl+／快捷键，如图2-58所示。

图 2-57 设置"自然饱和度"命令快捷键

图 2-58 完成"自然饱和度"快捷键

2.5 改变图像大小和画布尺寸

在Photoshop中，无论调整的是图像的大小还是画布的尺寸，都与像素有着密不可分的关系。

画布是指实际打印的工作区域，而图像画面的尺寸是指当前图像工作区域的大小，改变画布大小会直接影响图像大小、显示效果以及最终的输出效果。

2.5.1 图像大小　　　　　　重点

使用"图像大小"命令可以调整图像像素的大小、分辨率和打印尺寸，修改像素大小不仅会影响图像在屏幕上的视觉效果，还会影响图像的质量以及其打印特性。执行"图像"→"图像大小"命令，即可打开"图像大小"对话框。

像素大小

"像素大小"选项组下的参数主要用于设置图像的

尺寸。顶部显示了当前图像的大小，括号内显示的是旧文件的大小。修改图像的宽度和高度数值，像素的大小也会发生变化，如图2-59所示。

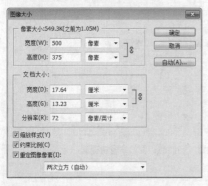

图 2-59 "图像大小"对话框

文档大小

"文档大小"选项组中的参数主要用于设置图像的打印尺寸。当选中"重定图像像素"选项时，如果减小图像的大小，就会减少像素数量，此时图像虽然变小了，但画面质量仍然保持不变，图2-60和图2-61分别为原图像大小和改变后的图像大小。

图 2-60 原图像大小

图 2-61 减小图像后的效果图

当取消选中"重定图像像素"选项时，即使改变图像的宽度和高度，图像的像素数量也不会发生变化，因为减少宽度和高度时，会自动提高分辨率；增加宽度和高度时，会自动降低分辨率，图2-62和图2-63分别为原图像和增加宽度和高度后的效果图。

图 2-62 取消"重定图像像素"选项时图像大小

图 2-63 取消"重定图像像素"选项时增大图像后的效果图

缩放样式

当文档中的某些图层包含图层样式时，选中"缩放样式"选项，可以在调整图像的大小时自动缩放样式效果，如图2-64和图2-65所示。需要特别注意的是，只有在选中"约束比例"选项时，才能选中"缩放样式"选项。

图 2-64 选择"缩放样式"选项时图像大小

图 2-65 取消"缩放样式"选项时减小图像后的效果图

插值方法

　　修改图像的像素大小这一方式在Photoshop中称为重新取样。当减少像素的数量时，图像中的信息就会被删除一些；当增加像素的数量时，则会增加一些新的像素，图2-66所示为6种插值的方法，用来确定添加或者删除像素的方式。

图 2-66　6种插值方法

自动

　　单击"图像大小"对话框右侧的"自动"按钮，可以打开"自动分辨率"对话框，如图2-67所示，在该

对话框中输入"挂网"的线数后，Photoshop可以根据输出设备的网频提供建议使用的图像分辨率。

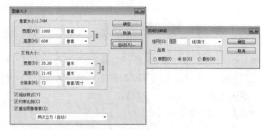

图 2-67　"自动分辨率"对话框

2.5.2　裁剪工具　　　重点

　　使用裁剪工具 ☒ 可以对图像进行裁剪，以删除多余的部分，重新定义画布的大小。在选项栏中输入相应的数值，可以准确地控制裁剪范围以及裁剪图像的分辨率，这些操作都需要在设置裁剪范围之前进行，图2-68所示为裁剪工具的选项栏。

图 2-68　裁剪工具选项栏

- ◆ 不受约束：在该下拉列表中可以选择多种裁剪约束比例。

- ◆ 约束比例▭▭▭▭：在该文本框中可以输入自定的约束比例数值。

- ◆ 旋转 ☒：单击该按钮，将光标移动到裁剪框以外的区域，拖动鼠标即可旋转裁剪框。

- ◆ 拉直：单击该按钮，可以通过在图像上画一条直线来拉直图像。

- ◆ 视图：在该下拉列表中可以选择裁剪参考线的方式，如"三等分""网格""对角""三角形""黄金比例"和"金色螺线"等，也可以设置参考线的叠加显示方式。

- ◆ 设置其他裁剪选项 ☒：单击该按钮，可以对其他裁剪参数进行设置，如可以使用经典模式，或者设置裁剪屏蔽的颜色、透明度等参数。

- ◆ 删除裁剪的像素：设置保留或者删除裁剪框外部的像素数据。如果取消该选项，多余的区域将处于隐藏状态；如果要还原裁剪之前的画面，只需要再次选择裁剪工具，然后随意操作即可。

2.5.3 实战：校正建筑变形

素材位置	素材\第2章\2.5.3\校正建筑变形.jpg
效果位置	素材\第2章\2.5.3\校正建筑变形-ok.psd
在线视频	第2章\2.5.3校正建筑变形.mp4
技术要点	透视裁剪工具的使用

在拍摄高大的建筑时，由于视角较低，竖直的线条会向消失点集中，产生透视畸变。Photoshop CS6中的"透视裁剪工具"能够很好地解决这个问题。使用"透视裁剪工具"可以在需要裁剪的图像上制作出带有透视感的裁剪框，应用透视裁剪工具后的图像会带有明显的透视效果。

01 启动Photoshop CS6软件，选择本章的素材文件"校正建筑变形.jpg"，将其打开，如图2-69所示。

02 单击工具箱中的"透视裁剪工具"，将光标放置在裁剪框的一个点上，向右侧拖动，如图2-70所示。

图 2-69 打开透视裁剪工具素材

图 2-70 透视裁剪工具

03 把光标放在其中的一个控制点上，移动到合适的位置。其他控制点的操作方法相同，如图 2-71所示。调

整完成后单击选项栏中的"提交当前裁剪操作"按钮 ✓，即可得到带有透视感的效果，如图 2-72所示。

图 2-71 控制点的设置

图 2-72 最终效果图

2.5.4 精确改变画布尺寸 **重点**

画布是指整个文档的工作区域，执行"图像"→"画布大小"命令，可以在打开的"画布大小"对话框中修改画布的尺寸，如图 2-73所示。

图 2-73 "画布大小"对话框

◆ 当前大小：指的是图像宽度、高度的实际尺寸和文档的实际大小。

◆ 新建大小：可以在"宽度"和"高度"中输入画布

的尺寸。

◆ 相对：选择该选项，"宽度"和"高度"中的数值将代表实际增加或者减少的区域的大小，而不是代表整个文档的大小。如果输入正值，则代表增大画布；如果输入负值，则代表减小画布。

◆ 定位：单击不同方向的箭头，可以指示当前图像在新画布上的位置。

◆ 画布扩展颜色：在该下拉列表中，可以选择用于填充新画布的颜色，但如果图像的背景是透明的，则该选项不可用。

2.5.5 实战：将照片设置为计算机桌面

素材位置	素材\第 2 章\2.5.5\将照片设置为计算机桌面.jpg
在线视频	第 2 章\2.5.5 将照片设置为计算机桌面.mp4
技术要点	照片的设置方法

　　使用Photoshop编辑好照片后，还可以将照片设置为计算机桌面。

01 首先在计算机桌面上单击鼠标右键，打开下拉菜单，选择"个性化"命令，如图 2-74所示。打开对话框，单击"显示"按钮，然后在弹出的对话框中单击"调整分辨率"，可以查看计算机屏幕的像素尺寸，如图 2-75所示。

图 2-74 "个性化"命令

图 2-75 "调整分辨率"对话框

02 按Ctrl+O快捷键，打开"将照片设置为计算机桌面.jpg"素材，如图 2-76所示。

03 执行"图像"→"画布大小"命令，打开"画布大小"对话框，设置"宽度"和"高度"分别为1440像素与900像素，如图 2-77所示。

图 2-76 打开素材

图 2-77 设置画布的大小

04 把修改后的照片保存到计算机中，然后单击鼠标右键，在打开的下拉列表中选择"设置为桌面背景"命令即可，如图 2-78所示。

图 2-78 最终效果图

2.6 标尺、参考线和网格的设置

标尺、参考线和网格属于辅助工具，它们不能用来编辑图像，但可以帮助用户更好地完成选择、定位或者编辑操作。

2.6.1 智能参考线

智能参考线是一种智能化的参考线，只在被需要时出现。执行"视图"→"显示"→"智能参考线"命令，当用户使用"移动工具" 进行移动操作时，通过智能参考线可以对齐形状、切片和选区，如图 2-79 所示。

图 2-79 "智能参考线"的使用方法

2.6.2 实战：使用标尺

素材位置	素材 \ 第 2 章 \2.6.2 \ 标尺素材 .jpg
在线视频	第 2 章 \2.6.2 使用标尺 .mp4
技术要点	标尺的使用方法

在对图像进行精确处理时就需要使用标尺工具了。

01 启动Photoshop CS6软件，选择本章的素材文件"标尺素材.jpg"，将其打开，如图 2-80所示。

图 2-80 打开素材

02 执行"视图"→"标尺"命令或按Ctrl+R快捷键，标尺会出现在文档窗口的上方和左侧，如图 2-81所示。

图 2-81 显示标尺

03 默认情况下，标尺的原点位于文档窗口的左上角（0，0）标记处，修改原点的位置，可以从图像上特定点开始进行测量。将光标放在原点位置上，按住鼠标左键并向右下方移动，画面中会显示十字线，拖放到合适的位置，该位置便成了新原点的位置，如图 2-82所示。

图 2-82 "标尺"原点的改变

04 移动光标到标尺的上方，单击鼠标右键，可以在弹出的快捷菜单中修改标尺的单位，如图 2-83所示。

图 2-83 "标尺"单位的改变

2.6.3 实战：使用参考线

素材位置	素材 \ 第 2 章 \2.6.3 \ 使用参考线 .jpg
效果位置	素材 \ 第 2 章 \2.6.3 \ 使用参考线 -ok.psd
在线视频	第 2 章 \2.6.3 使用参考线 .mp4
技术要点	参考线的使用方法

参考线是一个常用的辅助工具，在平面设计中尤为适用。想要制作整齐排列的元素时，徒手移动很难保证元素整齐排列，如果有了参考线，则可以在移动对象时令其自动"吸附"到参考线上，从而使版面更加整齐。

01 启动Photoshop CS6软件，选择本章的素材文件"使用参考线.jpg"，将其打开，如图 2-84所示。

02 执行"视图"→"标尺"命令或按Ctrl+R快捷键，标尺会出现在文档窗口的上方和左侧，如图 2-85所示。

图 2-84 打开素材　　　　图 2-85 调出"标尺"

03 执行"视图"→"新建参考线"命令，弹出"新建参考线"对话框，"取向"设置为"垂直"，"位置"设置为40像素，单击"确定"按钮，即可创建垂直参考线。执行"视图"→"新建参考线"命令，弹出"新建参考线"对话框，"取向"设置为"水平"，"位置"设置为40像素，单击"确定"按钮，即可创建水平参考线，如图 2-86所示。

04 按照上一步骤进行操作，新建参考线，如图 2-87所示。

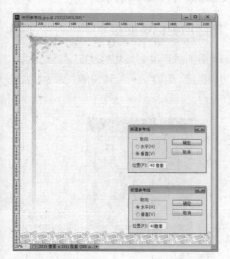

图 2-86 新建参考线

图 2-87 重复上一步骤

05 按Ctrl+O快捷键，分别打开"素材1.jpg""素材2.jpg""素材3.jpg""素材4.jpg""素材5.jpg"和"素材6.jpg"，把打开的素材拖曳到"背景"画面中，并放在合适的位置，如图 2-88所示。

06 新建图层，单击工具箱中的"矩形选框工具" ，创建选区，并执行"编辑"→"描边"命令，打开"描边"对话框，"描边"设置为3像素，"位置"设置为"居中"，如图 2-89所示。

图 2-88 放置素材　　　　图 2-89 新建图层效果

07 单击工具箱中的"横排文字工具" ，设置字体为方正细黑简体，字体大小为12点，在文档中输入文字，如图 2-90所示。

08 执行"视图"→"显示"→"参考线"命令，即可删除参考线，如图 2-91所示。

图 2-90 设置文字　　　　图 2-91 删除参考线

答疑解惑：创建和移动参考线，有没有其他的方法

创建和移动参考线还有其他的方法。

◆ 执行"视图"→"新建参考线"命令，弹出"新建参考线"对话框，如图 2-92 所示。对话框中的"水平"指的是创建水平参考线；"垂直"指的是创建垂直参考线；"位置"用于输入需要的数值，可以设置参考线的位置。

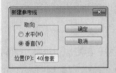

图 2-92 "新建参考线"对话框

◆ 在创建和移动参考线的时候，按住Shift键可以使参考线与标尺刻度对齐，按住Ctrl键可以将参考线放置在画面中的任意位置，并且可以让参考线不与标尺刻度对齐。

2.6.4 网格

网格对于对称分布对象非常重要。打开一个文件，执行"视图"→"显示"→"网格"命令，可在文档窗口中显示网格，如图 2-93 所示。显示网格之后，执行"视图"→"对齐"→"网格"命令，可使用对齐功能，此后在进行创建选区和移动图像等操作时，对象将会自动对齐到网格上。

图 2-93 显示网格

2.7 撤销/恢复的应用

编辑图像的过程中，出现错误的操作时，可以撤销操作，或者将图像恢复到最近保存过的状态。Photoshop为用户提供了很多恢复功能，用户可以大胆地创作。

2.7.1 还原与重做

在编辑图像的过程中，如果需要还原到上一步的编辑状态中，执行"编辑"→"还原"命令，或者按Ctrl+Z快捷键，可以撤销对图像所做的最后一次的修改，将其还原到上一步编辑状态中，如图 2-94 所示。如果想要取消还原的操作，可以执行"编辑"→"重做"命令，或按Shift+Ctrl+Z快捷键，如图 2-95 所示，这里都是以"矩形工具"的操作为例。

图 2-94 "还原"操作　　图 2-95 "重做"操作

2.7.2 恢复

执行"文件"→"恢复"命令，可以直接将文件恢复到最后一次保存的状态。

> **延伸讲解**
>
> "恢复"命令只能针对已有的图像进行操作，如果是一个新建的空白文件，"恢复"命令是不能使用的。

2.8 用历史记录面板还原操作

在编辑图像时，每操作一步，Photoshop都会将其记录在"历史记录"面板中，通过该面板可以将图像恢复到操作过程中的某一步，也可以再次回到当前的操作，将处理结果创建为快照或新的文档。

2.8.1 熟悉历史记录面板　　重点

在编辑图像的过程中，如果需要打开"历史记录"面板，可以执行"窗口"→"历史记录"命令，如图 2-96 所示。

图 2-96 "历史记录"面板

◆ 设置历史记录画笔的源：使用历史记录画笔时，该图标所在的位置将作为历史画笔的源图像。

◆ 快照缩览图：被记录为快照的图像状态。

◆ 当前状态：将图像恢复到该命令时的编辑状态。

◆ 从当前状态创建新文档：基于当前操作步骤中图像的状态创建一个新的文件。

◆ 创建新快照：以当前图像的状态创建一个新的快照。

◆ 删除当前状态：选择一个历史记录以后，单击该按钮可以将当前记录以及后面的记录删除。

2.8.2 实战：用历史记录面板还原图像

素材位置	素材 \ 第 2 章 \2.8.2 \ 用历史记录面板还原图像 .psd
效果位置	素材 \ 第 2 章 \2.8.2 \ 用历史记录面板还原图像 -ok.psd
在线视频	第 2 章 \2.8.2 用历史记录面板还原图像 .mp4
技术要点	历史记录面板还原图像

下面用历史记录面板还原图像。

01 启动 Photoshop CS6 软件，选择本章的素材文件"用历史记录面板还原图像.psd"，将其打开，如图 2-97 所示。

图 2-97 打开素材

02 选择 ren 图层组中的福袋图层，执行"滤镜"→"模糊"→"高斯模糊"命令，打开"高斯模糊"对话框，将"半径"设置为 3.2 像素，如图 2-98 所示。

图 2-98 设置"高斯模糊"

03 对整个文档窗口添加"高光"效果，"亮度"设置为 56，"对比度"设置为 51，如图 2-99 所示。

图 2-99 设置"亮度"和"对比度"

04 进行还原操作，图 2-100 所示为当前的"历史记录"面板中的记录。

图 2-100 当前的"历史记录"面板

05 单击"快照区"，即可将图像恢复到该步骤前的编辑状态，如图 2-101 所示。

06 如果要恢复所有被撤销的操作，可以单击最后一步操作，如图 2-102 所示。

图 2-101 还原图像　　图 2-102 撤销还原

延伸讲解

在 Photoshop 中对面板、颜色设置、动作和首选项做的修改不是对某个特定的图像的更改，因此，不会记录在"历史记录"面板中。

2.8.3 创建与删除快照

在"历史记录"面板中，默认状态下可以记录20步操作，超过限定数量的操作将不能够返回。通过创建快照，可以在图像编辑的任何状态创建副本，即可以随时返回到快照所记录的状态中。

创建快照有以下两种方法。

◆ 选择需要创建快照的状态，然后在"历史记录"面板中单击右上角的 <img_1> 按钮，接着在弹出的菜单中选择"新建快照"命令，如图 2-103所示。

图 2-103 方法1

◆ 在"历史记录"面板中选择需要创建快照的状态，然后单击"创建新快照"按钮 📷，这时Photoshop会自动为其生成一个名称，如图 2-104所示。

图 2-104 方法2

在"历史记录"面板中，将一个快照拖动到"删除当前状态"按钮 🗑 上或者单击要删除的快照，然后单击"删除当前状态"按钮即可删除快照，如图 2-105所示。

图 2-105 删除快照

2.8.4 历史记录选项

在"历史记录"面板右上角单击 按钮，在弹出的相应的菜单中选择"历史记录选项"命令，可打开"历史记录选项"对话框，如图 2-106所示。

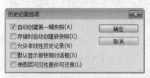

图 2-106 "历史记录选项"对话框

◆ 自动创建第一幅快照：打开图像文件时，图像的初始状态自动创建为快照。

◆ 存储时自动创建新快照：在编辑的过程中，每保存一次文件，都会自动创建一个快照。

◆ 默认显示新快照对话框：强制Photoshop提示用户输入快照名称，即使使用的是面板上的按钮也是如此。

◆ 使图层可见性更改可还原：保存对图像可见性的更改。

◆ 允许非线性历史记录：当单击"历史记录"面板中的一个操作步骤时，该步骤以下的操作全部变暗，如图 2-107所示。如果此时进行其他的操作，则该步骤后的记录会被新的操作所代替，如图 2-108所示。

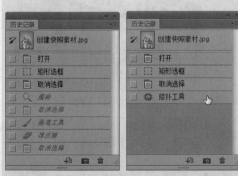

图 2-107 "变暗"的操作 图 2-108 新操作代替旧操作

在"历史记录选项"对话框中选择"允许非线性历史记录"选项，即可将历史记录设置为非线性，如图 2-109所示。

图 2-109 "允许非线性历史记录"选项

2.8.5 后退一步与前进一步

　　由于"还原"命令只能还原一步操作，如果想要连续还原操作步骤，可以执行"编辑"→"后退一步"命令，或连续按Alt+Ctrl+Z快捷键，逐步撤销操作。

　　如果想要恢复撤销的操作，可以执行"编辑"→"前进一步"命令，或连续按Shift+Ctrl+Z快捷键，如图 2-110所示。

编辑(E)	
还原矩形选框(O)	Ctrl+Z
前进一步(W)	Shift+Ctrl+Z
后退一步(K)	Alt+Ctrl+Z

图 2-110 "还原"操作

2.9 习题测试

习题1 裁剪蝴蝶图像

素材位置	素材 \ 第 2 章 \ 习题 1\ 画册 .jpg
效果位置	素材 \ 第 2 章 \ 习题 1 \ 裁剪蝴蝶图像 .psd
在线视频	第 2 章 \ 习题 1 裁剪蝴蝶图像 .mp4
技术要点	使用选框工具、裁剪命令对图像进行裁剪

　　本习题供读者练习对图像进行局部裁剪，使用选框类工具和裁剪命令裁剪出单独的蝴蝶图像，如图 2-111所示。

图 2-111 素材与效果

习题2 制作文身效果

素材位置	素材 \ 第 2 章 \ 习题 2\ 背 .jpg、花纹 .png
效果位置	素材 \ 第 2 章 \ 习题 2\ 制作文身效果 .psd
在线视频	第 2 章 \ 习题 2 制作文身效果 .mp4
技术要点	利用置入命令置入对象

　　本习题供读者练习在人物图像上置入另一个图像，通过置入命令，制作文身效果，如图 2-112所示。

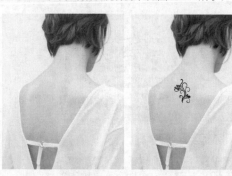

图 2-112 素材与效果

选区工具的应用

第**03**章

在Photoshop 中，"选区"指的是指定编辑操作的有效区域。本章将主要介绍选区工具的应用。

学习重点
- 套索工具
- 色彩范围命令
- 魔棒工具

3.1 选区的基本功能

如果要处理图像的局部，就需要为图像指定一个有效的编辑区域，即选区。选区建立之后，在选区的边缘会出现不断交替闪烁的虚线，以表示选区的范围。如图3-1至图3-3所示，只需要改变"致青春"字样的颜色，则可以先选择"磁性套索工具" 或"钢笔工具" 绘制出需要改变颜色的选区，然后对选区进行单独调色。

图 3-1 打开素材

图 3-2 绘制选区

图 3-3 编辑选区内的图像

选区的另一项重要功能就是分离局部图像，也就是抠图，抠图也指选择对象之后，将它从背景中分离出来。Photoshop提供了大量的选择工具和命令，以适合不同类型的图像，但很复杂的图像，如毛发、人像等，则需要多种工具配合才能抠出，如图3-4至图3-6所示。

图 3-4 打开素材

图 3-5 绘制选区

图 3-6 从背景中分离

3.2 制作规则型选区

在Photoshop中用于制作规则型选区的工具包括"矩形选框工具" 、"椭圆选框工具" 、"单行选框工具" 、"单列选框工具" ，本节将详细讲解这些工具的使用方法。

3.2.1 矩形选框工具

"矩形选框工具" 用于创建矩形和正方形选区，

图3-7所示为"矩形选框工具"选项栏。

图 3-7 "矩形选框工具"选项栏

创建选区的4种方式

工具选项栏中提供了4种不同的选区创建方式，选择不同的创建方式所获得的选区也不同，因此在创建选区前很有必要了解这4种方式。

◆ 单击"新选区"按钮▣并在图像上拖动，每次只能创建一个新选区，如图3-8所示。在已存在选区的情况下，创建新选区时上一个选区将被自动取消，如图3-9所示。

图 3-8 创建选区　　　　图 3-9 替换选区

◆ 如果已存在选区，单击"添加到选区"按钮▣，可在原选区的基础上添加新的选区，如图3-10所示。

◆ 如果已存在选区，单击"从选区减去"按钮▣，可在原选区的基础上减去当前绘制的选区，如图3-11所示。

◆ 如果已存在选区，单击"与选区交叉"按钮▣，画面只保留原选区与新建选区相交的部分，如图3-12所示。

图 3-10 加选选区　　　　图 3-11 减选选区

图 3-12 交叉选区

创建选区的样式

在"样式"下拉列表中有3种创建选区的样式，"正常""固定比例"和"固定大小"。

◆ 正常：可通过鼠标随意创建任意大小的选区，如图3-13所示。

◆ 固定比例：可在右侧的文本框中输入"宽度"与"高度"的数值，创建固定比例的选区，如图3-14所示。

◆ 固定大小：可在"宽度"和"高度"文本框中输入选的宽度和高度值，创建固定大小的选区，如图3-15所示。单击▣按钮，可互换"宽度"与"高度"值。

图 3-13 创建任意大小的选区　图 3-14 创建固定比例选区

图 3-15 创建固定大小选区

当要取消选择时，执行"选择"→"取消选区"命令，或者按Ctrl+D快捷键，或者使用选框工具在文档窗口单击即可。

延伸讲解

按住 Shift 键拖动鼠标可创建正方形选区；按住 Alt 键拖动鼠标，会以单击点为中心向外创建选区；按住 Alt+Shift 快捷键，会以单击点为中心向外创建正方形选区。

3.2.2 椭圆选框工具

"椭圆选框工具" ◎主要用来制作椭圆形选区和圆形选区，按住Shift键可以创建圆形选区，如图3-16和图3-17所示。

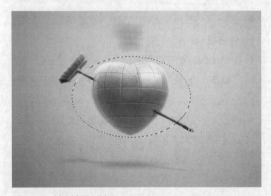

图 3-16 创建椭圆形选区

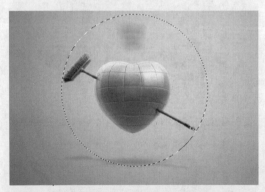

图 3-17 创建圆形选区

椭圆选框工具的选项栏如图3-18所示。

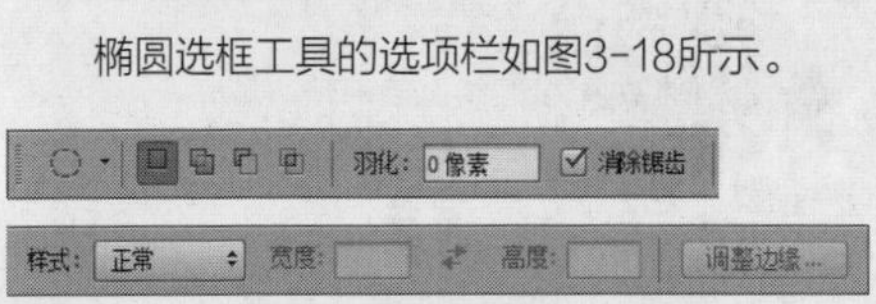

| ◎ ▾ | ■ ■ ■ ■ | 羽化: 0像素 | ☑ 消除锯齿 |

| 样式: 正常 | 宽度: | ⇄ 高度: | 调整边缘... |

图 3-18 "椭圆选框工具"选项栏

◆ 消除锯齿：通过柔化边缘像素与背景像素之间的颜色过渡效果，来使选区边缘变得平滑，图3-19和图3-20所示分别为未勾选"消除锯齿"复选框和勾选"消除锯齿"复选框时图像边缘效果。由于"消除锯齿"只影响边缘像素，因此不会丢失细节，在剪切、复制和粘贴选区图像时非常有用。

图 3-19 未勾选"消除锯齿"复选框

图 3-20 勾选"消除锯齿"复选框

延伸讲解

其他选项的用法与"矩形选框工具" ▣ 的相同，这里不再讲解。

3.2.3 单行选框工具、单列选框工具

"单行选框工具" ▭ 和"单列选框工具" ▯ 可以智能创建高度为1像素的行或者宽度为1像素的列选区，常用来制作网格，如图3-21和图3-22所示。

图 3-21 创建单行选区

图 3-22 创建单列选区

3.2.4 实战：用矩形选框工具制作矩形选区

素材位置	素材\第 3 章\3.2.4\用矩形选框工具制作矩形选区.jpg
效果位置	素材\第 3 章\3.2.4\用矩形选框工具制作矩形选区-ok.psd
在线视频	第 3 章\3.2.4 用矩形选框工具制作矩形选区.mp4
技术要点	矩形选区的创建

　　矩形选框工具应用广泛，下面就是利用矩形选框工具制作的方块拼图效果。

01 启动 Photoshop CS6 软件，选择本章的素材文件"用矩形选框工具制作矩形选区.jpg"，将其打开，如图 3-23 所示。

图 3-23 打开素材

02 双击背景图层，将其转换为普通图层，执行"图层"→"图层样式"→"投影"命令，设置投影参数，如图 3-24 所示。

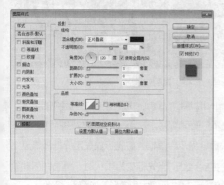

图 3-24 设置投影

03 单击工具箱中的"矩形选框工具" ，拖曳鼠标绘制矩形选区，如图 3-25 所示。按 Ctrl+J 快捷键复制一个新的图层，选中"背景图层"并删除矩形选区内的图像。

04 载入"图层 1"的选区，执行"编辑"→"描边"命令，打开"描边"对话框，设置描边参数，如图 3-26 所示。

图 3-25 矩形选区

图 3-26 复制与描边设置

05 按照上一步骤的操作，在其他区域进行复制和描边，如图 3-27 所示。

图 3-27 重复复制和描边

06 按Ctrl+T快捷键显示定界框，将光标放在定界框外靠近中间位置的控制点处，当光标变为 ↰ 状时，单击并拖动鼠标即可对其进行旋转，如图3-28所示。

为-100，使彩色图像变成黑白图像，如图3-31所示。

图 3-30 打开素材

图 3-28 设置旋转

07 按照上一步骤中的操作，分别对复制和描边的图层进行旋转，完成图像的制作，如图3-29所示。

图 3-31 图像黑白效果

03 单击工具箱中的"单行选框工具" ，在"背景图层"中选取云层变化最多的区域作为选区，如图3-32所示。

图 3-29 最终效果图

3.2.5 实战：使用单行选框工具

素材位置	素材 \ 第 3 章 \3.2.5 \ 使用单行选框工具 .jpg
效果位置	素材 \ 第 3 章 \3.2.5 \ 使用单行选框工具 -ok.psd
在线视频	第 3 章 \3.2.5 使用单行选框工具 .mp4
技术要点	单行选区、高斯模糊及色相 / 饱和度的设置

下面使用"单行选框工具" 来制作光束效果。

01 启动Photoshop CS6软件，选择本章的素材文件"使用单行选框工具.jpg"，将其打开，如图3-30所示。

02 按Ctrl+J快捷键，复制"背景"图层，选中"背景副本"图层，执行"图像"→"调整"→"色相/饱和度"命令或者按Ctrl+U快捷键，设置"饱和度"的值

图 3-32 单行选框工具制作选区

04 按Ctrl+J快捷键，复制"背景副本"图层中的选区，"背景副本"图层隐藏。选中复制选区的"图层1"，按Ctrl+T快捷键显示定界框，将光标放在定界框外靠近中间位置的控制点处，当光标变为 ↕ 状时，单击并拖动鼠标即可对单行选区进行放大和变形，如图3-33所示。

图 3-33 选区的放大和变形

05 按Ctrl+T快捷键显示定界框，单击鼠标右键，在弹出的快捷菜单中选择"变形"选项，显示变形网格，拖动并移动锚点位置，对锚点进行调整，拖动锚点上的控制手柄，变形图像，如图3-34所示。

图 3-34 设置"图层1"范围和形状

06 选中"图层1"，执行"滤镜"→"模糊"→"高斯模糊"命令，打开"高斯模糊"对话框，设置"半径"为2.6像素。执行"图层"→"图层样式"→"混合选项"命令，打开"混合选项"对话框，设置"混合模式"为"滤色"，如图3-35所示。

图 3-35 设置"图层1"效果

07 选中"图层1"，将"透明度"设置为65%，为"图层1"添加矢量蒙版。单击工具箱中的"画笔工具" ，设置前景色为黑色，设置工具选项栏中的"流量"为12%，在"图层1"比较生硬的地方进行涂抹，如图3-36所示。

图 3-36 对"图层1"涂抹

08 选中"图层1"，执行"图像"→"调整"→"色相/饱和度"命令，打开"色相/饱和度"对话框，设置"色相"为3、"饱和度"为45、"明度"为0，使"图层1"中的光线呈现暖色调，如图3-37所示。

图 3-37 最终效果图

3.3 制作不规则型选区

　　利用选框工具能够创建出非常规则的选区，而在实际操作中常常需要绘制不规则的选区，本节将讲解如何创建一个任意形状的选区。创建任意形状的选区的工具有"套索工具" 、"多边形套索工具" 、"磁性套索工具" 和"魔棒工具" 等。

3.3.1 使用套索工具 重点

1.套索工具

　　使用"套索工具" ⚲ 可以创建不规则形状的选区。单击工具箱中的"套索工具" ⚲ 后，按住鼠标左键，在图像中拖动鼠标来绘制选区，释放鼠标即可创建需要的选区，图3-38和图3-39所示为绘制选区边界和选区闭合。

图 3-38 选区边界　　　　图 3-39 闭合选区

延伸讲解

在使用"套索工具" ⚲ 绘制选区时，如果在绘制过程中按住 Alt 键，松开鼠标左键后（不松开 Alt 键），Photoshop 会自动切换到"多边形套索工具" ⚲ 。

2.多边形套索工具

　　"多边形套索工具" ⚲ 和"套索工具" ⚲ 的使用方法类似。"多边形套索工具" ⚲ 适合创建一些转角比较尖锐的选区，如图3-40和图3-41所示。

图 3-40 选区边界　　　　图 3-41 闭合选区

延伸讲解

在使用"多边形套索工具" ⚲ 绘制选区时，按住 Shift 键，可以在水平、垂直方向或 45 度角方向上绘制直线。另外，按 Delete 键可以删除最近绘制的直线。

3.磁性套索工具

　　"磁性套索工具" ⚲ 能够根据颜色上的差异自动识别对象的边界，特别适合快速选取与背景对比强烈且边缘复杂的对象。使用"磁性套索工具" ⚲ 时，套索边界会自动对齐图像的边界，如图3-42所示。当选择完比较复杂的边界时，可以按住Alt键切换到"多边形套索工具" ⚲ ，以选择转角比较尖锐的部分，如图3-43所示。

图 3-42 选区边界　　　　图 3-43 闭合选区

　　磁性套索工具的选项栏如图3-44所示。

图 3-44 "磁性套索工具"选项栏

◆ 宽度：宽度值决定了以光标中心为基准，光标周围有多少个像素能够被"磁性套索工具" ⚲ 检测到，如果对象的边缘比较清晰，可以设置较大的值；如果对象的边缘比较模糊，可以设置较小的值，图3-45和图3-46分别是"宽度"设置为20像素和200像素时检测到的边缘。

图 3-45 宽度为 20 像素时检测到的边缘

图 3-46 宽度为 200 像素时检测到的边缘

◆ 对比度：该选项主要用来设置"磁性套索工具" ⬚ 感应图像边缘的灵敏度。如果对象的边缘比较清晰，可以将该值设置得高一些；如果对象的边缘比较模糊，可以将该值设置得低一些。

◆ 频率：在使用"磁性套索工具" ⬚ 勾画选区时，Photoshop 会生成很多锚点，该选项用来设置锚点的数量。数值越高，生成的锚点越多，捕捉边缘越准确，但是可能会造成边缘不够平滑。

◆ 使用绘图板压力以更改钢笔宽度 ✐：如果计算机配有数位板和压感笔，可以激活该按钮，Photoshop 会根据压感笔的压力自动调节"磁性套索工具" ⬚ 的检测范围。

3.3.2 实战：用磁性套索工具制作选区

素材位置	素材 \ 第 3 章 \3.3.2 \ 用磁性套索工具制作选区 .jpg
效果位置	素材 \ 第 3 章 \3.3.2 \ 用磁性套索工具制作选区 -ok.psd
在线视频	第 3 章 \3.3.2 用磁性套索工具制作选区 .mp4
技术要点	磁性套索工具抠图，混合模式、色相 / 饱和度的设置

　　"磁性套索工具" ⬚ 能够自动识别颜色差异，并能够对具有颜色差异的边界自动描边，以得到某个对象的选区。

01 启动 Photoshop CS6 软件，选择本章的素材文件"用磁性套索工具制作选区.jpg"，将其打开，如图 3-47 所示。

02 单击工具箱中的"磁性套索工具" ⬚，在人物脸部的边缘单击鼠标，如图 3-48 所示，确定起点。

图 3-47 打开素材

图 3-48 在人物脸部边缘单击鼠标

03 放开鼠标后，沿着脸部边缘移动光标，Photoshop 会在光标经过处放置一定数量的锚点来连接选区，如图 3-49 所示。如果想要在某一位置放置一个锚点，可在该处单击；如果锚点的位置不准确，可以按 Delete 键依次删除前面的锚点，如图 3-50 所示，按 Esc 键可以清除所有选区。

图 3-49 移动光标

图 3-50 删除锚点

04 将光标移至起点,如图3-51所示,单击可以封闭选区,如图3-52所示。如果在绘制选区的过程中双击,则会在双击点与起点之间连接一条直线来封闭选区。

图 3-51 光标放置在起点

图 3-52 创建选区

05 按Ctrl+O快捷键,打开"背景素材.jpg"素材,将选区内的人物脸部拖曳到"背景"界面中,并确定位置,如图3-53所示。

图 3-53 背景界面

06 打开"星空.jpg"素材,将其拖曳到"人物图像"场景中,按Ctrl+T快捷键显示定界框,将光标放在定界框外靠近中间位置的控制点处,当光标变为 状时,单击并拖动鼠标即可对"星空"素材进行放大,设置图层的"混合模式"为"滤色","不透明度"设置为65%,如图3-54所示。

图 3-54 最终效果图

3.3.3 实战:用多边形套索工具制作选区

素材位置	素材 \ 第 3 章 \3.3.3 \ 用多边形套索工具制作选区 .jpg
效果位置	素材 \ 第 3 章 \3.3.3 \ 用多边形套索工具制作选区 -ok.psd
在线视频	第 3 章 \3.3.3 用多边形套索工具制作选区 .mp4
技术要点	多边形套索工具创建选区

"多边形套索工具" 与 "套索工具" 的使用方法类似。"多边形套索工具" 适用于创建一些转角比较尖锐的选区。

01 启动Photoshop CS6软件,选择本章的素材文件"用多边形套索工具制作选区.jpg",将其打开,如图3-55所示。

图 3-55 打开素材

02 按Ctrl+O快捷键，打开"天空.jpg"素材，将其拖曳到"照片"界面中，将"天空"素材向上移动到合适的位置，在"图层"面板上设置该图层的"混合模式"为"正片叠底"。单击工具箱中的"矩形选框工具"▣，在"天空"下方绘制选区，按Shift+F6快捷键，设置"羽化"值为30像素，然后多按几次Delete键，直至删除多边形选区内的图像，如图3-56所示。

图 3-56 制作天空

03 隐藏"天空"图层，单击工具箱中的"多边形套索工具"☑，将光标放在建筑物的右侧，单击鼠标，如图3-57所示，沿着建筑物边缘继续单击鼠标，定义选区的范围，如图3-58所示。

图 3-57 放置光标起点

图 3-58 移动光标并单击

04 将光标移动至起点处，当光标变成⬚状时，单击可以封闭选区，如图3-59所示。

图 3-59 创建选区

05 单击工具箱中的"多边形套索工具"☑，在工具选项栏中单击"添加到选区"按钮▣，或按Shift键，对建筑物其余的部分创建选区并添加到之前的选区中，如图3-60所示。

图 3-60 添加到选区

06 按Shift+F7快捷键，对选区进行反选，显示"天空"图层，在"天空"图层上按Delete键删除一次，如图3-61所示。

图 3-61 反选选区

07 为"天空"图层添加蒙版，单击工具箱中的"渐变工具" 🔲，在其选项栏中选择"径向渐变"，"不透明度"设置为60%，从"天空"图层底边往上竖拉，每做一次渐变，会发现树林、建筑与天空之间的过渡感更强一些，多做几次渐变，如图3-62所示。

图 3-62 最终效果图

3.3.4 使用魔棒工具 `重点`

"魔棒工具" 🪄 是根据图像的饱和度、色度或者亮度等信息来进行对象选择的，通过调整容差值来控制选区的精确度，适合快速选择颜色变化不大，且色调接近的区域，图3-63所示为魔棒工具的选项栏。

图 3-63 "魔棒工具"选项栏

- ◆ 取样大小：设置取样点的范围。
- ◆ 容差：在此文本框中可输入0~255的数值来确定选取的范围。该值越小，选取的颜色的范围就与鼠标单击的位置的颜色越接近，选区颜色的范围也就越小；该值越大，选区颜色的范围就越广，如图3-64和图 3-65所示。

图 3-64 "容差"为 10

图 3-65 "容差"为 50

- ◆ 连续：选择该选项时，只选择颜色连接的区域；取消该选项时，可以选择与鼠标单击点颜色相近的所有区域，当然也包括不连接的区域，如图 3-66和图 3-67所示。
- ◆ 消除锯齿：用来模糊羽化边缘的像素，使其与背景像素产生颜色过渡，从而消除边缘明显的锯齿。
- ◆ 对所有图层取样：用于有多个图层的文件，选择该选项后，能选取文件中的所有图层中颜色相近的区域，反之，只能选取当前图层中颜色相近的区域。

图 3-66 选择"连续"

图 3-67 不选择"连续"

3.3.5 快速依据颜色制作选区

使用"快速选择工具" 🖌️，可以利用可调整的圆形笔尖快速地创建选区，当拖曳笔尖时，选取的范围不但会自动向外扩张，还会自动寻找并沿着图像的边缘描绘边界。快速选择工具选项栏如图3-68所示。

图 3-68 "快速选择工具"选项栏

◆ 选区运算按钮："新选区"按钮 ，可以创建一个新的选区；"添加到选区"按钮 ，可以在原选区的基础上添加新的选区；"从选区减去"按钮 ，可以在原选区的基础上减去当前创建的选区。

◆ 画笔选取器：单击该按钮，可以在弹出的下拉列表中设置画笔笔尖的大小、硬度、间距和角度等选项，如图3-69所示。

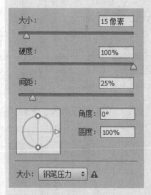

图 3-69 "画笔选取器"下拉列表

◆ 对所有图层取样：选择该选项时，Photoshop会根据所有的图层建立选取的范围，而不仅仅是只针对当前的图层。

◆ 自动增强：选择该选项，用户可以降低选区边界的粗糙度和色彩区块感。

3.3.6 使用色彩范围命令 难点

使用"色彩范围"命令可根据图像的颜色范围创建选区，在这一点上与"魔棒工具" 类似，但该命令提供了更多的控制选项，因此其选择精度也要高一些。需要注意的是，"色彩范围"命令不可用于32位/通道的图像。执行"选择"→"色彩范围"命令，打开"色彩范围"对话框，如图 3-70所示。

图 3-70 "色彩范围"对话框

◆ 选择：用于设置选区的创建方式。选择"取样颜色"选项时，光标会变为 状，将光标放置在画布的图像上，或在"色彩范围"对话框中的预览图像上单击，可以对颜色进行取样；选择"红色""黄色""绿色"和"青色"等选项时，可以选择图像中特定的颜色；选择"高光""中间调"和"阴影"选项时，可以选择图像中特定的色调；选择"肤色"选项时，会自动检测皮肤区域；选择"溢色"选项时，可以选择图像中出现的溢色。

◆ 本地化颜色簇：选择"本地化颜色簇"选项后，拖曳"范围"滑块，可以控制要包含在蒙版中的颜色与取样点的最大与最小距离，如图 3-71所示。

图 3-71 选择"本地化颜色簇"选项

◆ 颜色容差: 用来控制颜色的选择范围。该值越高,
包含的颜色越多; 该值越低, 包含的颜色就越少,
图 3-72 和图 3-73 所示分别为设置较低的颜色容
差和较高的颜色容差后的效果。

图 3-72 较低的颜色容差

图 3-73 较高的颜色容差

◆ 选区预览: 用于设置文档窗口中选区的预览方式,
选择"无"选项时, 表示不在窗口中显示选区, 如
图 3-74 所示; 选择"灰度"选项时, 可以按照选
区在灰度通道中的外观来显示选区, 如图 3-75 所
示; 选择"黑色杂边"选项时, 可以在未选择的
区域上覆盖一层黑色, 如图 3-76 所示; 选择"白
色杂边"选项时, 可以在未选择的区域上覆盖一
层白色, 如图 3-77 所示; 选择"快速蒙版"选项
时, 可以显示选区在快速蒙版状态下的效果, 如图
3-78 所示。

图 3-74 无　　　图 3-75 灰度　　　图 3-76 黑色杂边

图 3-77 白色杂边　图 3-78 快速蒙版

◆ 载入: 单击"载入"按钮, 可以载入存储的选区预
设文件。

◆ 存储: 单击"存储"按钮, 可以将当前设置的状态
保存为选区预设。

◆ 反相: 选中该选项后, 可以将选区进行反转。

◆ 添加到取样/从取样中减去: 当选择"取样颜
色"选项时, 可以对取样颜色进行添加或减去操
作。如果要添加取样颜色, 可以单击"添加到取
样"按钮, 然后在预览图像上单击, 以取得其他
颜色, 如图 3-79 所示; 如果要减去取样颜色, 可
以单击"从取样中减去"按钮, 然后在预览图上
单击, 以减去其他取样颜色, 如图 3-80 所示。

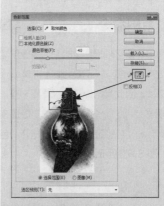

图 3-79 添加到选区

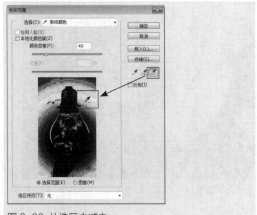

图 3-80　从选区中减去

3.4　编辑与调整选区

创建选区后，往往还需要对其进行编辑，才能得到合适的选区。选区与图像一样，也可以移动、旋转、翻转和缩放。

3.4.1　移动选区

将光标放置在选区内，当光标变为 ![图标] 状时，拖曳鼠标即可移动选区，如图 3-81 所示。

使用选框工具创建选区时，在释放鼠标左键之前，按住空格键拖曳鼠标可以移动选区，如图 3-82 所示。

图 3-81　拖曳鼠标移动选区

图 3-82　按住空格键移动选区

延伸讲解

在移动选区的时候，不用选择工具箱中的"移动工具" ![图标]。在移动的过程中，同时按住 Shift 键，可沿水平、垂直或者 45 度角方向进行移动，若使用键盘上的 4 个方向键来移动选区，按一次方向键移动 1 像素，如果同时按 Shift+ 方向键，按一次键可以移动 10 像素。

3.4.2　取消选区

在 Photoshop CS6 中，用户对选区内图像操作完成后，可以根据需要将选区取消，执行"选择"→"取消选择"命令或按 Ctrl+D 快捷键即可，以便进行下一步的操作。

3.4.3　再次选择刚取消的选区

执行"选择"→"重新选择"命令或按 Shift+Ctrl+D 快捷键，可重选刚取消的选区。

3.4.4　反选

在 Photoshop 中，创建选区之后，可以执行"选择"→"反选"命令，或者按 Shift+Ctrl+I 快捷键，选择反相的选区，也就是选择图像中之前没有被选择的部分，如图 3-83 和图 3-84 所示。

图 3-83　创建选区　　　　图 3-84　反选选区

3.4.5　收缩

创建选区之后，执行"选择"→"修改"→"收缩"命令可以将当前选择区域缩小。在"收缩量"文本框中输入的数值越大，选择区域的收缩量越大，图 3-85 所示为"收缩"命令执行前后的对比。

图 3-85 收缩选区前后对比

当选区的边缘已经达到图像文件的边缘时,再执行"选择"→"修改"→"收缩"命令,与图像边缘相接的选区不会被收缩。

3.4.6 扩展

在Photoshop中,执行"选择"→"修改"→"扩展"命令可以扩大当前的选区,"扩展量"值设置得越大,选区扩展的范围就越大,在此允许输入的数值范围为0~100,图 3-86所示为创建选区,图 3-87所示为设置"扩展量"为10像素的效果图。

图 3-86 创建选区

图 3-87 扩展选区

3.4.7 平滑

创建图3-88所示的选区后,执行"选择"→"修改"→"平滑"命令,打开"平滑选区"对话框,在"取样半径"选项中设置数值,可以让选区变得更加平滑,如图 3-89所示。

使用"魔棒工具"或"色彩范围"命令选择对象时,选区边缘往往较为生硬,可以使用"平滑"命令对选区边缘进行平滑处理。

图 3-88 创建选区   图 3-89 "取样半径"为50像素

3.4.8 边界

在图像中创建选区,如图 3-90所示,执行"选择"→"修改"→"边界"命令,可以将选区的边界向内或者向外进行调整,调整后的选区边界将与原来的选区边界形成新的选区。在"边界选区"对话框中,"宽度"用于设置选区调整的像素值,例如,将该值设置为50像素时,原选区会分别向外和向内调整25像素,如图 3-91所示。

图 3-90 创建选区　　图 3-91 "宽度"为 50 像素

3.4.9 羽化

在Photoshop中，"羽化选区"命令的运用范围非常广泛。"羽化选区"指的是通过建立选区和选区周围像素之间的转换边界来模糊边缘，这种模糊的方式会丢失选区边缘图像的细节。

图 3-92所示为创建的选区，执行"选择"→"修改"→"羽化"命令，或者按Shift+F6快捷键，打开"羽化"对话框，通过设置"羽化半径"的大小来控制羽化范围的大小，图 3-93所示为设置"羽化半径"为10像素的图像效果。

图 3-92 创建选区

图 3-93 羽化选区

答疑解惑：为什么羽化的时候会弹出提示信息

如果选区较小，"羽化半径"设置得较大，就会弹出一个"羽化警告"信息，单击"确定"按钮，表示确认设置为当前的羽化半径，这时选区可能会变得比较模糊，以至于画面中看不到，但选区是仍然存在的。如果出现"羽化警告"信息，应减少羽化半径或者扩大选区的范围。

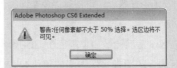

3.4.10 调整边缘

"调整边缘"命令用于对选区的半径、平滑度、羽化、对比度和移动边缘等属性进行调整，从而提高选区边缘的品质，并且可以直观呈现调整效果。创建选区后，在选项栏中单击"调整边缘"按钮 调整边缘... ，或执行"选择"→"调整边缘"命令，也可以按Alt+Ctrl+R快捷键，打开"调整边缘"对话框，如图3-94所示。

图 3-94 "调整边缘"对话框

◆ 视图模式：该模式包含7种选区的预览方式，用户可以根据需要进行选择，以便更好地观察选区的调整结果。根据此列表底部的提示，按F键可以在各个视图之前进行切换，按X键只显示原图。

◆ 显示半径：显示以半径定义的调整区域。

◆ 显示原稿：可以查看原始选区。

◆ 调整半径工具 /抹除调整工具 ：使用"调整半

径工具" ☑和"抹除调整工具" ☑可以精确调整边缘区域。

- ◆ 智能半径：自动调整边界区域中发现的硬边缘和柔化边缘的半径。
- ◆ 半径：可以微调选区与图像边缘的距离，数值越大，选区则会越来越精确地靠近图像边缘。
- ◆ 平滑：减少选区边界中不规则的区域，创建更加平滑的轮廓。对于矩形选区，则可使其边角变得圆滑，如图 3-95 所示。
- ◆ 羽化：可为选区设置羽化数值（范围0~250像素），让选区边缘的图像呈现透明效果，如图 3-96 所示。
- ◆ 对比度：可以锐化选区边缘并去除模糊的不自然感。
- ◆ 移动边缘：当设置的值为正值时，可以向外扩展选区的边界，如图 3-97 所示；当设置的值为负值时，可以向内收缩选区的边界，如图 3-98 所示。
- ◆ 净化颜色：将彩色杂边替换为附近全部选中的像素颜色。颜色替换的程度与选区边缘的羽化程度成正比。
- ◆ 数量：更改净化彩色杂边的替换程度。
- ◆ 输出到：设置选区的输出方式。

图 3-95 平滑选区

图 3-96 羽化选区

图 3-97 移动边缘

图 3-98 移动边缘

3.5 变换选择区域

用户在使用Photoshop CS6处理图像时，为了使编辑和绘制的图像更加的清晰，经常会对选区进行调整，使其更加符合设计要求。

3.5.1 自由变换

可以对选区进行缩放、旋转、镜像等操作。创建图3-99所示的选区后，执行"选项"→"变化选区"命令，此时选区周围出现变换控制手柄，如图 3-100 所示，单击鼠标右键，在弹出的快捷菜单中选择"变形"选项，拖动控制手柄可以对选区进行变形，如图 3-101 所示。

图 3-99 创建选区

图 3-100 显示控制手柄

图 3-101 变形选区

延伸讲解

选区的自由变化操作与图像的自由变化操作方法一样。

3.5.2 精确变换

执行"选择"→"变换选区"命令，或者单击鼠标右键，在弹出的快捷菜单中选择"变换选区"选项，工具选项栏中会显示各种变换选项，图3-102所示为变换选区选项栏，在选项内输入数值并按Enter键，即可精确地进行变换。

X: 170.00 像素
Y: 202.50 像素
W: 100.00%
H: 100.00%
0.00
度
H: 0.00
度
V: 0.00
度
插值：
两次立方

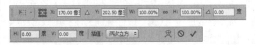

图 3-102 “变换选区”选项栏

3.6 变换图像

“编辑”→“变换”菜单提供了多种变换命令，如图 3-103所示。使用这些命令可以对图层、路径、矢量图形以及选区中的图形进行变换，另外，还可以对矢量蒙版和Alpha应用变换。

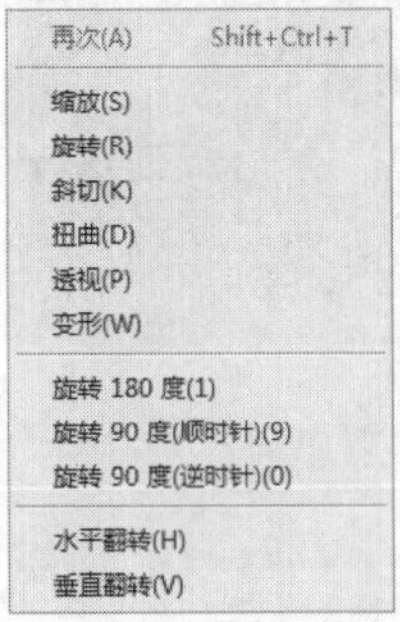

再次(A)　Shift+Ctrl+T
缩放(S)
旋转(R)
斜切(K)
扭曲(D)
透视(P)
变形(W)
旋转 180 度(1)
旋转 90 度(顺时针)(9)
旋转 90 度(逆时针)(0)
水平翻转(H)
垂直翻转(V)

图 3-103 “变换”子菜单

3.6.1 缩放

使用“缩放”命令可以相对于变换对象的中心点对图像进行缩放。如果不按住任何快捷键，可以任意缩放图像，如图 3-104所示；如果按住Shift键，可以等比例缩放图像，如图 3-105所示；如果按住Shift+Alt快捷键，可以以中心点为基准等比例缩放图像，如图 3-106所示。

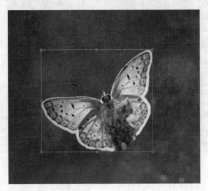

图 3-104 缩放图像

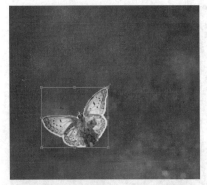

图 3-105 等比例缩放图像

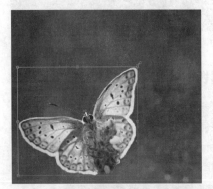

图 3-106 以中心点为基准缩放图像

3.6.2 旋转

使用“旋转”命令可以围绕中心点转动变换对象。如果不按住任何快捷键，可以以任意角度旋转图像，如图 3-107所示；如果按住Shift键，可以以15度为单位旋转图像，如图 3-108所示。

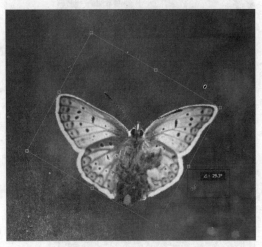

图 3-107 旋转图像

图 3-108 以 15 度为增量旋转图像

3.6.3 斜切

使用"斜切"命令可以在任意方向上倾斜图像。如果不按住任何快捷键，可以在任意方向上倾斜图像，如图 3-109所示；如果按住Shift键，可以在垂直或水平方向上倾斜图像，如图 3-110所示。

图 3-109 斜切图像

图 3-110 水平斜切图像

3.6.4 扭曲

执行"编辑"→"变换"→"扭曲"命令，显示定界框，将光标放在定界框四周的控制点上，按住Ctrl键，当光标变成 ▷ 状时，按住并拖动鼠标可以将图像进行扭曲变换，如图 3-111所示。

图 3-111 图像扭曲

3.6.5 透视

执行"编辑"→"变换"→"透视"命令，显示定界框，将光标放在定界框四周的控制点上，按住Shift+Ctrl+Alt快捷键，当光标变成 ▷ 状时，按住并拖动鼠标可以对图像进行透视变换，如图 3-112和图 3-113所示。

图 3-112 垂直透视

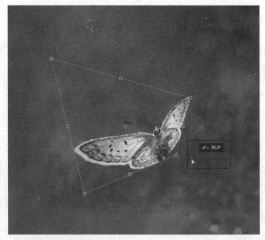

图 3-113 水平透视

3.6.6 变形图像

　　执行"编辑"→"变换"→"变形"命令，或者按 Ctrl+T快捷键，单击鼠标右键，在弹出的快捷菜单中选择"变形"选项，显示变形网格，如图 3-114所示，移动锚点位置，对锚点进行调整，如图 3-115所示，拖动锚点上的控制手柄，变形图像，如图 3-116所示。

图 3-114 显示变形网格

锚点

控制手柄

图 3-115 调整锚点

图 3-116 调整控制手柄

3.6.7 变换选区内的图像

　　创建选区，执行"编辑"→"变换"命令，图像中显示定界框，按相应的快捷键，拖动定界框上的控制点可以对选区内的图像进行旋转、缩放、斜切等变换操作。选择工具箱中的"矩形选框工具"，创建选区，并对选区内的图像进行变换，如图 3-117至和图 3-119所示。

图 3-117 创建选区

图 3-118 选区内图像旋转

图 3-119 选区内图像斜切

3.6.8 再次变换

对图像进行变换操作后，可以执行"编辑"→"变换"→"再次"命令，或者按Shift+Ctrl+T快捷键，对图像进行相同的变换操作。如果按Alt+Shift+Ctrl+T快捷键，不仅会变换图像，还会复制出新的图像内容，如图 3-120 至图 3-122 所示。

图 3-120 旋转图像

图 3-121 再次旋转图像

图 3-122 旋转并复制新的图像

3.6.9 翻转变换

在Photoshop CS6中，执行"编辑"→"变换"→"水平翻转"命令，可以对图像进行水平翻转操作，如图 3-123 和图 3-124 所示。

图 3-123 打开素材　　　　图 3-124 水平翻转

当图像出现了垂直方向的颠倒、倾斜时，执行"编辑"→"变换"→"垂直翻转"命令，可对图像进行垂直翻转操作，如图 3-125 和图 3-126 所示。

图 3-125 打开素材

图 3-126 垂直翻转

答疑解惑："水平翻转"命令和"水平翻转画布"有什么区别

◆ 水平翻转：可以将画布中的某个图像，即选中画布中的某个图层进行水平翻转。

◆ 水平翻转画布：可以将整个画布，即画布中的全部图层水平翻转。

3.6.10 使用内容识别比例变换

　　"内容识别比例"是Photoshop中一个非常实用的缩放功能，它可以在不更改可视内容（如人物、建筑、动物等）的情况下缩放图像。常规缩放在调整图像大小时会影响所有像素，而"内容识别比例"命令主要影响没有重要可视内容区域中的像素，图 3-127所示分别为原图和使用"自由变换"命令进行常规缩放以及使用"内容识别比例"缩放的对比效果。

原图

自由变换　　内容识别比例

图 3-127 对比效果图

　　执行"编辑"→"内容识别比例"命令，会出现该命令的选项栏，如图 3-128所示。

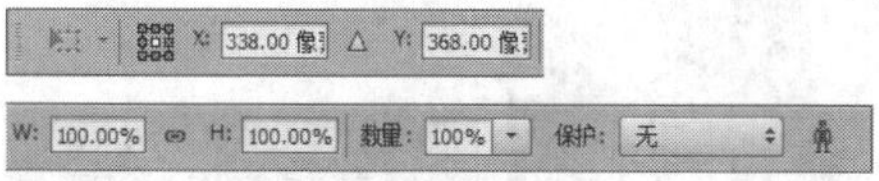

W: 100.00% ㏈ H: 100.00%　数量: 100% ＊　保护: 无 ＄

图 3-128 "内容识别比例"选项栏

◆ 参考点定位符⊞：单击该按钮上的小方块，可以指定缩放图像时要围绕的参考点。默认情况下，参考点位于图像的中心。

◆ 使用参考点相对定位△：单击该按钮，可以指定相对于当前参考点位置的新参考点位置。

◆ X/Y：可以输入X轴和Y轴的像素的大小，设置参考点的水平和垂直位置。

◆ 缩放比例：输入宽度（W）和高度（H）的百分比，可以指定图像的原始大小的缩放百分比，单击"保持长宽比"按钮㏈，可以将图像进行等比例缩放。

◆ 数量：设置内容识别缩放与常规缩放的比例。一般情况下，都应该将该值设置为100%。

◆ 保护：可以选择一个Alpha通道，通道中白色对应的图像不会发生变形。

◆ 保护肤色█：单击该按钮，在缩放图像时，可以保护人物的肤色区域。

延伸讲解

　　"内容识别比例缩放"可以处理图层和选区，图像可以是 RGB、CMYK、Lab 和灰度颜色模式以及所有位深度。但不适合处理图层蒙版、通道、智能对象、3D 图层、视频图层和图层组，也不能同时处理多个图层。

3.6.11 用Alpha通道保护图像

　　使用"内容识别比例"缩放图像时，如果Photoshop不能识别重要的对象，并且单击了"保护肤色"按钮█也无法改善的变形效果，则可以通过Alpha通道来指定哪些重要的内容需要保护，Alpha通道存储的是人像的选区，主要用来保护人像对象在变换时不会变形，如图 3-129至图 3-131所示。

图 3-129 创建选区　　　图 3-130 存储选区

图 3-131 Alpha 通道保护图像

3.6.12 操控变形

　　"操控变形"与变形网格类似，但其功能更加强大。选择"操控变形"命令后，可以在图像的关键点上放置图钉，然后通过拖动图钉来对图像进行变形操作，如图 3-132和图 3-133所示。

图 3-132 打开素材　　　图 3-133 "操控变形"命令

　　执行"编辑"→"操控变形"命令，会出现该命令的选项栏，如图 3-134所示。

图 3-134 "操控变形"选项栏

◆ 模式：选择"正常"选项，变形效果准确，边缘柔和，如图 3-135所示；选择"刚性"选项，变形效果精确，但其边缘比较生硬，如图 3-136所示；选择"扭曲"选项，可在变形的同时创建透视效果，如图 3-137所示。

图 3-135 "模式"为"正常"　图 3-136 "模式"为"刚性"

图 3-137 "模式"为"扭曲"

◆ 浓度：选择"较少点"选项，网格点较少，如图 3-138所示，相应地也会智能放置较少的图钉，并且图钉之间留有较大的距离；选择"正常"选项，网格数量适中，如图 3-139所示；选择"较多点"选项，网格点细密，可以添加更多的图钉，如图 3-140所示。

图 3-138 "浓度"为"较少点"图 3-139 "浓度"为"正常"

图 3-140 "浓度"为"较多点"

◆ 扩展：用来设置变形效果的衰减范围。设置较大的像素值后，变形网格的范围也会随之扩展，变形之后，对象的边缘也会变得更加平滑。图 3-141 所示为扩展前的效果；图 3-142 所示为扩展后的效果，其扩展的像素值为 10 像素；图 3-143 所示为扩展后的效果，其扩展的像素值为 -20 像素。

图 3-141 "扩展"为 0 像素　图 3-142 "扩展"为 10 像素

图 3-143 "扩展"为 -20 像素

◆ 显示网格：控制是否在变形图像上显示变形网格。
◆ 图钉深度：选择一个图钉以后，单击"将图钉前移"按钮，可以将图钉向上层移动一个堆叠顺序；单击"将图钉后移"按钮，可以将图钉向下层移动一个堆叠顺序。
◆ 旋转：包括"自动"和"固定"两个选项。选择"自动"选项时，Photoshop 会自动对对象进行旋转处理，如图 3-144 所示；选择"固定"选项时，可在其右侧的文本框中输入旋转的角度值，这里输入 50 度，可如图 3-145 所示。除此之外，选

择一个图钉以后，按住 Alt 键，然后拖动鼠标即可旋转图钉，如图 3-146 所示。

图 3-144 "旋转"为 0 度　图 3-145 "旋转"为 50 度

图 3-146 按 Alt 键旋转图钉

◆ 复位 ↺：单击该按钮，可删除所有图钉，将网格复位到变形前的状态。
◆ 撤销 ⊘：单击该按钮，或者按 Esc 键，可以放弃变形操作。
◆ 应用 ✓：单击该按钮，或者按 Enter 键，可以确认变形操作。

3.7 修剪图像及显示全部图像

裁剪图像时，不仅可以使用工具箱中的"裁剪工具" 🔲，还可以执行"图像"→"裁切"或"图像"→"裁剪"命令，对图像进行裁剪。与此同时，如果想要全部的图像都显示出来，可以执行"图像"→"显示全部"命令，将多余的图像全部显示出来。本节主要讲解裁剪"裁切"和"显示全部"命令。

3.7.1 修剪

使用 Photoshop 编辑照片时，经常需要裁剪掉多余的内容，使画面的构图更加完美。裁剪图像主要使用"裁剪工具" 🔲、"裁剪"命令和"裁切"命令来完成。

"裁剪"指的是移去部分图像，以突出或者加强构图效果。

"裁切"命令可以基于图像的像素颜色来裁切图像。执行"图像"→"裁切"命令，打开"裁切"对话框，如图 3-147所示。

图 3-147 "裁切"对话框

◆ 透明像素：可以裁切掉图像边缘的透明区域，只将非透明像素区域的最小图像保留下来。该选项只有在图像中存在透明区域时才能用，如图 3-148和图 3-149所示。

图 3-148 打开素材　　　　图 3-149 裁切图像

◆ 左上角像素颜色：从图像中删除左上角像素颜色的区域。
◆ 右下角像素颜色：从图像中删除右下角像素颜色的区域。
◆ 顶/底/左/右：用来设置修正图像区域的方式。

3.7.2 显示全部

在某些情况下，图像的部分会处于画布的可见区域外，如图 3-150所示，执行"图像"→"显示全部"命令，可以扩大画布，将画布可见区域外的图像完全显示出来，图 3-151所示为使用此命令后完全显示的图像。

图 3-150 原始图像

图 3-151 "显示全部"命令

3.8 习题测试

习题1 创建魔幻路灯

素材位置	素材 \ 第 3 章 \ 习题 1\ 路灯 .psd、背景 .jpg
效果位置	素材 \ 第 3 章 \ 习题 1\ 创建魔幻路灯 .psd
在线视频	第 3 章 \ 习题 1 创建魔幻路灯 .mp4
技术要点	使用操控变形命令变形路灯

本习题供读者练习操控变形的操作，选中图钉并拖曳鼠标，使路灯变形，如图 3-152所示。

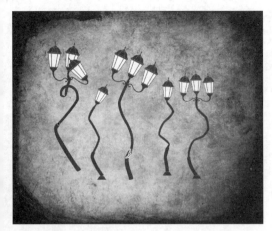

图 3-152 素材与效果

素材位置	素材 \ 第 3 章 \ 习题 2\ 背景 .jpg、猫咪 .psd
效果位置	素材 \ 第 3 章 \ 习题 2\ 调整选区大小 .psd
在线视频	第 3 章 \ 习题 2 调整选区大小 .mp4
技术要点	使用变换选区命令调整选区大小

本习题供读者练习变换选区的操作，首先将对象载入选区，再使用曲线命令调整图像，然后对选区进行变换，如图 3-153 所示。

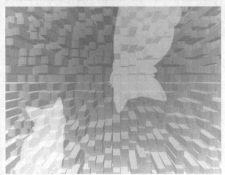

图 3-153 素材与效果

习题3 磁性套索合成花瓣头饰

素材位置	素材 \ 第 3 章 \ 习题 3\ 发型 .jpg、花朵 .jpg
效果位置	素材 \ 第 3 章 \ 习题 3 \ 磁性套索合成花瓣头饰 .psd
在线视频	第 3 章 \ 习题 3 磁性套索合成花瓣头饰 .mp4
技术要点	使用磁性套索工具选取图像

本习题供读者练习使用磁性套索选取图像的操作，如图 3-154 所示。

图 3-154 素材与效果

绘画与编辑功能

第04章

Photoshop CS6提供了丰富多样的绘图工具，具有强大的绘图和编辑功能。使用这些绘图工具，再配合画笔面板、混合模式、图层等功能，可以创作出传统绘画方式难以达到的效果。

学习重点

- 选色
- 渐变工具选项
- 橡皮擦工具
- 颜色替换工具
- 杂色渐变
- 混合器画笔工具
- "仿制源"面板

4.1 选色与绘图工具

绘制和编辑任何图形或图像都离不开对颜色的设置，如进行绘画、填充颜色、描边选区等操作，都需先设置颜色。

4.1.1 选色 **重点**

在Photoshop中，用户经常会用到"拾色器"对话框来设置颜色，工具箱的底部包含了前景色和背景色设置图标，单击工具箱中的前景色或背景色图标，即可打开"拾色器"对话框，在该对话框中，可以选择基于HSB（色相、饱和度、亮度）、RGB（红色、绿色、蓝色）和CMYK（青色、洋红、黄色、黑色）等颜色模型指定颜色。

修改前景色和背景色

在默认情况下，前景色为黑色，背景色为白色，如图4-1所示。单击前景色或背景色图标，如图4-2和图4-3所示，可以在弹出的拾色器中修改颜色，也可以在"颜色"和"色板"面板中设置颜色，或使用"吸管工具" ✎ 拾取图像中的颜色。

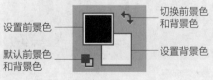

图 4-1 前景色 / 背景色设置

图 4-2 设置前景色　　图 4-3 设置背景色

切换前景色和背景色

单击"切换前景色和背景色"图标 ↺ 或按X键，可以切换前景色与背景色的颜色，如图4-4所示。

图 4-4 切换前景色和背景色

恢复为默认的前景色和背景色

将前景色和背景色修改后，如图 4-5所示，单击"默认前景色和背景色"图标 ▣ 可以恢复成默认的前景色和背景色，按D键也可将其恢复成默认的前景色和背景色，如图4-6所示。

图 4-5 修改前景色和背景色　图 4-6 恢复默认前景色和背景色

4.1.2 实战：用拾色器设置颜色

素材位置	素材 \ 第 4 章 \4.1.2 \ 用拾色器设置颜色 .psd
效果位置	素材 \ 第 4 章 \4.1.2 \ 用拾色器设置颜色 -OK.psd
在线视频	第 4 章 \4.1.2 用拾色器设置颜色 .mp4
技术要点	拾色器的认识与应用

本实战主要讲解如何利用拾色器设置需要的颜色。

01 启动Photoshop CS6软件，选择本章的素材文件"用拾色器设置颜色.psd"，将其打开。

02 选中"图层7"，按住Ctrl键并单击该图层缩览图，将其载入选区，单击前景色图标，打开"拾色器"对话框，设置前景色为黄色（# fff100），如图4-7所示。

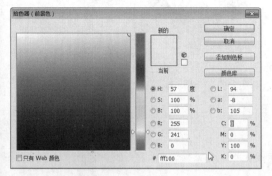

图 4-7 拾色器选择黄色

03 单击"确定"按钮关闭对话框，按Alt+Delete快捷键填充前景色于选区，再按Ctrl+D快捷键取消选区，如图4-8所示。

图 4-8 填充前景色

04 选中"图层1"，按住Ctrl键并单击该图层缩览图，将其载入选区，单击背景色图标，在弹出的"拾色器"对话框中将颜色滑块向下移动，或单击色域颜色设置背景色，这里将背景色设置为橙色（# f5a605），如图4-9所示。

05 单击"确定"按钮关闭对话框，按Ctrl+Delete快捷键填充背景色于选区，按Ctrl+D快捷键取消选区，如图4-10所示。

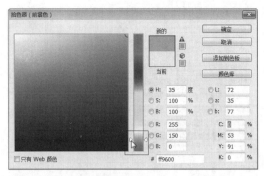

图 4-9 拾色器选择橙色

图 4-10 填充背景色

06 "拾色器"对话框中还有一个"颜色库"按钮，单击该按钮可以切换到"颜色库"对话框中，在"色库"下拉列表中选择一个颜色系统，如图4-11所示。

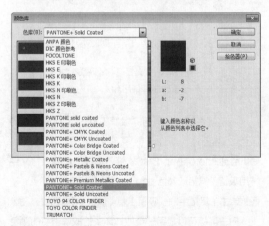

图 4-11 颜色系统

07 可以先在光谱上选择颜色范围，然后在颜色列表中单击需要的颜色，可将其设置为当前颜色，如图4-12所示。

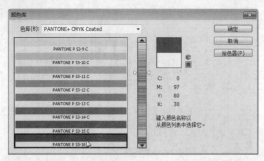

图 4-12 颜色列表和光谱

08 将"图层4"的对象载入选区，按Alt+Delete快捷键填充前景色于选区，再按Ctrl+D快捷键取消选区，完成效果如图4-13所示。

图 4-13 完成效果

4.1.3 实战：用吸管工具拾取颜色

素材位置	素材 \ 第 4 章 \4.1.3 \ 用吸管工具拾取颜色 .psd
效果位置	素材 \ 第 4 章 \4.1.3 \ 用吸管工具拾取颜色 -OK. psd
在线视频	第 4 章 \4.1.3 用吸管工具拾取颜色 .mp4
技术要点	吸管工具的功能和使用方法

本实战讲解如何利用"吸管工具" 拾取需要的颜色。

01 启动Photoshop CS6软件，选择本章的素材文件"用吸管工具拾取颜色.psd"，将其打开。

02 单击工具箱中的"吸管工具" ，将光标放在图像上，单击鼠标可以显示一个取样环，拾取单击点的颜色并将其设置为前景色，如图 4-14所示。

03 按住鼠标左键并移动，取样环中会出现两种颜色，上面的是前一次拾取的颜色，下面的则是当前拾取的颜色，如图 4-15所示。

图 4-14 拾取为前景色

图 4-15 拾取为背景色

04 按住Alt键，再单击鼠标，拾取单击点的颜色并将其设置为背景色，如图 4-16所示，如果将光标放在图像上，按住鼠标左键在屏幕上滚动，则可以拾取窗口、菜单栏和面板的颜色，如图4-17所示。

图 4-16 设置单击点颜色为背景色

05 按住Ctrl键并单击"图层80"将其载入选区，按Ctrl+Delete快捷键填充背景色，再按Ctrl+D快捷键取消选区，如图4-18所示。

图 4-17 拾取窗口、菜单栏或面板的颜色

图 4-18 填充背景色

4.1.4 画笔工具

"画笔工具" 是照片修饰、后期处理的常用工具，它使用前景色绘制线条，也可以用于描边路径、绘制图像、修改图层蒙版、快速蒙版和通道等，功能十分强大，图4-19所示为画笔工具的工具选项栏。

图 4-19 "画笔工具"选项栏

◆ 画笔下拉面板：单击"画笔"选项栏右侧的 按钮，打开画笔下拉面板，在该面板中可以选择笔尖，设置画笔的大小与硬度，如图4-20所示。

"大小"决定了画笔的大小，拖动滑块或者在文本框中输入数值可调整画笔的大小；"硬度"用

来设置画笔笔尖的硬度；单击"创建新的预设"按钮，打开"画笔名称"对话框，可以将当前画笔保存为一个预设的画笔。

图 4-20 画笔下拉面板

◆ 模式：单击"模式"按钮，在下拉列表中可以选择画笔笔迹颜色与下面现有像素的混合模式。"正常"模式的效果如图 4-21所示；"滤色"模式的效果如图 4-22所示。

图 4-21 "正常"模式　　图 4-22 "滤色"模式

◆ 不透明度：在其中输入数值，可以设置画笔的不透明度。该值越低，线条的透明度越高；该值越高，线条的透明度越低，图 4-23 所示是该值为100%时的绘制效果；图 4-24所示是该值为50%的绘制效果。

图 4-23 不透明度100%　　图 4-24 不透明度50%

◆ 流量：用于设置当光标移动到某个区域上方时应用颜色的速率。使用该画笔在某个区域上方涂抹时，如果一直按住鼠标左键，其颜色将会根据流动速率增加，直至达到不透明度设置值，图 4-25所示是该值为100%的绘制效果；图 4-26所示是该值为50%的绘制效果。

图 4-25 流量 100%　　　图 4-26 流量 50%

◆ 喷枪 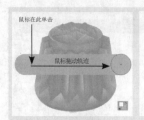：单击该按钮，可以启用喷枪功能，Photoshop会根据鼠标左键的单击程度来确定画笔线条的填充数量。例如，未启用喷枪时，每单击一次会填充一次线条，如图 4-27 所示；启用喷枪后，按住鼠标左键不放，即可持续填充线条，如图 4-28 所示。

图 4-27 喷枪效果　　　图 4-28 持续填充

延伸讲解

使用"画笔工具"时，按下键盘中的数字键可调整画笔的不透明度。例如，按下1，画笔的不透明度为10%；按下75，不透明度为75%；按下0，不透明度会恢复为100%。

4.1.5 铅笔工具

"铅笔工具"也是绘画中常用的工具，同"画笔工具"一样也是使用前景色来绘制线条。它与"画笔工具"的区别在于，"铅笔工具"更善于智能绘制硬边线条。图 4-29 所示为铅笔工具的工具选项栏，除"自动抹除"功能外，铅笔工具的其他选项与"画笔工具"相同。

图 4-29 "铅笔工具"选项栏

◆ 自动抹除：勾选该复选框后，单击拖动鼠标时，如果光标的中心点在包含前景色的区域上，会将该区域涂抹成背景色，如图 4-30 所示；如果光标的中心点在不包含前景色的区域上，则可将区域涂抹成前景色，如图 4-31 所示。

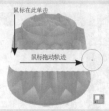

图 4-30 涂抹背景色　　　图 4-31 涂抹前景色

?? 答疑解惑：铅笔工具的主要用途

如果使用"缩放工具"放大观察铅笔工具绘制的线条就会发现，线条边缘呈现清晰的锯齿。比较流行的像素画便是主要通过"铅笔工具"绘制的，并且需要出现这些锯齿。

4.1.6 颜色替换工具　　　**重点**

"颜色替换工具"是一个十分实用的工具，可以将选定的颜色替换为其他颜色。图4-32所示为"颜色替换工具"选项栏。

图 4-32 "颜色替换工具"选项栏

◆ 模式：用于设置可以替换的颜色属性，包括"色相""饱和度""颜色""明度"4个选项。默认为"颜色"模式，它表示可以同时替换色相、饱和度和明度。

◆ 取样：用于设置颜色的取样方式。单击"连续"按钮，在拖动鼠标时可连续对颜色取样；单击"一次"按钮，只替换包含第一次单击的颜色区域中的目标颜色；单击"背景色板"按钮，只替换包含当前背景色的区域。

◆ 限制：当选择"不连续"选项时，可替换出现在光标下任何位置的样本颜色；选择"连续"选项时，只替换与光标下的颜色邻近的颜色；选择"查找边缘"选项时，可替换包含样本颜色的连接区域，同时保留形状边缘的锐化程度。

◆ 容差：用于设置"颜色替换工具"的容差。"颜色替换工具"只替换鼠标单击点颜色容差范围的颜色，因此，该值越高，包含的颜色范围越广。

◆ 消除锯齿：勾选此复选框，可以消除颜色替换区域的锯齿效果，从而使图像变得平滑。

4.1.7 混合器画笔工具　　　**重点**

"混合器画笔工具" 可以像传统绘画过程中混合颜料一样混合像素，能模拟真实的绘画技术，如混合画布上的颜色、组合画笔上的颜色，以及在描边过程中使用不同的绘画湿度。"混合器画笔工具" 有两个绘画色管（一个储槽和一个拾取器）。储槽存储最终应用于画布的颜色，并且具有较多的油彩容量；拾取器接收来自画布的油彩，其内容与画布颜色是连续混合的。图4-33所示为"混合器画笔工具"选项栏。

图 4-33 "混合器画笔工具"选项栏

◆ 当前画笔载入：单击 按钮可以弹出一个下拉面板。使用"混合器画笔工具" 时，按住Alt键单击图像，可以将光标下方的颜色（油彩）载入储槽。如果选择"载入画笔"选项，可以拾取光标下方的图像，如图 4-34所示，此时画笔笔尖可以反映出取样区域的任何颜色变化；如果选择"只载入纯色"选项，则可拾取单色，如图 4-35所示，此时画笔笔尖的颜色比较均匀。如果要清除画笔中的油彩，可以选择"清理画笔"选项。

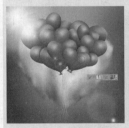

图 4-34 载入画笔 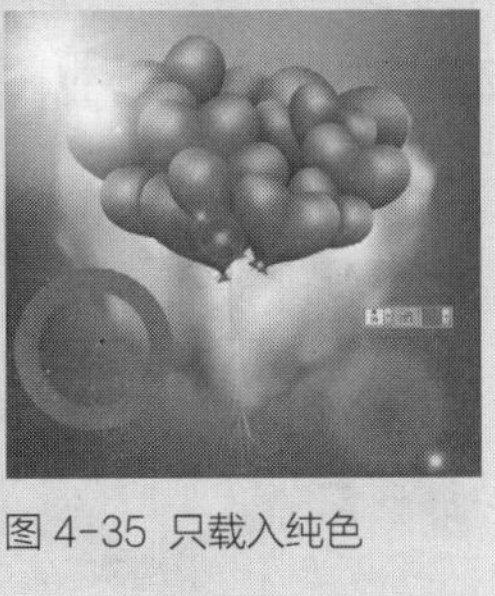　　　　图 4-35 只载入纯色

◆ 预设：该选项提供了"干燥""潮湿"等预设的画笔组合，有多种预设画笔组合可供选择，如图4-36所示。图 4-37所示为原图，图 4-38和图4-39所示为使用不同预设选项时的涂抹效果。

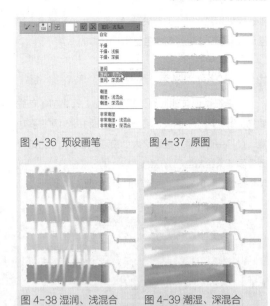

图 4-36 预设画笔　　　　图 4-37 原图

图 4-38 湿润、浅混合　　　图 4-39 潮湿、深混合

◆ 每次描边后载入画笔 /清理画笔 ：单击"每次描边后载入画笔"按钮 ，可以使光标下的颜色与前景色混合，如图 4-40和图 4-41所示；单击"每次描边后清理画笔"按钮 ，可以清理油彩。

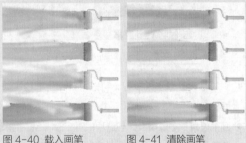

图 4-40 载入画笔　　　　图 4-41 清除画笔

◆ 潮湿：可以控制画笔从画布拾取的油彩量。较高的设置会产生较长的绘画条痕。

◆ 载入：用来指定储槽中载入的油彩量。载入速率较低时，绘画描边干燥的速度会更快。

◆ 混合：控制画布油彩量与储槽油彩量的比例。比例为100%时，所有油彩将从画布中拾取；比例为0时，所有油彩都来自储槽。

◆ 对所有图层取样：拾取所有可见图层中的画布颜色。

4.2 "画笔"面板

通过"画笔"面板可以设置绘画工具（画笔、铅笔和历史记录画笔等）以及修饰工具（涂抹、加深、减淡、模糊和锐化等）的笔尖种类、画笔大小和硬度，甚至可以自定义画笔，创建自己需要的画笔。

4.2.1 认识"画笔"面板

读者在认识其他绘制工具和修饰工具之前，首先要先了解"画笔"面板，"画笔"面板中提供了许多功能，在其中可任意设置画笔大小和笔尖形状，也可选择预设画笔来绘制自己喜欢的图样，执行"窗口"→"画笔"命令，可以打开"画笔"面板，如图4-42所示。

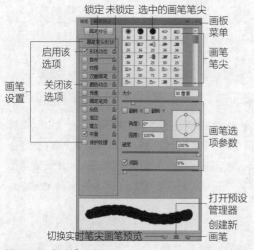

图 4-42 "画笔"面板

◆ 画笔预设：单击该按钮，可以打开"画笔预设"面板。

◆ 画笔设置：可以切换到与选项相对应的内容，用来改变画笔的角度、圆度，以及为其添加纹理、颜色动态等变量。

◆ 启用/关闭选项：处于选中状态的选项代表启用状态；处于未选中状态的选项代表关闭状态。

◆ 锁定🔒/未锁定🔓：🔒图标代表该选项处于锁定状态；而单击该图标即可取消锁定，🔓图标代表该选项处于未锁定状态。锁定与解锁操作可以相互切换。

◆ 选中的画笔笔尖：当前处于选择状态的画笔笔尖。

◆ 画笔笔尖：显示Photoshop提供的预设画笔笔尖，选择一个笔尖后，可在"画笔描边预览"选项中预览该笔尖的形状。

◆ 面板菜单：单击🔳图标，可以打开"画笔"面板的菜单。

◆ 画笔选项参数：用来设置画笔的相关参数。

◆ 画笔描边预览：选择一个画笔后，可以在预览框中预览该画笔的外观形状。

◆ 切换实时笔尖画笔预览：使用毛刷笔尖时，在画布中实时显示笔尖的样式。

◆ 打开预设管理器：打开"预设管理器"对话框。

◆ 创建新画笔：将当前设置的画笔保存为一个新的预设画笔。

4.2.2 笔尖的种类

在Photoshop中笔尖分为3种类型——圆形笔尖、非圆形的图像样本笔尖和毛刷笔尖，如图4-43所示。

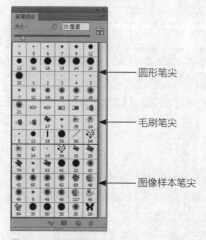

图 4-43 笔尖种类

在画笔当中，圆形笔尖也分几种样式，如尖角、柔角、实边和柔边，而使用尖角和实边笔尖绘制的线条具有清晰的边缘，与实边尖角不一样的是，柔角柔边线条的边缘比较柔和，呈现逐渐淡出的效果，如图4-44所示。

| 尖角 | 柔角 |
| 实边 | 柔边 |

图 4-44 不同笔尖样式

一般在Photoshop中比较常用到的是尖角和柔角笔尖，将笔尖硬度设置为100%即可得到尖角笔尖，该画笔边缘清晰，如图 4-45所示；若笔尖硬度低于100%即可得到柔角笔尖，该画笔边缘虚化，如图4-46所示。

图 4-45 硬度 100%　　　图 4-46 硬度 0

4.2.3 选择画笔

在"画笔"面板的预设画笔区中有各种画笔，当要使用"画笔工具" ✍ 绘制图形或者修饰图像时，只需在预设区单击该画笔即可。

4.2.4 编辑画笔的常规参数

在"画笔"面板中，每一种画笔都有多种属性可以设置，包括调整画笔的大小、角度、圆度、硬度和间距等，选择相应的选项即可进行设置，如图 4-47所示。图 4-48所示为普通画笔笔尖的绘制效果，图 4-49所示为改变形状后的绘制效果。

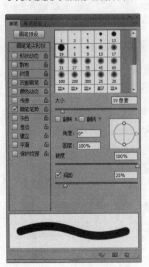

图 4-47 选择"画笔笔尖形状"选项

图 4-48 普通画笔　　　　　图 4-49 改变形状后的画笔

◆ 大小：用于设置画笔的大小。数值越大，画笔越大，图 4-50和图 4-51所示为画笔大小为20像素与50像素的效果。

图 4-50 大小 20 像素　　　图 4-51 大小 50 像素

◆ 翻转 X/翻转 Y：用于改变画笔笔尖在其 X 轴或 Y 轴上的方向，如图 4-52至图 4-54所示。

图 4-52 原图

图 4-53 勾选"翻转 X"

图 4-54 勾选"翻转 Y"

◆ 角度：用于设置椭圆笔尖和图像样本笔尖的旋转角度。可以在文本框中输入角度值，也可以拖动箭头调整，如图 4-55和图 4-56所示。

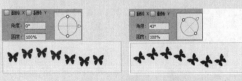

图 4-55 原角度　　　　　图 4-56 角度 43°

◆ 圆度：用于设置画笔的圆度。可以在文本框中输入数值，或拖动控制点来调整。当该值为100%时，

笔尖为圆形，设置为其他值时可将画笔压扁，如图
4-57和图 4-58所示。

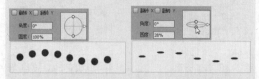

图 4-57 笔尖圆形　　　图 4-58 画笔压扁

◆ 硬度：用于设置画笔边缘的硬度。该值越大，画笔
的边缘越清晰；该值越小，画笔的边缘越柔和，如
图 4-59和图 4-60所示。

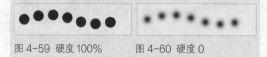

图 4-59 硬度 100%　　　图 4-60 硬度 0

◆ 间距：用于控制描边中两个画笔笔迹之间的距离。
数值越高，笔迹之间的距离越大，反之则越小。

4.2.5 编辑画笔的动态参数

　　"形状动态"选项可以影响描边时画笔笔迹的变
化，可以使画笔的大小、圆度等产生随机变化，如图
4-61至图 4-63所示。

图 4-61 "形状动态"参数

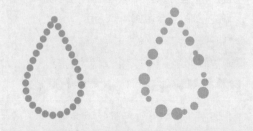

图 4-62 未勾选"形状动态"　图 4-63 勾选"形状动态"

◆ 大小抖动：指定描边时画笔笔迹大小的改变方式。
数值越大，图像轮廓越不规则，如图 4-64和图
4-65所示。

图 4-64 大小抖动 0　　　图 4-65 大小抖动 100%

◆ 控制：单击该按钮，在该下拉列表中可以设置大小
抖动的方式，其中"关"选项表示不控制画笔笔迹
的大小变换；"渐隐"选项是按照指定数量的步长
在初始直径和最小直径之间渐隐画笔笔迹的大小，
使笔迹产生逐渐淡出的效果。如果计算机配置有绘
图板，则可以选择"钢笔压力""钢笔斜度""光
笔轮"或"旋转"选项，然后根据钢笔的压力、斜
度、位置或旋转角度来改变初始直径和最小直径之
间的画笔笔迹大小，如图 4-66和图 4-67所示。

图 4-66 控制"关"　　　图 4-67 控制"渐隐"

◆ 最小直径：当启用"大小抖动"选项以后，通过该
选项可以设置画笔笔迹缩放的最小缩放百分比。
数值越高，笔尖的直径变化越小，如图 4-68和图
4-69所示。

图 4-68 最小直径 0　　　图 4-69 最小直径 100%

◆ 倾斜缩放比例：当"大小抖动"设置为"钢笔斜
度"选项时，该选项用来设置在旋转前应用于画笔
高度的比例因子。

◆ 角度抖动/控制："角度抖动"选项用于设置画笔
笔迹的角度，如图 4-70和图 4-71所示。如果要
设置"角度抖动"的方式，可以在下面的"控制"
下拉列表中进行选择。

图 4-70 角度抖动 0　　　图 4-71 角度抖动 23%

◆ 圆度抖动/控制/最小圆度：该选项用于设置画笔笔迹的圆度在描边时的变化方式，如图 4-72 和图 4-73 所示。如果要设置"圆度抖动"的方式，可以在下面的"控制"下拉列表中进行选择。另外，"最小圆度"选项可以用来设置画笔笔迹的最小圆度。

图 4-72 圆度抖动 0　　图 4-73 圆度抖动 100%

◆ 翻转 X/Y 抖动：将画笔笔尖在其 X 轴或 Y 轴上进行翻转。

◆ 画笔投影：可应用光笔倾斜和旋转来产生笔尖形状。使用光笔绘画时，需要将光笔更改为倾斜状态，并旋转光笔以改变笔尖形状。

4.2.6 分散性属性参数

通过"散布"选项可以设置描边时笔迹的数目和位置，使画笔笔迹沿着绘制的线条扩散，如图 4-74 至图 4-76 所示。

图 4-74 "散布"参数

图 4-75 原画笔　　　　图 4-76 分散画笔

◆ 散布/两轴/控制：勾选该复选框，可指定画笔笔迹在描边中的分散程度，该值越高，分散的范围越广，如图 4-77 和图 4-78 所示。当选中"两轴"复选框时，画笔笔迹将以中心点为基准，向两侧分散。如果要设置画笔笔迹的分散方式，可以在下面的"控制"下拉列表中进行选择。

图 4-77 散布 0　　　　图 4-78 散布 215%

◆ 数量：指定在每个间距应用的画笔笔迹数量。该值越高，笔迹重复的数量越大，如图 4-79 和图 4-80 所示。

图 4-79 数量 1　　　　图 4-80 数量 4

◆ 数量抖动/控制：指定画笔笔迹的数量如何针对各种间距产生变化，如图 4-81 和图 4-82 所示。如果要设置"数量抖动"的方式，可以在下面的"控制"下拉列表中进行选择。

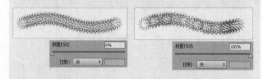

图 4-81 数量抖动 0　　　图 4-82 数量抖动 100%

4.2.7 纹理效果

如果要使画笔绘制出的线条像是在带有纹理的画布上绘制的一样，在制作图像时使用"纹理"选项，便可绘制出带有纹理质感的笔触，如图 4-83 至图 4-85 所示。

图 4-83 "纹理"参数

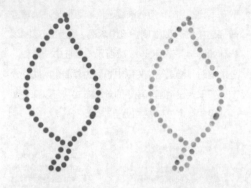

图 4-84 原画笔　　　　　图 4-85 纹理画笔

◆ 设置纹理/反相：单击图案缩览图右侧的下拉按钮，可以在弹出的"图案"拾色器中选择一个图案，并将其设置为纹理。勾选"反相"复选框，即可基于图案中的色调来翻转纹理中的亮点和暗点，如图4-86和图4-87所示。

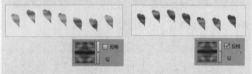

图 4-86 不勾选"反相"　　图 4-87 勾选"反相"

◆ 缩放：用于设置图案的缩放比例。数值越小，纹理越多，如图4-88和图4-89所示。

图 4-88 缩放为1%　　　　图 4-89 缩放为132%

◆ 为每个笔尖设置纹理：将选定的纹理单独应用于画笔描边时的每个画笔笔迹，而不是作为整体应用于画笔描边。如果取消勾选该复选框，下面的深度抖动选项将不可用。

◆ 模式：在该选项的下拉列表中可以设置组合画笔和图案的混合模式，图 4-90和图 4-91所示分别是"正片叠底"和"线性高度"模式。

图 4-90 正片叠底　　　　图 4-91 线性高度

◆ 深度：用于设置油彩渗入纹理的深度。数值越大，渗入的深度越大，如图4-92和图4-93所示。

图 4-92 深度 28%　　　　图 4-93 深度 61%

◆ 最小深度：当"深度抖动"下面的"控制"选项设置为"渐隐""钢笔压力""钢笔斜度"或"光笔轮"选项，并且勾选"为每个笔尖设置纹理"复选框时，"最小深度"选项用于设置油彩可渗入纹理的最小深度。

◆ 深度抖动/控制：用于设置纹理抖动的最大百分比，当勾选"为每个笔尖设置纹理"复选框时，"深度抖动"选项用于设置深度的改变方式，如图4-94和图 4-95所示。如果要指定如何控制画笔笔迹的深度变化，可以从下面的"控制"下拉列表中进行选择。

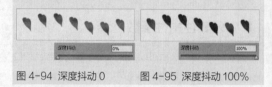

图 4-94 深度抖动 0　　　　图 4-95 深度抖动 100%

4.2.8 画笔笔势

"画笔笔势"选项用于调整毛刷画笔笔尖和侵蚀画笔笔尖的角度，在调整画笔的过程当中起到较大的作用，如图4-96所示。

图 4-96 "画笔笔势"选项

◆ 倾斜X/倾斜Y：可以使笔尖沿X轴或Y轴倾斜。

◆ 旋转：用于设置笔尖旋转效果。

◆ 压力：用于调整画笔压力，压力数值越大，绘制速度越快，线条效果越粗犷。

4.2.9 双重画笔

启用"双重画笔"选项可以使绘制的线条呈现出两种画笔的效果。首先设置"画笔笔尖形状"主画笔的参数属性，继而选中"双重画笔"，并从"双重画笔"选项中选择另一个笔尖（即双重画笔），该选项参数设置十分简单，大多与其他选项中的参数设置相同，顶部的"模式"下拉列表框用于选择将主画笔和双重画笔组合画笔笔迹时要使用的混合模式，如图 4-97 至图 4-99 所示。

图 4-97　"双重画笔"参数

图 4-98　原画笔

图 4-99　双重画笔

4.2.10 实战：创建自定义画笔

素材位置	素材 \ 第 4 章 \4.2.10 \ 创建自定义画笔 .jpg
效果位置	素材 \ 第 4 章 \4.2.10 \ 创建自定义画笔 -ok.psd
在线视频	第 4 章 \4.2.10 创建自定义画笔 .mp4
技术要点	画笔工具及画笔面板的综合运用

本实战讲解如何使用"画笔工具"及"画笔"面板创建自定义画笔进而制作出精美的背景。

01 启动Photoshop CS6软件，按Ctrl+N快捷键，打开"新建"对话框，在"预设"选项下拉列表中选择Web选项，设置大小为1024像素×768像素，创建一个Web文档。

02 将前景色设置为"50%灰"，如图 4-100所示。新建图层，单击工具箱中的"画笔工具"，设置画笔大小为290像素、画笔硬度为100%，在文档中单击，创建一个灰色的圆形，如图 4-101所示。

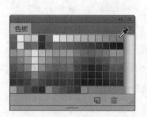

图 4-100　50% 灰

图 4-101　创建圆形

03 双击当前图层，打开"图层样式"对话框，添加"描边"效果，如图 4-102和图 4-103所示。

图 4-102　描边参数

图 4-103　描边效果

04 执行"编辑"→"定义画笔预设"命令，打开"画笔名称"对话框，输入画笔名称，如图 4-104所示，按Enter键完成画笔的定义。

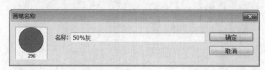

图 4-104　画笔名称

05 将"图层1"删除。单击工具箱中的"渐变工具"，打开"渐变编辑器"设置渐变颜色，如图4-105所示。

图 4-105 添加渐变

06 按住Shift键锁定水平方向，从上至下拖动鼠标填充线性渐变，如图 4-106所示。新建图层，将前景色设置为粉色（#ffcaf7），选择"画笔工具" ，在工具选项栏中选择新建的画笔，如图 4-107所示。

图 4-106 渐变效果　　图 4-107 选择画笔

07 按F5键打开"画笔"面板，分别对画笔的间距、形状动态、散布和颜色动态等选项进行调整，如图 4-108至图 4-111所示。

图 4-108 画笔笔尖形状　　图 4-109 形状动态

图 4-110 散布　　　　图 4-111 颜色动态

08 将光标放置在画布中，按住鼠标左键水平拖动鼠标，绘制出随意的泡泡状图形，绘制时需注意圆形的大小和层次，也可采用单击的方式，在个别的区域添加圆形，来调整圆形的分布状态，如图 4-112所示。将图层的混合模式设置为"颜色减淡"，如图 4-113所示。

图 4-112 绘制图形

图 4-113 颜色减淡

09 打开一个素材文件，如图 4-114所示，使用"移动工具" 将它拖入当前文档，如图 4-115所示。

图 4-114 打开素材　　图 4-115 添加到文档

10 为素材所在的图层添加"投影"效果，使画面呈现纵深的空间感，如图 4-116 所示，完成效果如图 4-117 所示。

图 4-116 投影　　　　图 4-117 完成效果

4.2.11 "画笔预设"面板

"画笔预设"面板中提供了各种系统预设的画笔，这些画笔都带有大小、形状和硬度定义的特性。使用绘画工具、修饰工具时，如果要选择一个预设的笔尖，并只需要调整画笔的大小，可执行"窗口"→"画笔预设"命令，打开"画笔预设"面板进行设置，如图 4-118 所示。

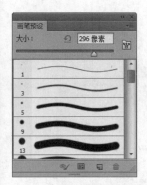

图 4-118 "画笔预设"面板

在面板中选择一个笔尖，拖动"大小"滑块，可以调整笔尖大小。若选择的是毛刷笔尖，如图 4-119 所示，则可以创建逼真的、带有纹理的笔触效果，单击面板中的  按钮，画面中会另外出现一个窗口，显示该画笔的具体样式，如图 4-120 所示。绘制时该笔刷还

可以显示笔尖运行方式，如图 4-121 所示。

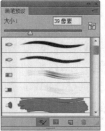 

图 4-119 预设画笔　　图 4-120 画笔样式

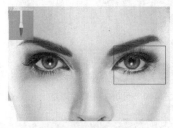

图 4-121 画笔运行方向

4.3 渐变面板

使用"渐变工具"  可以在整个文档或选区内填充渐变颜色，应用非常广泛，不仅可以填充图像，还可以用于填充蒙版、快速蒙版和通道等。此外，调整图层和填充图层也会用到该工具。

4.3.1 渐变工具选项　　　　**难点**

在工具箱中选择"渐变工具" 后，需要先在工具选项栏选择一种渐变类型，并设置渐变颜色和混合模式等选项，如图 4-122 所示，然后再来创建渐变。

图 4-122 "渐变工具"选项栏

◆ 渐变颜色条：渐变颜色条 中显示了当前的渐变颜色，单击它右侧的下拉按钮 ，可以在打开"渐变"拾色器，如图 4-123 所示。如果直接单击渐变颜色条，则会弹出"渐变编辑器"对话框，在该对话框中可以编辑渐变颜色，或者保存渐变。

◆ 渐变类型：单击"线性渐变"按钮 ，可以创建以直线从起点到终点的渐变；单击"径向渐变"按钮

81

可以创建以圆形图案从起点到终点的渐变；单击"角度渐变"按钮，可以创建围绕起点以逆时针扫描方式的渐变；单击"对称渐变"按钮，可以使用均衡的线性渐变在起点的任意一侧创建渐变；单击"菱形渐变"按钮，则会以菱形方式从起点向外产生渐变，终点定义菱形的一个角，图4-124至图4-128所示为不同类型的渐变效果。

图 4-123 渐变下拉面板

图 4-124 线性渐变

图 4-125 径向渐变

图 4-126 角度渐变

图 4-127 对称渐变

图 4-128 菱形渐变

◆ 模式：用于设置应用渐变时的混合模式。

◆ 不透明度：用于设置渐变效果的不透明度。

◆ 反向：可转换渐变中的颜色顺序，得到反方向的渐变结果。

◆ 仿色：勾选该复选框，可以使渐变效果更加平滑。主要用于防止打印时出现条带化现象，但在计算机屏幕上不能明显地体现出来。

◆ 透明区域：勾选此复选框，可以创建包含透明像素

的渐变，如图 4-129所示；取消勾选，则创建实色渐变，如图 4-130所示。

图 4-129 勾选"透明区域" 图 4-130 不勾选"透明区域"

4.3.2 实战：用实色渐变制作水晶按钮

素材位置	素材 \ 第 4 章 \4.3.2 \ 用实色渐变制作水晶按钮.jpg
效果位置	素材 \ 第 4 章 \4.3.2 \ 用实色渐变制作水晶按钮-ok.psd
在线视频	第 4 章 \4.3.2 用实色渐变制作水晶按钮 .mp4
技术要点	渐变工具的认识与使用

本实战通过讲解如何使用"渐变工具"制作水晶按钮，让读者充分了解该工具并掌握其用法。

01 按Ctrl+O快捷键，打开素材文件。单击工具箱中的"渐变工具"，在工具选项栏中激活"线性渐变"按钮，单击渐变颜色条，如图 4-131所示，打开"渐变编辑器"，如图 4-132所示。

图 4-131 渐变颜色条

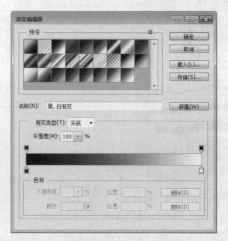

图 4-132 "渐变编辑器"对话框

02 在"预设"选项中选择一个预设的渐变，它就会出现在下面的渐变颜色条上，如图 4-133所示，渐变条下面的图标是色标，单击一个色标，可以将其选中，如图 4-134所示。

图 4-133　选择预设渐变

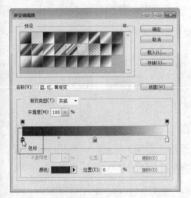

图 4-134　选择色标

03 单击渐变颜色条右侧的色标，或双击该色标都可以打开"拾色器"，在"拾色器"中调整该色标的颜色即可修改渐变的颜色，如图 4-135和图 4-136所示。

图 4-135　拾色器

图 4-136　修改色标颜色

04 选择一个色标并拖动它，或在"位置"文本框输入数值，可以改变渐变颜色的混合位置，如图 4-137所示。拖动两个渐变色标之间的菱形图标（中点）可以调整该点两侧颜色的混合位置，如图 4-138所示。

图 4-137　改变渐变颜色的　　图 4-138　调整两侧颜色的混
混合位置　　　　　　　　　　合位置

05 在渐变颜色条下方单击可以添加新色标，如图 4-139所示。选择一个色标后，单击"删除"按钮，或直接将它拖到渐变颜色条外，可以删除该色标，如图 4-140所示。

图 4-139　添加新色标　　　　图 4-140　删除色标

06 采用上述方法调出图 4-141所示的渐变颜色，单击"确定"按钮关闭对话框，选中"图层1"，如图 4-142所示。

图 4-141　渐变颜色　　　　　图 4-142　选择"图层 1"

07 按住Ctrl键，并单击该图层的缩览图，将其载入选区，使用"渐变工具" 在选区内按住鼠标左键并拖动鼠标拉出一条从左上至右下的直线，松开鼠标，即可创建渐变，如图 4-143所示，起点（按下鼠标左键处的光标位置）和终点（松开鼠标处的光标位置）的位置不同，渐变的外观也会随之变化。

08 选中"图层3"，如图 4-144所示，按住Ctrl键，并单击该图层的缩览图，将其载入选区，在"渐变编辑器"中调出图 4-145所示的渐变颜色。

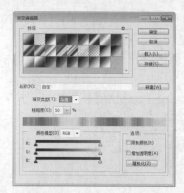

图 4-149 杂色渐变

图 4-143 填充渐变 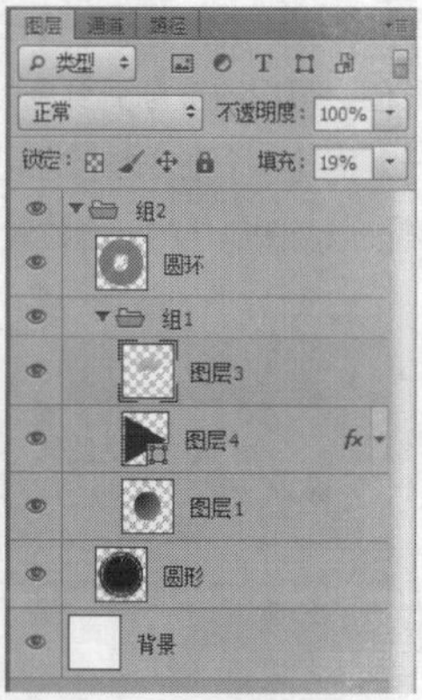　　图 4-144 选择"图层 3"

图 4-145 编辑渐变颜色

09 在画面中按住Shift键拖动鼠标，创建渐变，即可制作出一个水晶质感的Web按钮，效果如图 4-146所示，利用这种方法还可以设置不同颜色，丰富按钮效果，如图 4-147和图 4-148所示。

图 4-146 完成效果　图 4-147 紫色　图 4-148 黄色

4.3.3 设置杂色渐变　　难点

"杂色"渐变包含了在指定范围内随机分布的颜色，它的颜色变化效果更加丰富，如果在"渐变编辑器"的"渐变类型"下拉列表中选择"杂色"选项，对话框会显示杂色渐变颜色条，如图4-149所示。

◆ 粗糙度：用于设置渐变的粗糙度，该值越高，颜色的层次感越丰富，但颜色间的过渡越粗糙，如图4-150和图 4-151所示。

图 4-150 粗糙度为 50%

图 4-151 粗糙度为 100%

◆ 颜色模型：在该选项的下拉列表中可以选择一种颜色模型来设置渐变，包括RGB、HSB和LAB。每一种颜色模型都有对应的颜色滑块，拖动滑块即可调整渐变颜色，如图 4-152至图 4-157所示。

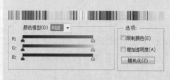

图 4-152 RGB 模型

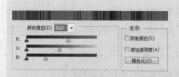

图 4-153 拖动滑块调整颜色

图 4-154 HSB 模型

图 4-155 拖动滑块调整颜色

图 4-156 LAB 模型

图 4-157 拖动滑块调整颜色

◆ 限制颜色：勾选该复选框，可将颜色限制在可以打印的范围内，防止颜色过于饱和。

◆ 增加透明度：勾选该复选框，可以向渐变中添加透明像素，如图 4-158所示。

◆ 随机化：每单击一次该按钮，就会随机生成一个新的渐变颜色，如图 4-159所示。

图 4-158 添加透明像素

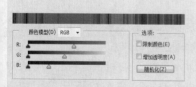

图 4-159 随机生成渐变色

4.3.4 实战：用杂色渐变制作放射性背景

素材位置	素材 \ 第 4 章 \4.3.4 \ 用杂色渐变制作放射性背景.jpg
效果位置	素材 \ 第 4 章 \4.3.4 \ 用杂色渐变制作放射性背景-OK.psd
在线视频	第 4 章 \4.3.4 用杂色渐变制作放射性背景 .mp4
技术要点	杂色渐变的设置和使用

本实战通过讲解如何调整渐变编辑器并利用杂色渐变制作放射性背景，让读者充分了解渐变编辑器的使用方法与杂色渐变的效果。

01 启动Photoshop CS6软件，选择本章的素材文件"用杂色渐变制作放射性背景.jpg"，将其打开，如图4-160所示。

02 新建图层，单击工具箱中的"渐变工具"，单击"角度渐变"按钮，再单击渐变颜色条打开"渐变编辑器"对话框，选择"渐变类型"为"杂色"，设置"粗糙度"为100%，在"颜色模式"列表中选择LAB，勾选"增加透明度"复选框，如图 4-161所示。

图 4-160 素材文件　　　图 4-161 杂色渐变参数

03 按住鼠标左键从中心向周围拉出渐变，如图 4-162所示，选中"图层1"，设置该图层的混合模式为"柔光"，不透明度为50%，如图 4-163所示。

图 4-162 拉出渐变　　　图 4-163 图层模式

04 按Ctrl+O快捷键，打开一个素材文件，如图 4-164所示，使用"移动工具"将它拖入渐变文档，完成效果如图 4-165所示。

图 4-164 装点素材　　　图 4-165 完成效果

4.4 使用"仿制源"面板

使用"仿制图章工具"  或其他图像修复工具时，都可以通过"仿制源"面板来设置不同的样本源（最多可以设置5个样本源），并且可以查看样本源的叠加情况，以便在特定位置进行仿制。

图 4-167 仿制源按钮

4.4.1 认识"仿制源"面板 〔重点〕

使用"仿制源"面板还可以复制出大小不同、形状各异的图像，执行"窗口"→"仿制源"命令，打开"仿制源"面板，如图4-166所示。画面中灰色的分割线将"仿制源"面板分成4栏，第一栏用于定义多个仿制源；第二栏用于变换仿制效果；第三栏用于定义显示效果；第四栏用于定义进行仿制时显示的状态。

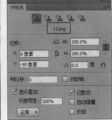

图 4-168 未使用的仿制源

按住Alt键，在图像的第一次单击的位置上再单击一下，即可创建第二个仿制源点。按同样的方法，可以定义多个仿制源点。

图 4-166 "仿制源"面板

4.4.3 变换仿制效果 〔重点〕

除了可以控制显示状态，"仿制源"面板最大的优势在于能够在仿制中控制所得到的图像与原始被仿制的图像的变换关系。

4.4.2 定义多个仿制源

打开素材，选择"仿制图章工具" ，按住Alt键，在素材的文字部分单击鼠标，以创建一个仿制源点，此时"仿制源"面板的第一个仿制源图标下方会显示当前通过单击定义的仿制源的文件名称，如图 4-167所示。在"仿制源"面板中单击第二个仿制源图标，将光标放在此图标上，可以显示其名称，如图 4-168所示，可以看出这是一个还未使用的仿制源。

◆ 位移：指定X轴和Y轴的像素位移，可以在相对于取样点的精确位置进行仿制。

◆ W/H：输入W（宽度）或H（高度）值，可以缩放仿制源，如图 4-169和图 4-170所示，默认情况下会约束比例。

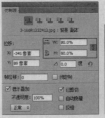

图 4-169 缩放比例　　　图 4-170 缩放后效果

◆ 旋转：在△文本框输入旋转角度值，即可旋转仿制源图像，如图 4-171 和图 4-172 所示。

图 4-171 旋转角度　　图 4-172 旋转角度效果

◆ 翻转：单击"水平翻转"按钮 ，可以水平翻转仿制源，如图 4-173 所示；单击"垂直翻转"按钮 ，则可以垂直翻转仿制源，如图 4-174 所示。

图 4-173 水平翻转

图 4-174 垂直翻转

◆ 复位变换 ↻：单击该按钮，将 W 值、H 值、旋转角度值和翻转方向恢复到默认状态。

◆ 帧位移/锁定帧：在"帧位移"文本框中输入帧数，可以使用与初始取样的帧相关的特定帧进行仿制。输入正值时，要使用的帧在初始取样的帧之后；输入负值时，要使用的帧在初始取样的帧之前。如果勾选"锁定帧"复选框，则总是使用初始取样的相同帧进行仿制。

4.4.4 定义显示效果　　重点

使用"仿制源"面板，可以定义在进行仿制操作时图像的显示效果，以便能够预知仿制操作所得到的效果。

◆ 显示叠加：勾选"显示叠加"复选框，并设置了其叠加方式后，可以在使用图章工具或修复工具时，更便捷地查看叠加情况以及下面的图像。

◆ 不透明度：用于设置叠加图像的不透明度。

◆ 自动隐藏：可以在应用绘画描边时隐藏叠加。

◆ 已剪切：可将叠加剪切到画笔大小。如果要设置该叠加的外观，可以从下面的叠加下拉列表中进行选择。

◆ 反相：可以令叠加中的颜色反相，图 4-175 和图 4-176 所示为显示"差值"叠加的效果。

图 4-175 显示叠加　　图 4-176 显示叠加效果

4.4.5 使用多个仿制源点

选中面板中的第一个仿制源图标 ，设置其参数，在画面中单击即可使用此仿制源，如图 4-177 所示。若要仿制多个不同的点，可选中第二个或第三个仿制源图标，继续设置参数并在画面中单击，可呈现不同的效果，如图 4-178 和图 4-179 所示。将光标放在已经设置了参数的仿制源图标上，可查看其属性名称，如图 4-180 所示。

图 4-177 单击仿制图标　图 4-178 第一个图标效果

图 4-179 不同的图标效果　　图 4-180 仿制源信息

图 4-183 锐化前

图 4-184 锐化后

4.5 模糊、锐化工具

　　图像润饰工具也是一组很强大的工具。其中，使用"模糊工具" ◊. 可柔化硬边缘或减少图像中的细节；而"锐化工具" △. 则可以增强图像中相邻像素之间的对比，以提高图像的清晰度。

4.5.1 模糊工具

　　"模糊工具" ◊. 可柔化硬边缘或减少图像中的细节，使用该工具在某个区域上绘制的次数越多，该区域就越模糊。"模糊工具"选项栏如图4-181所示。

图4-181 "模糊工具"选项栏

◆ 模式：用于设置模糊工具的混合模式，包括"正常""变暗""变亮""色相""饱和度""颜色""明度"。
◆ 强度：用于设置模糊工具的模糊度。

4.5.2 锐化工具

　　"锐化工具" △. 可以增强图像中相邻像素之间的对比，以提高图像清晰度，图4-182所示为"锐化工具"选项栏。图 4-183和图 4-184所示为锐化图像前和锐化图像后的效果。勾选"保护细节"复选框后，在进行锐化处理时，将对图像细节进行保护。

图4-182 "锐化工具"选项栏

4.6 擦除图像

　　Photoshop中包含3种擦除工具，分别是"橡皮擦工具" ✎.、"背景橡皮擦工具" ✎. 和"魔术橡皮擦工具" ✎.。其中，"背景橡皮擦工具" ✎. 和"魔术橡皮擦工具" ✎. 主要用于抠图（去除图像的背景），而"橡皮擦工具" ✎. 则会因设置的选项不同，具有不同的用途。

4.6.1 橡皮擦工具　　　　　　　重点

　　"橡皮擦工具" ✎. 可以擦除图像，也可以将像素更改为背景色或透明。如果在普通图层中进行擦除，则擦除的像素将变为透明；如果在"背景"图层或锁定了透明区域的图层中擦除，则擦除的像素会变为背景色，如图 4-185和图 4-186所示，其选项栏如图4-187所示。

图 4-185 普通图层

图 4-186 背景图层

图 4-187 "橡皮擦工具"选项栏

◆ 模式：选择橡皮擦的种类，选择"画笔"选项时，可创建柔边擦除效果；选择"铅笔"选项时，可创建硬边擦除效果；选择"块"选项时，擦除的效果为块状。

◆ 不透明度：用于设置工具的擦除强度，设置为100%时，可以完全擦除像素，较低的不透明度将部分擦除像素。当"模式"设置为"块"时，该选项将不可用。

◆ 流量：用于设置该工具的擦除速度，图 4-188 和图 4-189所示分别是"流量"为20%和100%的擦除效果。

图 4-188 流量为 20%

图 4-189 流量为 100%

◆ 抹到历史记录：与"历史记录画笔工具" 相同，勾选此复选框，在"历史记录"面板选择一个状态或快照，在擦除时，可以将图像恢复为指定状态。

4.6.2 背景橡皮擦工具 _{难点}

"背景橡皮擦工具" 是一种基于色彩差异的智能化擦除工具。其功能非常强大，除了可以用于擦除图像，更重要的是运用在抠图中，设置好背景色后，使用该工具可以在抹除背景的同时保留前景对象的边缘，其选项栏如图4-190所示。

图 4-190 "背景橡皮擦工具"选项栏

◆ 取样：该选项用于设置取样的方式，单击不同的按钮即会产生不同的取样方法。

◆ 限制：用于设置擦除图像时的限制模式。选择"不连续"选项时，可以擦除出现在光标下任何位置的样本颜色；选择"连续"选项时，只擦除包含样本颜色并且相互连接的区域；选择"查找边缘"选项时，可以擦除包含样本颜色的连接区域，同时更好地保留形状边缘的锐化程度。

◆ 容差：用于设置颜色的容差范围。

◆ 保护前景色：勾选此复选框，可以防止擦除与前景色匹配的区域。

4.6.3 魔术橡皮擦工具 _{难点}

编辑图像时，使用"魔术橡皮擦工具" 在图像中单击，可以将所有相似的像素更改为透明。而如果在已锁定了透明像素的图层中使用，这些像素将更改为背景色，该工具选项栏如图4-191所示。

图 4-191 "魔术橡皮擦工具"选项栏

◆ 容差：该选项用于设置可擦除的颜色范围。

◆ 消除锯齿：勾选此复选框，可以使擦除区域的边缘变得平滑。

◆ 连续：勾选此复选框，只擦除与单击点像素邻近的像素；取消勾选，即可擦除图像中所有相似的像素。

◆ 不透明度：用于设置擦除的强度。该值为100%时，将完全擦除像素；该值较低时，只可以擦除部分像素。

4.6.4 实战：用魔术橡皮擦工具抠人像

素材位置	素材\第4章\4.6.4\用魔术橡皮擦工具抠人像.jpg
效果位置	素材\第4章\4.6.4\用魔术橡皮擦工具抠人像-OK.psd
在线视频	第4章\4.6.4 用魔术橡皮擦工具抠人像.mp4
技术要点	魔术橡皮擦工具的认识与使用方法

本实战通过讲解"魔术橡皮擦工具" 抠人像的方法，让读者了解"魔术橡皮擦工具" 的用途。

01 启动Photoshop CS6软件，选择本章的素材文件"用魔术橡皮擦工具抠人像.jpg"，将其打开，如图4-192所示。按Ctrl+J快捷键复制一层"背景 副本"，单击"背景"图层前面的眼睛图标 ，将该图层隐藏，如图4-193所示。

图 4-192 原图　　　　　图 4-193 新建图层

02 单击工具箱中的"魔术橡皮擦工具" ，在工具选项栏中将"容差"设为25，在背景上单击，删除背景，如图4-194所示，可以看到人物的额头也被删除了一部分。打开"历史记录"面板，单击"复制图层"前的图标 ，将"复制图层"设置为历史记录画笔的源，如图4-195所示。

图 4-194 删除背景　　　　图 4-195 记录画笔源

03 使用"历史记录画笔工具" 将人物缺失的部分涂抹出来，如图4-196所示，按Ctrl+O快捷键打开一张素材图片，如图4-197所示。

图 4-196 原图　　　　　图 4-197 打开背景

04 使用"移动工具" 将素材图片拖曳至原文档的"背景 副本"图层之下，按Ctrl+T快捷键缩放到合适的大小，单击工具箱中的"文字工具" ，在画布中输入喜欢的文字，如图4-198和图4-199所示，完成图像制作。

图 4-198 添加背景

图 4-199 添加文字

4.7 纠正错误

在编辑图像或绘画时，常常会由于操作错误而导致不满意的效果，Photoshop提供了回退和恢复命令，以及"历史记录"面板，掌握并灵活运用这些命令和工具，即可及时纠正错误。

4.7.1 纠错功能

Photoshop具有强大的纠错功能，若操作出现失误，纠错功能可以将其恢复至之前的状态。

恢复命令

执行"文件"→"恢复"命令，可以返回到最近一次保存文件时图像的状态。

还原与重做命令

执行"编辑"→"还原"命令或按Ctrl+Z快捷键，可以回退一步；执行"编辑"→"重做"命令，可以取消还原操作。

可以在"编辑"菜单中查看两个命令交互的状态，执行"编辑"→"还原"命令后，此处将显示"编辑"→"重做"命令，反之亦然。

后退一步、前进一步命令

执行"编辑"→"后退一步"命令，可以连续还原操作步骤，也可以连续按 Alt+Ctrl+Z快捷键来逐步撤销操作。

执行"编辑"→"前进一步"命令或连续按 Shift+Ctrl+Z快捷键可以取消还原的操作。

4.7.2 历史记录画笔工具

"历史记录画笔工具" 可以准确地还原某一区域的某一步操作，它可以将标记的历史记录状态或快照作为源数据来对图像进行修改。其选项栏基本与"画笔工具" 的选项栏相同，如图4-200所示。

图 4-200 "历史记录画笔工具"选项栏

4.8 修复工具

随着后期图像处理软件的进步，图像的数字处理化解决了对拍摄的照片不满意的问题，使用Photoshop的修复工具可以在后期将拍摄的照片处理成想要的效果，去除照片的瑕疵。

4.8.1 污点修复画笔工具

"污点修复画笔工具" 可以消除图像中的污点和某个对象，使用"污点修复画笔工具" 时不需要设置取样点，因为它可以自动从所修饰区域的周围取样，其选项栏如图4-201所示。

图 4-201 "污点修复画笔工具"选项栏

◆ 模式：该选项用于设置修复图像时使用的混合模式。除"正常""正片叠底"等常用模式以外，还有"替换"模式，该模式可以保留画笔描边的边缘处的杂色、胶片颗粒和纹理，选择不同的模式则会出现不同的效果。

◆ 类型：该选项用于设置修复的方法。选中"近似匹配"单选按钮时，可以使用选区边缘周围的像素来修补选定区域；选中"创建纹理"单选按钮时，可以使用选区内的所有像素创建一个用于修复该区域的纹理；选中"内容识别"单选按钮时，可以使用选区周围的像素进行修复。

◆ 对所有图层取样：如果当前文档中包含多个图层，勾选此复选框后，可以从所有可见图层中对数据进行取样；取消勾选，则只从当前图层中取样。

4.8.2 修复画笔工具

"修复画笔工具" 可以校正图像的瑕疵，与"仿制图章工具" 一样，"修复画笔工具" 也可以用图像中的像素作为样本进行绘制。不同的是，"修复画笔工具" 还可以将样本像素的纹理、光照、透明度和阴影与所修复的像素进行匹配，从而使修复后的像素不留痕迹地融入图像的其他部分，其选项栏如图4-202所示。

图 4-202 "修复画笔工具"选项栏

◆ 源：设置用于修复像素的源。选中"取样"单选按钮时，可以使用当前图像的像素来修复图像；选中"图案"单选按钮时，可以使用某个图案作为取样点。

◆ 对齐：勾选此复选框，可以连续对像素取样，即使释放鼠标也不会丢失当前的取样点；取消勾选，则会在每次停止并重新开始绘制时使用初始取样点中的样本像素。

◆ 样本：该选项用于设置从指定的图层中进行数据取样。

4.8.3 实战：用修复画笔去除鱼尾纹和眼中血丝

素材位置	素材 \ 第 4 章 \4.8.3 \ 用修复画笔去除鱼尾纹和眼中血丝 .jpg
效果位置	素材 \ 第 4 章 \4.8.3 \ 用修复画笔去除鱼尾纹和眼中血丝 -OK.psd
在线视频	第 4 章 \4.8.3 用修复画笔去除鱼尾纹和眼中血丝 .mp4
技术要点	修复画笔的用途与使用方法

本实战通过讲解使用"修复画笔工具" 去除人物的鱼尾纹和眼中血丝的方法，让读者了解该工具的用途。

01 启动Photoshop CS6软件，选择本章的素材文件"用修复画笔去除鱼尾纹和眼中血丝.jpg"，将其打开，如图 4-203所示。按Ctrl+J快捷键复制一层"背景副本"，如图 4-204所示。

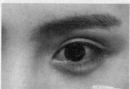

图 4-203 原图　　图 4-204 复制图层

02 单击工具箱中的"修复画笔工具" ，在工具选项栏中选择一个柔角笔尖。在"模式"下拉列表中选择"替换"选项，将"源"设置为"取样"，硬度设置为0，按住Alt键，在眼角没有皱纹的皮肤上取样，如图4-205所示，放开Alt键，把画面放大，在眼角的皱纹处涂抹，如图 4-206所示。

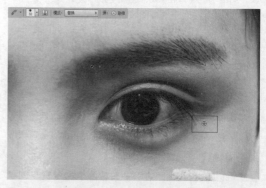

图 4-205 单击取样

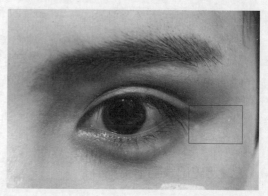

图 4-206 涂抹皱纹

03 采用相同方法，使用"修复画笔工具" 在眼白上取样，修复眼中的血丝，完成效果如图4-207 所示。

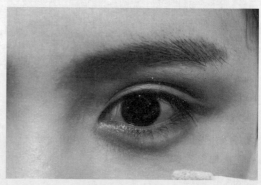

图 4-207 完成效果

4.8.4 使用修补工具

"修补工具"  可以利用样本或图案来修复所选图像区域中不理想的部分,其选项栏如图4-208所示。

图 4-208 "修补工具"选项栏

◆ 选区创建方法:单击"新选区"按钮，可以创建一个新选区;单击"添加到选区"按钮，可以在当前选区的基础上添加新的选区;单击"从选区减去"按钮，可以在原始选区中减去当前绘制的选区;单击"与选区交叉"按钮，可以得到原始选区与当前创建的选区相交的部分。

◆ 修补:包含"正常"和"内容识别"两种方式。

◆ 正常:创建选区后,选择后面的"源"选项,将选区拖曳到要修补的区域后,松开鼠标左键就会用当前选区中的图像修补原来选中的内容;选择"目标"选项时,则会将选中的图像复制到目标区域。

◆ 内容识别:选择该选项,可以在后面的"适应"下拉列表中选择一种修复精度。

◆ 透明:勾选此复选框,可以使修补的图像与原始图像产生透明的叠加效果。

◆ 使用图案:使用"修补工具"  创建选区后,单击该按钮,可以使用图案修补选区内的图像。

4.8.5 实战:用修补工具复制人像

素材位置	素材 \ 第 4 章 \4.8.5 \ 用修补工具复制人像 .jpg
效果位置	素材 \ 第 4 章 \4.8.5 \ 用修补工具复制人像 -OK.psd
在线视频	第 4 章 \4.8.5 用修补工具复制人像 .mp4
技术要点	修补工具的用途与使用方法

本实战通过讲解使用"修补工具"  复制人像的方法,让读者了解该工具的用途。

01 启动Photoshop CS6软件,选择本章的素材文件"用修补工具复制人像.jpg",将其打开,如图 4-209

所示。按Ctrl+J快捷键复制一层"背景 副本",如图4-210所示。

图 4-209 原图　　　　　图 4-210 复制图层

02 单击工具箱中的"修补工具" ,在工具选项栏中将"修补"设置为"正常",在画面中按住鼠标左键并拖动鼠标创建选区,如图 4-211所示,将光标放在选区内,单击并向右侧拖动复制图像,效果如图 4-212所示。

图 4-211 创建选区

图 4-212 复制图像

03 按Ctrl+D快捷键取消选区,完成效果如图4-213所示。

图 4-213 完成效果

4.8.6 内容感知移动工具

"内容感知移动工具"  是Photoshop CS6的新增工具，其选项栏如图4-214所示。使用该工具可以将选中的对象移动或复制到图像的其他地方，并重组、混合图像。

图 4-214 "内容感知移动工具"选项栏

◆ 模式：包含"移动"和"扩展"两种模式。

◆ 移动：用"内容感知移动工具"创建选区后，将选区移动到其他位置，可将选区中的图像移动到新位置，并用选区图像填充该位置。

◆ 扩展：用"内容感知移动工具"创建选区后，将选区移动到其他位置，可以将选区中的图像复制到新位置。

◆ 适应：用于选择修复的精度。

4.8.7 实战：用内容感知移动工具修复照片

素材位置	素材 \ 第 4 章 \ 4.8.7 \ 用内容感知移动工具修复照片 .jpg
效果位置	素材 \ 第 4 章 \ 4.8.7 \ 用内容感知移动工具修复照片 -OK.psd
在线视频	第 4 章 \ 4.8.7 用内容感知移动工具修复照片 .mp4
技术要点	内容感知移动工具的用途与使用方法

本实战通过讲解使用"内容感知移动工具"  修复照片图像的方法，让读者了解该工具的用途。

01 启动Photoshop CS6软件，选择本章的素材文件"用内容感知移动工具修复照片.jpg"，将其打开，如图 4-215所示。按Ctrl+J快捷键复制一层"背景 副本"，单击工具箱中的"内容感知移动工具" ，将"模式"设置为"移动"，按住鼠标左键并拖曳鼠标在小鸟边缘建立选区，如图4-216所示。

图 4-215 原图

图 4-216 创建选区

02 将光标放到选区里面，按住鼠标左键将其拖曳到树枝上方，按Ctrl+D快捷键取消选区，如图 4-217和图4-218所示。

图 4-217 移动内容

图 4-218 移动效果

03 使用"修补工具" 🔧 或"仿制图章工具" 🖊️ 将背景和树枝处理一下，效果如图 4-219所示，用"内容感知移动工具" ✂️ 选中小鸟，在工具选项栏中选择"扩展"选项，如图 4-220所示。

图 4-219 处理画面

图 4-220 扩展

04 将光标放在选区内，向树枝下方分别拖动两个对象，如图 4-221所示，再使用"仿制图章工具" 🖊️ 加工复制后的小鸟的边缘，完成效果如图 4-222所示。

图 4-221 复制对象

图 4-222 完成效果

4.9 习题测试

习题1 绘制彩虹

素材位置	素材 \ 第 4 章 \ 习题 1\ 原图 .jpg
效果位置	素材 \ 第 4 章 \ 习题 1\ 绘制彩虹 .psd
在线视频	第 4 章 \ 习题 1 绘制彩虹 .mp4
技术要点	渐变工具的用法

本习题供读者练习渐变色的操作，使用渐变工具为风景图像添加彩虹，如图 4-223所示。

图 4-223 素材与效果

习题2 为热气球描边

素材位置	素材 \ 第 4 章 \ 习题 2\ 热气球 .jpg
效果位置	素材 \ 第 4 章 \ 习题 2\ 为热气球描边 .psd
在线视频	第 4 章 \ 习题 2 为热气球描边 .mp4
技术要点	描边命令的使用方法

　　本习题供读者练习对象描边操作，如图 4-224 所示。

图 4-224 素材与效果

习题3 使用修补工具去除拖鞋

素材位置	素材 \ 第 4 章 \ 习题 3\ 湖面 .jpg
效果位置	素材 \ 第 4 章 \ 习题 3\ 使用修补工具去除拖鞋 .psd
在线视频	第 4 章 \ 习题 3 使用修补工具去除拖鞋 .mp4
技术要点	修补工具的使用方法

　　本习题供读者练习修补工具的操作，使用修补工具绘制选区，将拖鞋去除，如图 4-225所示。

图 4-225 素材与效果

掌握调整图像颜色命令

第05章

不同的颜色能够带来不同的视觉感受，也能塑造不同的形象及风格。本章将详细讲解Photoshop中常用的色彩调整工具和命令，包括"减淡工具" 🔍、"加深工具" 🖐、"色阶"命令、"曲线"命令等。通过本章的学习，读者可以快速掌握Photoshop中调整图像色彩的方法。

学习重点
- "色阶"命令
- 调整HDR图像的色调
- "曲线"命令
- 调整HDR图像的曝光

5.1 使用调整工具

"减淡工具" 🔍 和"加深工具" 🖐 用于调整图像的颜色，可以对图像局部进行细微的调节。

5.1.1 减淡工具

使用"减淡工具" 🔍 可以对图像进行减淡处理，其选项栏如图5-1所示。在某个区域上方绘制的次数越多，该区域就会变得越亮。使用该工具时需要在工具选项栏中选择合适的笔刷。"范围"下拉列表中的选项用于定义"减淡工具" 🔍 应用的范围。

图 5-1 "减淡工具"选项栏

◆ 范围：可以选择要修改的色调。图5-2所示为原图，选择"中间调"选项时，可以更改灰色的中间范围，如图5-3所示；选择"阴影"选项时，可以更改暗部区域，如图5-4所示；选择"高光"选项时，可以更改亮部区域，如图5-5所示。

图 5-2 原图像

图 5-3 "中间调"选项

图 5-4 "阴影"选项

图 5-5 "高光"选项

◆ 曝光度：此数值定义了对图像的加亮程度，数值越大，亮化的效果越明显。

◆ 保护色调：勾选此复选框，可以保护图像的色调不受影响。

5.1.2 加深工具

"加深工具" 和 "减淡工具" 相反。使用 "加深工具" 可以对图像进行加深处理，在某个区域上方绘制的次数越多，该区域就会变得越暗。其选项栏和 "减淡工具" 选项栏相同，图5-6和图5-7所示分别为原图和加深背景的效果图。

图 5-6 原图像　　　图 5-7 加深后的效果

5.2 色彩调整的基本方法

色彩可以营造各种独特的氛围和意境，使图像更具有表现力。Photoshop提供了大量色彩和色调调整的工具，可用于处理图像和数码照片。

5.2.1 为图像去色

执行 "图像" → "调整" → "去色" 命令，可以去掉色彩图像中的颜色，将其转换为灰度图像。图5-8所示为原图像，图5-9所示为选取局部区域后应用此命令去色后得到的效果。

图 5-8 原图像

图 5-9 去色后的效果图

5.2.2 反相图像

执行 "图像" → "调整" → "反相" 命令，或按Ctrl+I快捷键，可以将图像中的某种颜色转换为它的补色，即将原来的黑色变成白色，将原来的白色变成黑色，从而创建出负片效果，图5-10和图5-11所示为原图和运用 "反相" 命令后的效果图。

图 5-10 原图像

图 5-11 反相后的效果图

5.2.3 均化图像的色调

执行"图像"→"调整"→"色调均化"命令，可以重新分布像素的亮度值，将最亮的值调整为白色，最暗的值调整为黑色，中间的值分布在整个灰度空间，使它们更均匀地呈现所有范围的亮度级别（即0~255）。图5-12所示为原图像，图5-13所示为应用此命令后的效果图。

图 5-12 原图像

图 5-13 色调均化后的效果图

如果图像中存在选区，如图5-14所示，执行"图像"→"调整"→"色调均化"命令，可以打开"色调均化"对话框，如图5-15所示。

图 5-14 原图像

图 5-15 "色调均化"对话框

◆ 仅色调均化所选区域：选中该单选按钮，则仅均化选区内的像素，如图5-16所示。

◆ 基于所选区域色调均化整个图像：选中该单选按钮，则可以按照选区内的像素均化整个图像的像素，如图5-17所示。

图 5-16 均化选区内的像素

图 5-17 基于选区内的像素均化整个图像

5.2.4 制作黑白图像

执行"图像"→"调整"→"阈值"命令，打开"阈值"对话框，如图5-18所示。

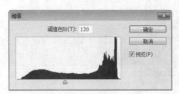

图 5-18 "阈值"对话框

调整好阈值后，所有比阈值亮的像素会被转换为白色，所有比阈值暗的像素会被转换为黑色，可以将图像转换为黑白图像，图5-19所示为原图像，图5-20所示为应用此命令得到的黑白效果图。

图 5-19　原图像　　　　图 5-20　黑白效果图

5.2.5　使用"色调分离"命令

执行"图像"→"调整"→"色调分离"命令，可以指定图像中每个通道的色调级数目或亮度值，并将像素映射到最接近的匹配级别。在"色调分离"对话框中可以设置"色阶"数量，设置的"色阶"值越小，分离的色调越多；"色阶"值越大，保留的图像细节就越多，图5-21所示为原图像，图5-22和图5-23所示为"色阶"数值分别为5和10的图像。

图 5-21　原图像

图 5-22　"色阶"数值为5

图 5-23　"色阶"数值为10

5.3　色彩调整的中级方法

"图像"菜单中包含大量与调色相关的命令，其中包括多个色彩调整的中级方法，比如，"亮度/对比度""色彩平衡""变化"和"自然饱和度"命令。

5.3.1　直接调整图像的亮度和对比度

执行"图像"→"调整"→"亮度/对比度"命令，打开图5-24所示的"亮度/对比度"对话框。

图 5-24　"亮度 / 对比度"对话框

在对话框中可以直接调节图像的对比度和亮度，如果要增加图像的亮度，可以将"亮度"下方的滑块向右滑动，或者直接输入数值，反之向左移动。"对比度"的增加和减少与"亮度"的操作方法相同，图5-25和图5-26所示分别为原图像和增加"亮度/对比度"的效果图。

图 5-25 原图像

图 5-26 增加"亮度 / 对比度"的效果图

利用"使用旧版"选项，可以使用Photoshop CS3版本以前的"亮度/对比度"命令来调整图像，默认情况下，使用的是新版本的功能。新版本的命令在调整图像时，仅对图像的亮度进行调整，对比度不发生变化，图5-27所示为原图像，图5-28所示为使用旧版的效果图，图5-29所示为使用新版本的效果图。

图 5-27 原图像

图 5-28 使用旧版处理的效果图

图 5-29 使用新版处理的效果图

在Photoshop CS6中，"亮度/对比度"命令新增了一个"自动"按钮，单击此按钮后，可以对当前图像的亮度以及对比度进行自动调整。

5.3.2 平衡图像的色彩

使用"色彩平衡"命令可以增加或减少处于高亮度色、中间色以及暗部色区域中的特定颜色，以改变图像的整体色调。执行"图像"→"调整"→"色彩平衡"命令，打开"色彩平衡"对话框，如图5-30所示。

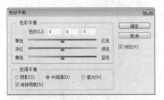

图 5-30 "色彩平衡"对话框

◆ 色彩平衡：用于调整"青色-红色""洋红-绿色"和"黄色-蓝色"在图像中所占的比例，可以手动输入，也可以拖曳滑块来进行调整。比如，向左拖曳"青色-红色"滑块，可以在图像中增加青色，减少红色；反之向右拖曳滑块，可以在图像中添加红色，减少青色，图5-31和图5-32所示分别为向左拖曳"青色-红色"滑块和向右拖曳"青色-红色"滑块的效果。

图 5-31 向左拖曳"青色－红色"滑块

图 5-32 向右拖曳"青色－红色"滑块

◆ 色调平衡：可选择调整色彩平衡的方法，包括"阴影""中间调"和"高光"3个选项，图5-33至图5-35所示分别为添加蓝色以后的"阴影""中间调"和"高光"效果图。如果勾选"保持明度"复选框，还可以保持图像的色调不变，以防止亮度值随着颜色的变化而变化。

图 5-33 "阴影"效果图

图 5-34 "中间调"效果图

图 5-35 "高光"效果图

5.3.3 通过选择直接调整图像的色阶

执行"图像"→"调整"→"变化"命令，打开"变化"对话框，如图5-36所示，单击缩览图可以调整图像的色相、饱和度和明度。

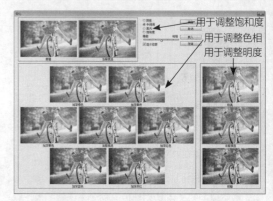

用于调整饱和度
用于调整色相
用于调整明度

图 5-36 "变化"对话框

◆ 原稿/当前挑选："原稿"缩览图显示的是原始的图像；"当前挑选"缩览图显示的是图像调整结果。

◆ 较亮/当前挑选/较暗：单击"较亮"或者"较暗"两个缩览图，可以为图像增加亮度或增加暗度，"当前挑选"缩览图显示当前调整的效果。

◆ 阴影/中间调/高光：可以分别对图像的阴影、中间调和高光进行调节。

◆ 饱和度：专门用于调节图像的饱和度。选中该单选按钮，在对话框的下面会显示"减少饱和度""增加饱和度"和"当前挑选"3个缩览图，单击相应的按钮，可以得到相应的效果。

◆ 显示修剪：勾选"显示修剪"复选框，可以警告超出了饱和度范围的最高限度。

◆ 精细-粗糙：该选项用于控制每次进行调整的量。特别注意，每移动一下滑块，调整数量会双倍增加。

◆ 调整色相：对话框左下方有7个缩览图，中间的"当前挑选"缩览图与左上角的"当前挑选"缩览图作用相同，用于显示调整后的图像效果。另外6个缩览图分别用来改变图像的RGB和CMYK6种颜色，单击任意一个缩览图，均可增加与该缩览图对应的颜色。

◆ 存储：单击"存储"按钮，可以将当前对话框的设置保存为一个*.AVA文件。

◆ 载入：如果在以后的工作中遇到需要做同样设置的图像，可以在此对话框中单击"载入"按钮，调出该文件以设置此对话框。

使用"变化"命令不仅可以直观地调整图像的色相、饱和度和明度,同时还可以预览调色的整个过程。在使用"变化"命令时,单击调整缩览图产生的效果是累积性的,图5-37和图5-38所示分别为原图像和应用"变化"命令后的效果图。

图 5-37 原图像

图 5-38 "变化"后的效果

5.3.4 自然饱和度

使用"自然饱和度"命令可以快速调整图像的饱和度,并且可以在增加图像饱和度的同时,有效地控制因颜色过于饱和而出现的溢色现象。

执行"图像"→"调整"→"自然饱和度"命令后弹出图5-39所示的对话框。

图 5-39 "自然饱和度"对话框

◆ 自然饱和度:向左拖曳滑块,可以降低颜色的自然饱和度,如图 5-40所示;向右拖曳滑块,可以增加颜色的自然饱和度,如图5-41所示。

图 5-40 降低自然饱和度

图 5-41 增加自然饱和度

◆ 饱和度:向左拖曳滑块,可以增加所有颜色的饱和度,如图 5-42所示;向右拖曳滑块,可以降低所有颜色的饱和度,如图 5-43所示。

图 5-42 降低饱和度

图 5-43 增加饱和度

该命令与"色相/饱和度"命令相似，图 5-44 至图 5-46 所示分别为原图像和使用"自然饱和度"命令、"色相/饱和度"命令的对比效果图。

图 5-44 原图像

图 5-45 使用"自然饱和度"命令

图 5-46 使用"色相 / 饱和度"命令

延伸讲解

调整"自然饱和度"选项，不会生成饱和度过高或者过低的颜色，画面会始终保持一个比较平衡的色调，对于调节人像非常有帮助。

5.4 色彩调整的高级命令

"图像"菜单中包含大量与调色相关的命令，其中包括多个色彩调整的高级命令，比如"色阶""曲线""色相/饱和度"和"渐变映射"命令。

5.4.1 "色阶"命令 重点

"色阶"命令是一个非常强大的颜色与色调调整命令，可以对图像的阴影、中间调和高光强度级别进行调整。执行"图像"→"调整"→"色阶"命令，或按Ctrl+L快捷键，打开"色阶"对话框，如图 5-47 所示。

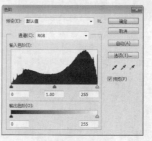

图 5-47 "色阶"对话框

◆ 预设/预设选项：在"预设"下拉列表中，可以选择一种预设的色阶调整选项来对图像进行调整；单击"预设选项"按钮，可以对当前设置的参数进行保存，或载入一个外部的预设调整文件。

◆ 通道：在其下拉列表中可以选择一个通道来对图像进行调整，以校正图像的颜色，如图 5-48 所示。将滑块向左移动，可以使图像变暗，如图 5-49 所示；将滑块向右移动，可以使图像变亮，如图 5-50所示。

图 5-48 通道为"红"

图 5-49 通道为 RGB 时向左移动滑块

图 5-50 通道为 RGB 时向右移动滑块

◆ 输入色阶：可以通过移动滑块来调整图像的阴影、中间调和高光，同时也可以直接在对应的文本框中输入数值。

◆ 输出色阶：可以设置图像的亮度范围，从而降低对比度，如图 5-51 所示。

图 5-51 输出色阶

◆ 自动：单击该按钮，Photoshop 会自动调整图像的色阶，使图像的亮度分布更加均匀，从而达到校正图像颜色的目的。

◆ 选项：单击该按钮，可以打开"自动颜色校正选项"对话框，如图 5-52 所示，在该对话框中可以设置单色、每通道、深色和浅色的算法等。

◆ 在图像中取样以设置黑场 ：单击该按钮，可以使用吸管在图像中单击取样，可以将单击点处的像素调整为黑色，同时图像中比该单击点暗的像素也会变成黑色，如图 5-53 所示。

图 5-52 "自动颜色校正选项"对话框

图 5-53 黑色吸管效果图

◆ 在图像中取样以设置灰场 ：单击该按钮，可以使用吸管在图像中单击取样，可以根据单击点像素的亮度来调整其他中间调的平均亮度，如图 5-54 所示。

◆ 在图像中取样以设置白场 ：单击该按钮，可以使用吸管在图像中单击取样，可以将单击点处的像素调整为白色，同时图像中比该单击点亮的像素也会变成白色，如图 5-55 所示。

图 5-54 灰色吸管效果图

图 5-55 白色吸管效果图

5.4.2 使用预设工具实现快速调整

在Photoshop CS6中，多数的调整图像都有预设功能，图 5-56至图 5-58所示为有预设工具的调整命令的对话框。

图 5-56 "曲线"对话框中的预设

图 5-57 "色阶"对话框中的预设

图 5-58 "色相 / 饱和度"对话框中的预设

这一功能大大简化了调整命令的使用方法。例如，对于"色相/饱和度"命令，可以直接在"预设"下拉列表中选择一个Photoshop自带的调整方案，图 5-59所示为原图像，图 5-60和图 5-61所示分别为设置预设为"进一步增强饱和度"和"旧版本"的效果图。

图 5-59 原图像

图 5-60 "进一步增强饱和度"的效果图

图 5-61 "旧版本"的效果图

5.4.3 存储参数实现快速调整

如果某些调整命令有预设参数的功能，那么在预设菜单的右侧将显示用于保存参数的"预设选项"按钮，图 5-62所示为保存调整参数的"曲线"对话框。

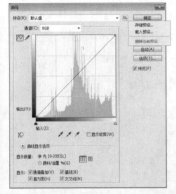

图 5-62 "曲线"对话框

如果需要将调整命令对话框中的参数设置保存为一个设置文件，便于以后在工作中使用，可以单击"预设选项"按钮，在弹出的快捷菜单中选择"存储预设"选项，然后在其弹出的相应对话框中输入文件的名称。不同的"存储预设"的调整命令，其文件的后缀名也不一样，图 5-63和图 5-64所示分别为"曲线"中的"存储预设"的后缀名和"色相/饱和度"中的"存储预设"的后缀名。

如果想要使用参数设置文件，可以单击"预设选项"按钮，在弹出的快捷菜单中选择"载入预设"命令，然后在弹出的对话框中选择要使用的参数设置文件。

图 5-63 "曲线"中"存储预设"后缀名

图 5-64 "色相/饱和度"中"存储预设"后缀名

5.4.4 "曲线"命令　　　　　　重点

"曲线"是Photoshop中较强大的调整工具，它具有"色阶""阈值"和"亮度/对比度"等多个命令的功能。曲线上能够添加14个控制点，可以对色调进行非常精确的调整。

执行"图像"→"调整"→"曲线"命令，或按Ctrl+M快捷键，打开"曲线"对话框，如图 5-65所示。在曲线上单击即可添加控制点，通过拖曳控制点可以改变曲线的形状，从而达到调整图像的目的。单击控制点，可以将其选中，按住Shift键的同时再单击，可以选择多个控制点。选择控制点后，按Delete键可以删除控制点。

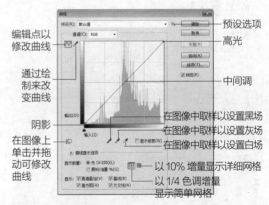

图 5-65 "曲线"对话框

◆ 预设：在"预设"下拉列表中共有9种曲线预设效果，图 5-66和图 5-67所示分别为原图像和"反冲"预设效果图。

图 5-66 原图像

图 5-67 "反冲"预设效果图

◆ 通道：在其下拉列表中可以选择调整的颜色通道，调整通道会改变图像的颜色，图 5-68 和图 5-69 所示分别为"红色"通道选项和效果图。

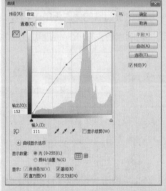

图 5-68 "红色"通道

图 5-69 最终效果图

◆ 编辑点以修改曲线 ：打开"曲线"对话框时，"编辑点以修改曲线"按钮 处于选中状态，此时在曲线中单击即可添加新的控制点，拖动控制点可以改变曲线的形状，即可调整图像。设置图像为 RGB 模式，曲线向上弯曲时，可以将图像的色调变亮，图 5-70 所示为"曲线"向上弯曲的变亮效果图；曲线向下弯曲时，可以将图像的色调变暗，图 5-71 所示为"曲线"向下弯曲的变暗效果图。

图 5-70 曲线向上弯曲

图 5-71 曲线向下弯曲

◆ 通过绘制来改变曲线 ：单击"通过绘制来改变曲线"按钮 ，可绘制手绘效果的自由曲线，如图 5-72 所示。绘制完成后，单击"编辑点以修改曲线"按钮 ，曲线上会显示控制点，图 5-73 所示为调整图像的最终效果图。

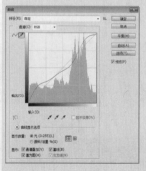

图 5-72 绘制手绘曲线

图 5-73 绘制手绘曲线效果图

◆ 平滑：使用"通过绘制来改变曲线" ![按钮]绘制曲线后，单击"平滑"按钮，可以对曲线进行平滑处理，如图 5-74 和图 5-75 所示。

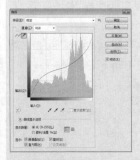

图 5-74 曲线平滑处理

图 5-75 平滑处理效果图

◆ 在图像上单击并拖动可修改曲线 ![按钮]：单击"在图像上单击并拖动可修改曲线"按钮 ![按钮]，将光标放在图像上，曲线上会出现一个圆圈，它代表了光标处的色调在曲线上的位置，如图 5-76 所示，在画面中按住鼠标左键并拖动鼠标可添加控制点并调整相应的色调，如图 5-77 所示。

图 5-76 曲线上出现圆圈

图 5-77 添加控制点并移动

◆ 输入/输出："输入"即"输入色阶"，显示的是调整前的像素值；"输出"即"输出色阶"，显示的是调整后的像素值。

◆ 在图像中取样以设置黑场 ![吸管]/在图像中取样以设置白场 ![吸管]/在图像中取样以设置灰场 ![吸管]：这3个工具与"色阶"对话框中相应的工具完全一样。

◆ 自动：单击"自动"按钮，可以对图像应用"自动色调""自动对比度"或"自动颜色"校正。具体的校正内容取决于"自动颜色校正选项"对话框中的设置。

◆ 显示数量：可反转强度值和百分比的显示，图 5-78 所示为选择"光（0~255）"选项时的曲线；图 5-79 所示为选择"颜料/油墨画（%）"选项时的曲线。

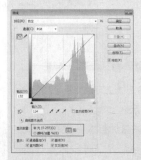

图 5-78 选择"光"选项时的曲线

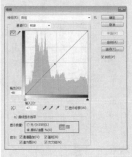

图 5-79 选择"颜料 / 油墨画"选项时的曲线

◆ 以1/4色调增量显示简单网格▦/以10%增量显示详细网格▥：单击"以1/4色调增量显示简单网格"按钮▦，会以25%的增量显示网格，如图 5-80所示。单击"以10%增量显示详细网格"按钮▥，则以10%的增量显示网格，如图 5-81所示。在详细网格状态下，可以更加准确地将控制点对齐到直方图上。按住Alt键的同时单击这两个按钮，可以在这两种网格之间切换。

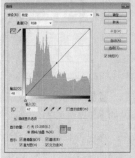

图 5-80 选择"以 1/4 色调增量显示简单网格"选项

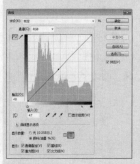

图 5-81 选择"以 10% 增量显示详细网格"选项

◆ 通道叠加：可以在复合曲线上方叠加各个颜色通道的曲线，如图 5-82所示。

◆ 直方图：可在曲线上方叠加直方图，如图 5-83所示。

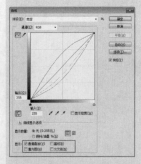

图 5-82 选择"通道叠加"选项

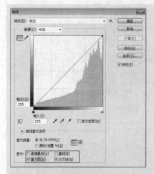

图 5-83 选择"直方图"选项

◆ 基线：可在网格上显示以45度角绘制的直线，如图 5-84所示。

◆ 交叉线：调整曲线时，可以显示用于确定点的精确位置的交叉线，如图 5-85所示。

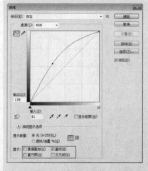

图 5-84 选择"基线"选项

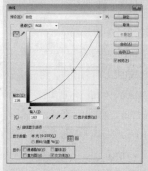

图 5-85 选择"交叉线"选项

5.4.5 实战：调整严重曝光不足的照片

素材位置	素材 \ 第 5 章 \5.4.5 \ 调整严重曝光不足的照片 .jpg
效果位置	素材 \ 第 5 章 \5.4.5 \ 调整严重曝光不足的照片 -ok.psd
在线视频	第 5 章 \5.4.5 调整严重曝光不足的照片 .mp4
技术要点	"曲线"的应用

01 启动Photoshop CS6软件，选择本章的素材文件"调整严重曝光不足的照片.jpg"，将其打开，如图5-86所示。

图 5-86 打开素材

02 按Ctrl+J快捷键复制"背景"图层，得到"图层1"，设置图层的混合模式为"滤色"，提升图像的整体亮度，如图5-87和图5-88所示。

图5-87 "混合模式"的更改　图5-88 "滤色"模式效果图

03 按Ctrl+Alt+2快捷键，载入图像高光区域，执行"选择"→"方向"命令，反选选区，如图 5-89 所示。

04 执行"图层"→"调整"→"曲线"命令，或按Ctrl+M快捷键，打开"曲线"对话框，在曲线偏下的位置单击，添加一个控制点，然后向上拖曳鼠标，将暗部区域调亮，如图 5-90所示。单击"确定"按钮关闭对话框，按Ctrl+D快捷键取消选区，调整后的图像效果如图5-91所示。

图 5-89 反选选区

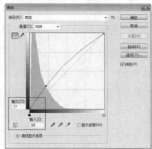

图 5-90 调整曲线参数　　　图 5-91 最终效果图

5.4.6 实战：让照片中的水更绿、花更红

素材位置	素材 \ 第 5 章 \5.4.6 \ 让照片中的水更绿、花更红.jpg
效果位置	素材 \ 第 5 章 \5.4.6 \ 让照片中的水更绿、花更红-ok.psd
在线视频	第 5 章 \5.4.6 让照片中的水更绿、花更红 .mp4
技术要点	"色相 / 饱和度"和"曲线"的调整

调整"曲线"和"色相/饱和度"，让照片中的水更绿、花更红。

01 启动Photoshop CS6软件，选择本章的素材文件"让照片中的水更绿、花更红.jpg"，将其打开，如图5-92所示。

图 5-92 打开素材

02 按Ctrl+J快捷键复制"背景"图层，得到"图层1"，设置图层的混合模式为"线性减淡（添加）"，提升图像的整体亮度，如图5-93所示。

图5-93 "线性减淡（添加）"混合模式

03 单击"调整"面板中的"创建新的曲线调整图层"按钮，在曲线中间添加一个控制点，然后在其下方添加一个控制点，并将该点向下移动。将阴影色调调暗，从而增加对比度，使整个图像的色调变得清晰，然后在中间控制点的上方添加一个控制点，尽量将其恢复原状，这样，就只增加了中间调和阴影的对比度，不会影响高光区域，如图5-94所示。

图5-94 设置"曲线"

04 单击"调整"面板中的"创建新的色相/饱和度调整图层"按钮，拖动"饱和度"的滑块，增加全图色彩的饱和度，再选择"红色"通道，增加红色的饱和度，如图5-95所示。

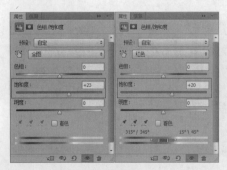

图5-95 设置"色相/饱和度"

05 完成了"曲线""色相/饱和度"等设置后得到的效果图如图5-96所示。

图5-96 最终效果图

5.4.7 使用"黑白"命令

"黑白"命令具有两项功能，可以把彩色的图像转换为黑白图像，同时还可以控制每一种色调的量。"黑白"命令可以将黑白图像转换为带有颜色的单色图像。执行"图像"→"调整"→"黑白"命令或按Alt+Shift+Ctrl+B快捷键，打开"黑白"对话框，如图5-97所示。

图5-97 "黑白"对话框

◆ 预设：在此下拉列表中，可以选择Photoshop自带的多种图像处理方案，从而将图像处理成为不同程度的灰度效果。

◆ 颜色：这6个选项用于调整图像中特定颜色的灰色调。图5-98所示为原图像，向左移动"红色"滑块，可以使由红色转换而来的灰度色变暗，如图5-99所示；向右移动"红色"滑块，则可以使灰度色变亮，如图5-100所示。

图 5-98 原图像

图 5-99 "红色"滑块左移

图 5-100 "红色"滑块右移

◆ 色调/色相/饱和度: 勾选"色调"复选框, 可以为
黑色图像着色, 以创建单色图像。另外, 还可以调
整单色图像的色相和饱和度, 如图 5-101 所示。

图 5-101 设置"色调"

"去色"命令只能简单去掉所有的颜色, 只保留原图
像中单纯的黑白灰关系, 会丢失很多的细节。

"黑白"命令则可以通过参数的设置, 调整各个颜
色在黑白图像上的亮度, 这是"去色"命令不能实
现的, 所以如果想要制作高质量的黑白照片, 则需
要使用"黑白"命令。

5.4.8 "色相/饱和度"命令

执行"图像"→"调整"→"色相/饱和度"命
令, 或按Ctrl+U快捷键, 打开"色相/饱和度"对话
框, 如图 5-102 所示。

图 5-102 "色相/饱和度"对话框

在对话框中可以进行色相、饱和度和明度的调整, 同
时还可以对单个通道进行调整, 图 5-103 所示为原图像,
图 5-104 至图 5-106 所示分别为"色相""饱和度"和
"明度"单个通道调整的效果图。

图 5-103 原图像   图 5-104 "色相"通道

图 5-105 "饱和度"通道    图 5-106 "明度"通道

◆ "预设"选项:"预设"下拉列表中提供了8种"色相/饱和度"的预设,如图 5-107所示。单击"预设选项"按钮,可以对当前设置的参数进行保存,或载入一个外部的预设调整文件。

氰版照相

进一步增强饱和度

旧样式

增加饱和度

红色提升

深褐

强饱和度

黄色提升

图 5-107 "预设选项"效果图

◆ 全图:单击此选项后的三角形按钮,在此下拉列表中可以选择全图、红色、黄色、绿色、青色、蓝色和洋红通道进行调整。

◆ 色相/饱和度/明度:拖曳对话框中的"色相""饱和度"和"明度"滑块,或在其文本框中输入数据,可以对该通道的色相、饱和度和明度进行调整。

◆ 在图像上单击并拖动可修改饱和度:单击"在图像上单击并拖动可修改饱和度"按钮,在图像上单击取样点以后,向右拖曳可以增加图像的饱和度,向左拖曳可以降低图像的饱和度,图 5-108所示为原图像,图 5-109和图 5-110所示分别为图像饱和度的增加和降低效果。如果在拖动鼠标的过程中按住Ctrl键,左右拖动可以改变相对区域的色相。

图 5-108 原图像

图 5-109 增加饱和度

图 5-110 降低饱和度

◆ 吸管工具:使用"吸管工具"在图像上单击,可选定一种颜色作为调整的范围;单击"添加到取样"按钮,在图像上单击,可以在原有颜色变化范围上增加当前单击颜色的范围;单击"从取样中减去"按钮![icon]，可以在原有颜色变化范围上减去当前单击颜色的范围。

◆ 着色：勾选该复选框，图像会整体偏向于单一的红色调，如图 5-111所示。

图 5-111 "着色"效果图

5.4.9 "渐变映射"命令

执行"图像"→"调整"→"渐变映射"命令，可以先将图像转为灰度图像，然后将相等的图像灰度范围映射到指定的渐变填充色，从而得到一种彩色渐变图像效果，此命令的对话框如图 5-112所示。

图 5-112 "渐变映射"对话框

◆ 灰度映射所用的渐变：单击下面的渐变条，可打开"渐变编辑器"对话框，如图 5-113所示，在该对话框中可以选择或重新编辑一种渐变应用到图像上，图 5-114和图 5-115所示分别为原图像和黑白渐变的效果图。

图 5-113 "渐变编辑器"对话框

图 5-114 原图像　　　　图 5-115 黑白渐变效果图

◆ 仿色：勾选该复选框，会添加一些随机的杂色来平滑渐变效果。

◆ 反向：勾选该复选框，可以反转渐变的填充方向，映射出的渐变效果也会发生改变。

5.4.10 "照片滤镜"命令

执行"图像"→"调整"→"照片滤镜"命令，可以打开"照片滤镜"对话框，如图 5-116所示，该命令可以模仿在相机镜头前面添加彩色滤镜的效果，使用该命令可以快速调整镜头传输中光的色彩平衡、色温和胶片曝光，以改变照片颜色的倾向。

图 5-116 "照片滤镜"对话框

◆ 滤镜：在"滤镜"下拉列表中可以选择一种预设的效果应用到图像中，图 5-117所示为"滤镜"下拉列表，图 5-118和图 5-119所示分别为原图像和"滤镜"设置为"冷却滤镜（82）"效果图。

图 5-117 "滤镜"下拉菜单

图 5-118 原图像　　图 5-119 "冷却滤镜（82）"
　　　　　　　　　　　　效果图

- ◆ 颜色：选中"颜色"单选按钮，可以自行设置颜色，如图 5-120所示。
- ◆ 浓度：设置滤镜颜色应用到图像中的颜色百分比。数值越小，应用到图像中的颜色浓度越低，如图 5-121所示；数值越大，应用到图像中的颜色浓度越高，如图 5-122所示。

图 5-120 自定义颜色效果图　图 5-121 浓度低的效果图

图 5-122 浓度高的效果图

- ◆ 保留明度：勾选该复选框，可以使图像的明度不发生改变。

5.4.11 "阴影/高光"命令

执行"图像"→"调整"→"阴影/高光"命令，打开"阴影/高光"对话框，如图 5-123所示。勾选"显示更多选项"复选框，可以显示"阴影/高光"的完整选项，如图 5-124所示。该命令用于处理在摄影中由于用光不当使拍摄出的照片局部过亮或过暗的情况。调整阴影区域时，对高光区域的影响很小；调整高光区域时，对阴影区域的影响也很小。"阴影/高光"命令可以基于阴影/高光中的局部相邻像素来校正每个像素。

图 5-123 "阴影 / 高光"对话框　图 5-124 "阴影 / 高光"
　　　　　　　　　　　　　　　　　　对话框全部

- ◆ 阴影："数量"选项用于控制阴影区域的亮度，数值越大，阴影区域就越亮，图 5-125和图 5-126所示分别为原图和数值增大的效果图；"色调宽度"选项用于控制色调的修改范围，数值越小，修改的范围就越只针对较暗的区域；"半径"选项用于控制像素是在阴影中还是在高光中。

图 5-125 原图像

图 5-126 阴影数量增大效果图

◆ 高光："数量"选项用于控制高光区域的黑暗程
度，数值越大，高光区域越暗，图 5-127和图
5-128所示分别为原图像的高光和增大高光数量后
的效果图；"色调宽度"选项用于控制色调的修改
范围，数值越小，修改的范围就越只针对较亮的区
域；"半径"选项用于控制像素在阴影中还是在高
光中。

图 5-127 原图像的高光

图 5-128 高光数量增大效果图

◆ 调整："颜色校正"选项用于调整已经修改的区
域颜色；"中间调对比度"选项用于调整中间调的
对比度；"修剪黑色"和"修剪白色"选项决定了
在图像中将多少阴影和高光剪到新的阴影中。

◆ 存储为默认值：如果要将对话框中的参数设置存储
为默认值，可以单击该按钮。存储为默认值后，
再次打开"阴影/高光"对话框时，就会显示该
参数。

延伸讲解

如果要将存储的默认值恢复为 Photoshop 默认值，可
以在"阴影／高光"对话框中按 Shift 键，此时"存
储为默认值"按钮会变成"复位默认值"按钮，单击
即可复位为 Photoshop 的默认值。

5.5 HDR色调

HDR是High-Dynamic Range（高动态范围）
的缩写，"HDR色调"命令用于修补太亮或太暗的
图像，制作出高动态范围的图像效果，适于处理风景
图像。

5.5.1 调整HDR图像的色调 重点

执行"图像"→"调整"→"HDR色调"命令，
打开"HDR色调"对话框，如图 5-129所示。在该对
话框中，可以将全范围的HDR对比度和曝光度设置应
用于图像中。

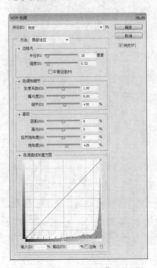

图 5-129 "HDR 色调"对话框

◆ 预设：在该下拉列表中可以选择预设的HDR效果，既有黑白效果，也有彩色效果。

◆ 方法：选择调整图像采用何种HDR方法。"方法"下拉列表中有"局部适应""曝光度和灰度系数""高光压缩"和"色调均化直方图"4种方法。"局部适应"是"HDR色调"命令默认情况下选择的处理方法，使用此方法时可控制的参数有很多；选择"曝光度和灰度系数"方法后，在其中分别调整"曝光度"和"灰度系数"2个参数，可以改变照片的曝光等级和灰度等级；"高光压缩"会对照片中的高光区域进行降暗处理，从而调节到比较特殊的效果；"色调均化直方图"将对画面中的亮度进行平均化处理，对于低调照片有强烈的提亮作用。

◆ 边缘光："边缘光"区域中的参数用于控制图像边缘的发光及其对比度。

◆ 半径：可控制发光的范围，图 5-130和图 5-131所示分别为原图像和设置"半径"数值后的效果图。

图 5-130 原图像

图 5-131 "半径"数值设置

◆ 强度：可控制发光的对比度，图 5-132和图 5-133所示分别为设置不同数值时的对比度效果。

图 5-132 "强度"数值小

图 5-133 "强度"数值大

◆ 色调和细节：调节该选项组中的选项可以使图像的色调和细节更加丰富细腻，如图 5-134所示。

◆ 灰度系数：此参数可以控制高光与暗调之间的差异，其数值越大，图像的亮度越高，反之，图像的亮度越低。

图 5-134 色调和细节设置效果图

◆ 高级：用于增加或降低色彩的饱和度。拖动"自然饱和度"滑块增加饱和度时，不会出现溢色。

◆ 色调曲线和直方图：显示了照片的直方图，并提供了曲线可用于调整图像的色调。

5.5.2　调整HDR图像的曝光　重点

执行"图像"→"调整"→"曝光度"命令，打开"曝光度"对话框，如图 5-135所示。

该命令专门用于调整HDR图像的曝光效果，由于可以调整HDR图像中按比例表示和存储真实场景中的所有明亮度的值，因此，调整HDR图像曝光度的方式与在真实环境中拍摄时调整曝光度的方法类似。

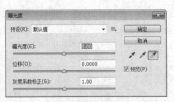

图 5-135 "曝光度"对话框

◆ 曝光度：向左拖曳滑块，可以降低曝光效果；向右拖曳滑块，可以增强曝光效果。

◆ 位移：该选项主要对阴影和中间调起作用，可以使其变暗，但对高光基本不会产生影响。

◆ 灰度系数校正：使用简单的乘方函数调整图像的灰度系数。

5.5.3　调整HDR图像的动态范围视图

HDR图像的动态范围如果超出了计算机显示器的显示范围，在打开Photoshop的时候，图像可能会变得非常暗或出现褪色的现象。执行"视图"→"32位预览选项"命令，可以对HDR图像进行调整，图 5-136所示为"32位预览选项"对话框。

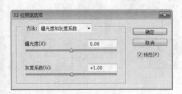

图 5-136 "32 位预览选项"对话框

可以通过两种方法对HDR图像的预览进行调整。

◆ 在"方法"下拉列表中选择"曝光度和灰度系数"选项，然后拖动"曝光度"和"灰度系数"滑块调整图像的亮度和对比度。

◆ 在"方法"下拉列表中选择"高光压缩"选项，Photoshop会自动压缩HDR图像中的高光值，使其位于8位/通道或者16位/通道图像文件的亮度值范围内。

5.5.4　实战：将多张照片合并为HDR图像

素材位置	素材 \ 第 5 章 \5.5.4 \ 建筑 (1) .jpg、建筑 (2) .jpg、建筑 (3).jpg
效果位置	素材 \ 第 5 章 \5.5.4 \ 将多张照片合并为 HDR 图像 -ok.psd
在线视频	第 5 章 \5.5.4 将多张照片合并为 HDR 图像 .mp4
技术要点	合并到 HDR Pro 命令的使用方法

HDR图像即通过合成多幅以不同曝光度拍摄的同一场景或同一人物的照片而创建的高动态范围图像，主要用于影片、特殊效果、3D作品制作等。HDR图像可以按照比例存储真实场景中所有的明度，画面中无论高光还是阴影区域的细节都可以保留，色调的层次更加丰富。

01 启动Photoshop CS6软件，执行"文件"→"自动"→"合并到HDR Pro"命令，打开"合并到HDR Pro"对话框，然后在对话框中单击"浏览"按钮，在弹出的"打开"对话框中选择图 5-137至图 5-139所示的照片，将它们添加到"合并到HDR Pro"列表中，如图 5-140所示。

图 5-137 原图像 1

图 5-138 原图像 2

图 5-139 原图像 3

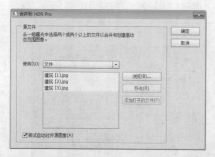

图 5-140 "合并到 HDRPro" 对话框

延伸讲解

如果要通过 Photoshop 合成 HDR 照片，至少要拍摄 3 张不同曝光度的照片（每张照片的曝光度相差一档或两档）；其次要通过改变快门的速度，并且最好使用三脚架。

02 单击"确定"按钮，Photoshop 会对图像进行处理并弹出"合并到 HDR Pro"对话框，显示合并的源图像及合并结果的预览图像，如图 5-141 所示。

图 5-141 合并图像

03 拖动对话框中的各个滑块，同时观察图像的效果，让建筑的细节显示出来，如图 5-142 所示。

图 5-142 设置对话框中的参数

04 选择"曲线"选项，显示曲线，调整曲线，增强色调的对比度，如图 5-143 所示，单击"确定"按钮，创建 HDR 照片。

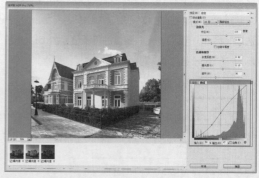

图 5-143 设置曲线

05 按Ctrl+J快捷键复制当前的图层，执行“滤镜”→“模糊”→“高斯模糊”命令，对图像进行模糊处理，如图 5-144所示。

图 5-144 图像模糊处理

06 单击“图层”面板中的“添加蒙版”按钮，然后单击工具箱中的“画笔工具”，设置工具选项栏中的“画笔样式”为“柔角”画笔，设置前景色为深灰色，在建筑上涂抹，使建筑恢复清晰的效果，设置该图层的不透明度为50%，如图 5-145所示。

图 5-145 恢复建筑的清晰效果

07 选择“背景”图层，按Ctrl+J快捷键复制“背景”图层，按Ctrl+]快捷键，将复制的“背景”图层移到顶层，执行“滤镜”→“风格化”→“查找边缘”命令，对图像进行线描处理，按Shift+Ctrl+U快捷键对图像进行去色处理，如图 5-146所示。

图 5-146 图像的去色处理

08 设置该图层的混合模式为“变暗”，“不透明度”设置为50%，如图 5-147所示。

图 5-147 设置混合模式及透明度

09 单击“调整”面板中的“创建新的照片滤镜调整图层”按钮，调整图像的颜色，然后将该图层的混合模式设置为“变暗”，即可完成最终的效果图，如图 5-148所示。

图 5-148 最终效果图

5.6 习题测试

素材位置	素材 \ 第 5 章 \ 习题 1\ 倒茶 .jpg
效果位置	素材 \ 第 5 章 \ 习题 1\ 修改茶水的颜色 .psd
在线视频	第 5 章 \ 习题 1 修改茶水的颜色 .mp4
技术要点	变化调整命令的使用

　　本习题供读者练习图像色调的调整，使用变化命令修改茶水的颜色，如图 5-149 所示。

图 5-149 素材与效果

习题2 减淡荷花颜色

素材位置	素材 \ 第 5 章 \ 习题 2\ 荷花 .jpg
效果位置	素材 \ 第 5 章 \ 习题 2\ 减淡荷花颜色 .psd
在线视频	第 5 章 \ 习题 2 减淡荷花颜色 .mp4
技术要点	减淡工具的使用

　　本习题供读者练习减淡图像的操作，使用减淡工具涂抹画面，减淡画面中荷花的颜色，如图 5-150 所示。

图 5-150 素材与效果

习题3 使用"渐变映射"命令调整图形

素材位置	素材 \ 第 5 章 \ 习题 3\ 发型 .jpg
效果位置	素材 \ 第 5 章 \ 习题 3\ 使用"渐变映射"命令调整图形 .psd
在线视频	第 5 章 \ 习题 3 使用"渐变映射"命令调整图形 .mp4
技术要点	渐变映射命令的使用

　　本习题供读者练习使用"渐变映射"命令调整图形颜色的操作，如图 5-151 所示。

图 5-151 素材与效果

掌握路径和形状的绘制

第 **06** 章

路径和形状是可以在Photoshop中创建的两种矢量图形。由于是矢量对象，因此可以自由地缩小或放大，而不影响其分辨率。

路径在Photoshop中有着广泛的应用，可作为剪切路径应用到矢量蒙版中；此外，由于路径可以转换为选区，因此常用于抠取复杂而光滑的对象。

学习重点
- 钢笔工具
- 描边路径

6.1 绘制路径

Photoshop提供了两种用于绘制路径的工具，一种是"钢笔工具" 🖊 和"自由钢笔工具" 🖊，另一种是形状工具组中的工具。

6.1.1 钢笔工具 **重点**

"钢笔工具" 🖊 是绘制路径时首选的工具，也是在制作图像过程中常用到的工具，使用该工具可以绘制直线、曲线等路径，其选项栏如图6-1所示。

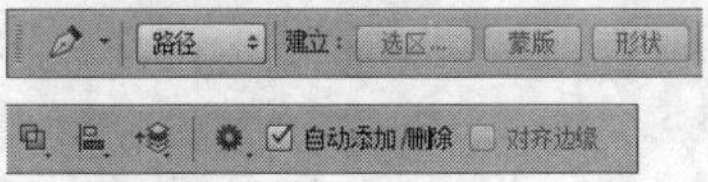

图 6-1 "钢笔工具"选项栏

- ◆ 路径：该下拉列表中包括"形状""路径"和"像素"3个选项。
- ◆ 建立：该选项区域中包括"选区""蒙版"和"形状"3个按钮，单击相应的按钮，可以创建选区、蒙版和形状。
- ◆ 路径操作 🖻：单击该按钮，可以选择路径的运算方式。
- ◆ 路径对齐方式 🖩：单击该按钮，在弹出的下拉列表中可以选择相应的对齐路径选项。
- ◆ 设置其他钢笔和路径选项 ⚙：单击该按钮，可以在绘制路径的同时观察路径的走向。
- ◆ 自动添加/删除：勾选该复选框后，可以智能增加和删除锚点。

延伸讲解

在绘制路径的时候，按 Shift 键可以绘制水平、垂直或者以 45 度角为增量的直线。

❓ 答疑解惑：怎么结束路径的绘制

将鼠标放在路径的起点，当光标变为 🖊 状时，单击即可闭合路径。

如果想要结束一段开放式路径的绘制，可以按住Ctrl键并在画面中单击空白处，或按Esc键也可以结束路径的绘制。

6.1.2 实战：绘制直线

素材位置	素材 \ 第 6 章 \6.1.2 \ 绘制直线 .jpg
效果位置	素材 \ 第 6 章 \6.1.2 \ 绘制直线 -ok.psd
在线视频	第 6 章 \6.1.2 绘制直线 .mp4
技术要点	绘制直线

使用"钢笔工具" 🖊 可以绘制任意形状的直线或曲线路径。

01 启动Photoshop CS6软件，选择本章的素材文件"绘制直线.jpg"，将其打开，如图6-2所示。

02 单击工具箱中的"画笔工具" ✏️，设置工具选项栏中的画笔"大小"为3像素，画笔的样式设置为硬边圆。

03 单击工具箱中的"钢笔工具" 🖊，设置工具选项栏中的"工具模式"为"路径"，将光标移至画面中，光标会变成 🖊 状，单击可以创建一个锚点，如图6-3所示。

图 6-2 打开素材　　　图 6-3 单击鼠标创建第一个锚点

04 将光标移至下一处位置单击，创建第二个锚点，两个锚点会连接成一条由角定义的直线路径，在其他区域单击可继续绘制直线路径，如图6-4所示。

05 在路径上单击鼠标右键，在弹出的快捷菜单中选择"描边路径"选项，描边颜色默认为前景色，如图6-5所示。

图 6-4 继续创建锚点　　　图 6-5 描边路径

06 使用相同的方法绘制其他的路径与描边，将其放在合适的位置，如图6-6所示。

07 选择"横排文字工具" T，输入文本，将其放置在合适的位置即可，如图6-7所示。

图 6-6 其他路径的绘制　　　图 6-7 最终效果图

6.1.3　自由钢笔工具

使用"自由钢笔工具" 可以绘制比较随意的图形，它的使用方法与"套索工具" 非常相似。选择该工具后，在画面中单击并拖动鼠标即可绘制路径，Photoshop会自动为路径添加锚点，图6-8所示为"自由钢笔工具"选项栏。

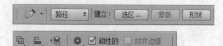

图 6-8 "自由钢笔工具"选项栏

在工具栏中勾选"磁性的"复选框，可将"自由钢笔工具" 转换为"磁性钢笔工具" 。"磁性钢笔工具" 和"磁性套索工具" 的使用方法非常相似，在使用时，只需在对象边缘单击，然后松开鼠标沿边缘拖动，Photoshop便会紧贴对象轮廓生成路径。在绘制时，可按Delete键删除锚点，双击则闭合路径，图6-9至图6-11所示为使用"磁性钢笔工具" 绘制的路径。

图 6-9 确定起点　　　图 6-10 绘制路径

图 6-11 闭合路径

6.1.4　添加锚点工具

选择"添加锚点工具" ，将光标放在路径上，如图6-12所示，当光标变成 状时，单击可以添加一个锚点，如图6-13所示，如果单击并拖动鼠标，则可以添加一个平滑点，如图6-14所示。

图 6-12 鼠标形状改变　　图 6-13 添加锚点

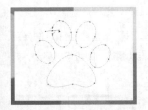

图 6-14 添加平滑点

延伸讲解

在使用"钢笔工具" 的状态下，将光标放在路径上，待光标变成 状时，在路径上单击也可以添加一个锚点。

6.1.5　删除锚点工具

选择"删除锚点工具" ，将光标放在路径上，如图6-15所示，当光标变成 状时，单击即可删除路径上的锚点，如图6-16所示。

图 6-15 鼠标形状改变　　图 6-16 删除锚点

?? 答疑解惑：还有没有其他的方法可以删除锚点

选择"钢笔工具" ，直接将光标放在锚点上，当光标变成 状时，单击即可删除锚点。使用"直接选择工具" 选择锚点后，按Delete键也可以删除锚点，但该锚点两侧的路径段也会同时删除。如果路径为闭合式路径，则会变成开放式路径，如图6-17所示。

图 6-17 使用"直接选择工具"删除锚点

6.1.6　转换点工具

"转换点工具" 用于转换锚点的类型。选择该工具后，将光标放在锚点上，如果当前锚点为角点，单击并拖曳鼠标可将其转换为平滑点，如图6-18和图6-19所示；如果当前锚点为平滑点，单击可将其转换为角点，如图6-20所示。

图 6-18 选择锚点

图 6-19 将角点转换为平滑点

图 6-20 将平滑点转换为角点

延伸讲解

使用"直接选择工具" 时，按住 Ctrl+Alt 快捷键（可切换为"转换点工具" ）单击并拖动锚点，可将其转换为平滑点；按住 Ctrl+Alt 快捷键单击平滑点，可将其转换为角点。使用"钢笔工具" 时，将光标放在锚点上，按住 Alt 键（可切换为"转换点工具" ）单击并拖动角点可将其转换为平滑点；按住 Alt 键单击平滑点则可将其转换为角点。

6.2 选择及变换路径

使用"钢笔工具" 🖋 绘图或描摹对象的轮廓时，往往不能一次就绘制准确，需要在绘制完成后，通过对路径和锚点的编辑来达到目的。

6.2.1 选择路径

使用"直接选择工具" ▷ 单击一个路径段时，可以选择该路径段，如图6-21所示。按住Shift键后可以逐一单击需要选择的对象，也可以单击并拖出一个选框，将需要选择的对象框选，如图6-22所示。

单击工具箱中的"路径选择工具" ▶ ，单击路径即可选择路径，如图6-23所示。

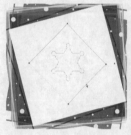 

图 6-21 单击选择路径段   图 6-22 框选路径

图 6-23 单击选择路径

6.2.2 移动节点或路径

使用"直接选择工具" ▷ 单击锚点即可选择锚点，选中的锚点为实心方块，未选中的锚点为空心方块，按住鼠标左键不放并拖动鼠标，即可将其移动，如图6-24和图6-25所示。

图 6-24 单击选择锚点   图 6-25 移动锚点

使用"路径选择工具" ▶ 单击路径即可选择路径，按住鼠标左键不放并拖动鼠标，即可将其移动，如图6-26和图6-27所示。

图 6-26 单击选择路径   图 6-27 移动路径

如果选择了锚点，将光标从锚点上移开后又想移动锚点，则应该将光标重新定位在锚点上，单击并拖动鼠标即可将其移动，否则，只能在界面中拖出一个矩形框，可以框选锚点，但不能移动锚点。路径也是如此，从选择的路径上移开光标后，需要将光标重新定位在路径上，才可以将其移动。

6.2.3 变换路径

变换路径与变换图像的方法完全相同。在"路径"面板中选择路径，然后执行"编辑"→"自由变换路径"命令或执行"编辑"→"变换路径"命令即可对其进行相应的变换，如图6-28所示。

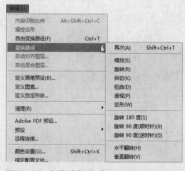

图 6-28 变换路径方式

6.3 "路径"面板

"路径"面板主要用于保存和管理路径。在"路径"面板中显示了存储的所有路径、工作路径和矢量蒙版的名称和缩览图。

6.3.1 新建路径

单击"路径"面板中的"创建新路径"按钮 ，可以创建一个新的路径层，如图6-29所示。如果要在新建路径层时改变路径的名称，可以在按住Alt键的同时单击"创建新路径"按钮 ，会弹出"新建路径"对话框，如图6-30所示，在打开的"新建路径"对话框中可以设置路径层的名称，如图6-31所示。

图 6-29 新建路径

图 6-30 "新建路径"对话框

图 6-31 更改名称

6.3.2 实战：绘制心形路径

素材位置	素材\第6章\6.3.2\绘制心形路径.jpg
效果位置	素材\第6章\6.3.2\绘制心形路径-ok.psd
在线视频	第6章\6.3.2 绘制心形路径.mp4
技术要点	钢笔工具的应用和外发光效果的设置

使用"钢笔工具" 可以在原有路径的基础上继续进行绘制，同时也可以对路径进行建立选区、描边等操作，下面讲解如何使用"钢笔工具" 绘制心形路径。

01 启动Photoshop CS6软件，按Ctrl+N快捷键，新建"宽度"为800像素、"高度"为800像素的文档，背景色为白色，执行"视图"→"显示"→"网格"命令，打开网格，这样做有利于绘制出对称的心形路径，如图6-32所示。

02 单击工具箱中的"钢笔工具" ，设置"工具模式"为"路径"。在网格上单击并拖动鼠标，创建一个平滑点，将光标移动到下一个锚点的位置，绘制曲线，然后再单击下一个锚点，绘制一个角点，这样就完成了心形右半边的绘制，如图6-33所示。

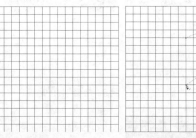
图 6-32 新建文档　　　　图 6-33 绘制心形右半边

03 采用相同的操作方法，绘制心形的左半边，最后将光标移动到起始点位置上，单击鼠标创建闭合路径，按Ctrl+'快捷键隐藏网格，即可完成心形的绘制，如图6-34所示。

04 打开"路径"面板，单击"将路径作为选区载入"按钮 ，将绘制的心形载入选区，执行"编辑"→"描边"命令，打开"描边"对话框，设置"宽度"为20像素、"颜色"为白色（这里为了清晰显示图形，将背景设置为黑色），如图6-35所示。

图 6-34 心形效果图　　　　图 6-35 心形图形的描边

05 按Ctrl+O快捷键，打开"背景素材.jpg"素材，将描边的心形拖曳到"背景"界面中，按Ctrl+T快捷键，调整大小和位置。执行"图层"→"图层样式"→"外发光"命令，打开"外发光"对话框，设置颜色为洋红色（#db0082），如图6-36所示。

06 复制心形图形，将其放置在合适的位置，如图6-37所示。

07 打开"文字素材.psd"素材，将其放置在合适的位置即可完成最终效果图，如图6-38所示。

图 6-36 心形位置摆放　　图 6-37 复制心形图形

图 6-38 最终效果图

6.3.3 描边路径　【重点】

使用"描边路径"命令能够以当前所使用的绘画工具沿任何路径进行描边。在Photoshop中，可以用很多种工具对路径进行描边，如铅笔、画笔和橡皮擦等，如图6-39所示。勾选"模拟压力"复选框，可以使描边的线条产生比较明显的粗细变化。

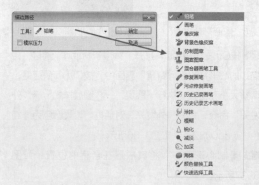

图 6-39 "描边路径"对话框

在描之前需要设置好描边工具的参数，使用"钢笔工具" ✎ 绘制出路径，如图 6-40所示，然后在路

径上单击鼠标右键，在弹出的快捷菜单中选择"描边路径"命令，打开"描边路径"对话框，在该对话框中可以选择描边的工具，如图 6-41所示，完成描边路径的效果图，如图 6-42所示。

图 6-40 绘制路径　　　　图 6-41 选择"画笔"
　　　　　　　　　　　　描边工具

图 6-42 最终效果图

6.3.4 删除路径

在"路径"面板中选择路径，单击"删除当前路径"按钮 🗑，在弹出的对话框中单击"是"按钮，即可删除当前路径，如图 6-43和图 6-44所示。也可以将路径拖曳到该按钮上来删除，或直接按Delete键删除当前路径。

图 6-43 选择路径　　　　图 6-44 删除路径

6.3.5 将选区转换为路径

创建选区后，如图 6-45所示，单击"路径"面板中的"从选区生成工作路径"按钮 ◇，即可将选区转换为路径，如图 6-46所示。也可以单击鼠标右键，在

弹出的快捷菜单中选择"建立工作路径"选项，设置容差值，如图 6-47 所示，单击"确定"按钮，即可生成路径，如图 6-48 所示。

图 6-45 创建选区　　　图 6-46 从选区生成工作路径

图 6-47 "建立工作路径"　图 6-48 生成路径效果对话框

6.3.6 将路径转换为选区

将路径转换为选区的方法有以下 3 种。

◆ 在路径上单击鼠标右键，在弹出的快捷菜单中选择"建立选区"选项，打开"建立选区"对话框，如图 6-49 所示。

图 6-49 "建立选区"对话框

◆ 按住 Ctrl 键，在"路径"面板中单击路径的缩览

图，或单击"将路径作为选区载入"按钮 ，如图 6-50 所示。

图 6-50 单击"将路径作为选区载入"按钮

◆ 按 Ctrl+Enter 快捷键，将路径转换为选区，如图 6-51 所示。

图 6-51 快捷键方法

6.4 路径运算

如果要使用"钢笔工具" 或其他形状工具创建多个子路径或子形状，可以在工具选项栏中单击"路径操作"按钮 ，如图 6-52 所示，然后在其弹出的快捷菜单中选择一个运算方式，以确定子路径的重叠区域会发生什么变化。下面有两个矢量图形，如图 6-53 所示，五边形是先绘制的路径，心形是后绘制的路径。绘制完成后按不同的运算按钮，会得到不同的运算结果。

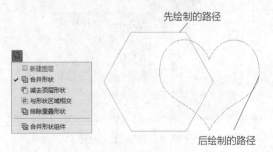

图 6-52 "路径操作"菜单　图 6-53 绘制路径

◆ 新建图层📄: 选择该选项，可以新建形状图层。

◆ 合并形状📄: 选择该选项，可以将新绘制的形状添加到原有的形状中，使两个形状合并为一个形状，如图 6-54所示。

图 6-54 合并形状

◆ 减去顶层形状📄: 选择该选项，可以从原有的形状中减去新绘制的形状，如图 6-55所示。

图 6-55 减去顶层形状

◆ 与形状区域相交📄: 选择该选项，可以得到新形状与原有形状的交叉区域，如图 6-56所示。

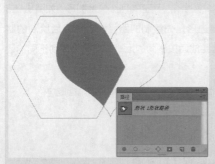

图 6-56 与形状区域相交

◆ 排除重叠形状📄: 选择该选项，可以得到新形状与原有形状重叠部分以外的区域，如图 6-57所示。

◆ 合并形状组件 📄: 选择该选项，可以合并重叠的形状组件。

图 6-57 排除重叠形状

6.5 绘制几何形状

Photoshop中的形状工具组包括"矩形工具"🔲、"圆角矩形工具"🔳、"椭圆工具"⬤、"多边形工具"⬟、"直线工具"／和"自定形状工具"🔖，下面来了解一下这些形状工具的使用方法。

6.5.1 矩形工具

使用"矩形工具"🔲可以创建正方形和矩形，其使用方法与"矩形选框工具"▦类似。在绘制时，按住Shift键可以绘制出正方形；按住Alt键可以以鼠标单击点为中心绘制矩形；按住Shift+Alt快捷键可以以鼠标单击点为中心绘制正方形。单击工具选项栏中的"设置其他形状和路径选项"按钮⚙，打开一个下拉面板，如图 6-58所示，在面板中可以设置矩形的创建方法。

图 6-58 "设置其他形状和路径选项"下拉面板

◆ 不受约束: 选择该选项，可以绘制出任意大小的矩形和正方形，如图 6-59所示。

图 6-59 创建任意的矩形和 正方形

◆ 方形：选择该选项，可以绘制出任意大小的正方形，如图 6-60 所示。

图 6-60 创建任意的正方形

◆ 固定大小：选择该选项，在其后面的文本框中输入宽度（W）和高度（H），然后在图像上单击，即可创建出该尺寸的矩形。

◆ 比例：选择该选项，可以在其后面的文本框中输入宽度（W）和高度（H）比例，此后创建的矩形始终保持这个比例。

◆ 从中心：以任何方式创建矩形时，勾选该复选框，鼠标单击点即为矩形的中心。

◆ 对齐边缘：勾选该复选框后，可以使矩形的边缘与像素的边缘相重合，这样图形的边缘就不会出现锯齿。

6.5.2　圆角矩形工具

使用"圆角矩形工具" 可以创建出具有圆角效果的矩形，其创建方法、选项栏和"矩形"完全相同，只不过多了一个"半径"选项。"半径"选项用于设置圆角的半径，数值越大，圆角越大。下面以半径为20像素和半径为100像素为例，绘制圆角矩形，如图6-61和图6-62所示。

图 6-61 创建半径为 20 像素的圆角矩形　图 6-62 创建半径为 100 像素的圆角矩形

6.5.3　椭圆工具

使用"椭圆工具" 可以创建出椭圆和圆形，其"设置其他形状和路径选项"中的选项与矩形工具相似，如图 6-63 所示；如果要创建椭圆，拖曳鼠标就可以进行创建，如图 6-64 所示；如果要创建圆形，可以按住Shift键或Shift+Alt快捷键进行创建，如图 6-65 所示。

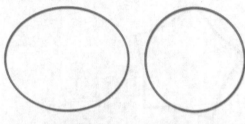

图 6-63 "设置其他形状和路径选项"下拉菜单

图 6-64 创建椭圆　　　　图 6-65 创建圆形

6.5.4　多边形工具

使用"多边形工具" 可以创建出正多边形（最少为3条边）和星形，其选项栏如图 6-66 所示。

图 6-66 "多边形工具"选项栏

◆ 边：设置多边形的边数。设置为3时，可以绘制出正三角形，如图 6-67 所示；设置为5时，可以绘制出正五边形，如图 6-68 所示。

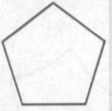

图 6-67 正三角形　　　　图 6-68 正五边形

◆ 设置其他形状和路径选项 ⚙：单击该按钮，打开多边形选项面板，可以在该面板中设置多边形的半径，或将多边形创建为星形等，如图6-69所示。

图 6-69 "多边形选项"面板

◆ 半径：用于设置多边形或者星形的半径长度。设置好"半径"数值以后，在画布中拖曳鼠标即可创建出相应半径的多边形或者星形。

◆ 平滑拐角：勾选该复选框后，可以创建出具有平滑拐角效果的多边形或星形，如图 6-70 和图 6-71 所示。

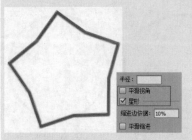

图 6-70 创建六边形

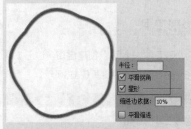

图 6-71 选择"平滑拐角"选项

◆ 星形：勾选该复选框后，可以创建星形，其下面的"缩进边依据"选项主要用于设置星形的边缘向中心收缩的百分比，数值越高，缩进量越大，图 6-72 和图 6-73 所示分别为 10% 和 80% 的缩进效果。

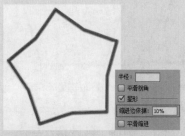

图 6-72 10% 缩进

图 6-73 80% 缩进

◆ 平滑缩进：勾选该复选框后，可以使星形的每条边向中心平滑缩进，如图 6-74 所示。

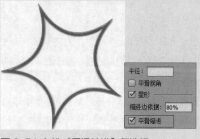

图 6-74 勾选"平滑缩进"复选框

6.5.5 自定形状工具

使用"自定形状工具" <kbd>🔊</kbd> 可以创建 Photoshop 预设的形状、自定义的形状或是外部提供的形状。选择该工具后，需要单击选项栏中"形状"下拉列表按钮 <kbd>▪</kbd>，在打开的形状列表中选择所需的形状，如图 6-75 所示，然后在画面中单击并拖动鼠标即可创建该形状。如果要保持形状的比例，可以按住 Shift 键绘制。

如果要使用其他的方法创建图形，可以在"设置其他形状和路径选项" <kbd>⚙</kbd> 下拉面板中进行设置，如图 6-76 所示。

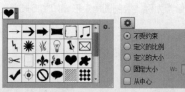

图 6-75 "形状"面板　　图 6-76 "设置其他形状和路径选项"面板

延伸讲解

在绘制矩形、圆形、多边形、直线和自定义形状时，创建形状的过程中按下空格键并拖动鼠标可以移动形状。

单击"形状"下拉面板右上角的 按钮,可以打开面板菜单,如图 6-77 所示;在菜单的底部列出了 Photoshop 提供的预设形状库,如"音乐""箭头"和"符号"等,选择一个形状库后,可以打开一个提示对话框,如图 6-78 所示。

图 6-77 面板菜单　　图 6-78 提示对话框

单击"确定"按钮,可以用载入的形状替换面板中原有的形状;单击"追加"按钮,可在面板中原有形状的基础上添加载入的形状;单击"取消"按钮,则取消替换,图 6-79 所示为载入的其他预设形状。

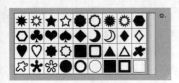

图 6-79 载入的其他预设形状

6.5.6　精确创建图形

Photoshop CS6 在矢量绘图方面具有更强大的功能,在使用"矩形工具" 、"圆角矩形工具" 、"椭圆工具" 、"多边形工具" 、"直线工具" 和"自定形状工具" 时,可以在画布中单击,会弹出相应的对话框。下面以"矩形工具" 在画布中单击为例,弹出的参数设置对话框如图 6-80 所示,在其中设置适当的参数并选择选项,然后单击"确定"按钮,即可精确创建矩形。

图 6-80 "创建矩形"对话框

6.5.7　调整形状大小

在 Photoshop CS6 中,对于形状图层中的形状,可以在选项栏上精确地调整其大小。使用"路径选择工具" 选择要调整的路径,在"路径选择工具"选项栏的文本框中输入 W 和 H 的数值,即可改变其大小。

如果选中 W 和 H 之间的 按钮,可以等比例调整当前选中路径的大小。

6.5.8　调整路径的上下顺序

如果要同时绘制多个路径,需要调整各条路径的上下顺序,Photoshop CS6 提供了专门用于调整路径顺序的功能。

单击工具箱中的"路径选择工具" ,选中要调整的路径,然后单击其工具选项栏中的"路径排列方式"按钮 ,会弹出图 6-81 所示的下拉列表,选择其中的命令,即可调整路径的顺序。

图 6-81 "路径排列方式"下拉列表

6.5.9　保存形状

"形状"列表框中的形状与笔刷相同,都可以以文件的形式进行保存,以便共享。

单击"形状"列表框右上角的 按钮,在弹出的快捷菜单中选择"存储形状"命令,然后在弹出的对话框中设置保存的路径并输入名称,如图 6-82 所示,单击"确定"按钮,即可保存形状。

图 6-82 "存储"对话框

6.6 为形状设置填充与描边

在Photoshop CS6中，可以直接为形状图层中的图形设置多种渐变及描边的颜色、粗细等属性，从而可以更加方便地对矢量图形进行控制。

要为形状图层中的图形设置填充或描边属性，可以在"图层"面板中选择相应的形状图层，单击工具箱中的任意一种形状工具或"路径选择工具" ，在其选项栏上显示图 6-83所示的参数。

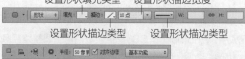

图 6-83 选项栏中关于设置形状填充及线条属性的参数

◆ 设置形状填充类型/设置形状描边类型：单击"设置形状填充类型"或"设置形状描边类型"按钮，在弹出的图 6-84所示的面板中可以选择形状的填充或描边颜色，其中可以设置填充或描边颜色类型为"无颜色""纯色""渐变"和"图案"4种。

◆ 设置形状描边宽度：在该对话框中可以设置描边线条的粗细数值。图 6-85所示是将描边颜色设置为绿色，且描边粗细为6点时得到的效果。

图 6-84 可设置的颜色　图 6-85 设置描边后的效果

◆ 设置形状描边类型：在图 6-86所示的下拉列表中，可以设置描边的线型、对齐方式、端点及角点的样式。若单击"更多选项"按钮，在弹出的图 6-87所示对话框中可以设置描边的线型属性。

图 6-86 "描边选项"面板　图 6-87 "描边"对话框

6.7 习题测试

习题1 利用钢笔工具绘制笑脸

素材位置	素材\第6章\习题1\草地.jpg、耳机.jpg、橘子素材.jpg
效果位置	素材\第6章\习题1\利用钢笔工具绘制笑脸.psd
在线视频	第6章\习题1利用钢笔工具绘制笑脸.mp4
技术要点	钢笔工具的使用

本习题供读者练习钢笔工具绘制形状的操作，给橘子绘制卡通笑脸，如图 6-88所示。

图 6-88 素材与效果

习题2 锚点工具添加花草

素材位置	素材\第6章\习题2\背景.jpg
效果位置	素材\第6章\习题2\锚点工具添加花草.psd
在线视频	第6章\习题2锚点工具添加花草.mp4
技术要点	钢笔工具和锚点工具的使用

本习题需要读者运用钢笔工具绘制曲线路径，为画面添加花草图形，如图 6-89所示。

图 6-89 素材与效果

文本的应用

文字是设计作品的重要组成部分，它不仅可以传达信息，还能起到美化版面和强化主题的作用。本章将详细讲解Photoshop中文字的输入和编辑方法。通过本章的学习，相信读者可以快速地掌握点文字、段落文字的输入方法，以及变形文字的设置和路径文字的制作方法。

学习重点
- 输入段落文字
- 转换点文本与段落文本
- 沿路径排列文字

7.1 输入文字

Photoshop CS6中的文字工具包括"横排文字工具" T 、"直排文字工具" IT 、"横排文字蒙版工具" T 和"直排文字蒙版工具" IT 4种。其中，"横排文字工具" T 和"直排文字工具" IT 用于创建点文字、段落文字和路径文字，"横排文字蒙版工具" T 和"直排文字蒙版工具" IT 用于创建文字状选区。

7.1.1 输入水平或垂直文字

"横排文字工具" T 可以用来输入横向排列的文字，"直排文字工具" IT 可以用来输入竖向排列的文字。在使用文字工具输入文字之前，需要在选项栏或"字符"面板中设置字符的属性，如字体、大小和颜色等，图7-1所示为"横排文字工具"选项栏。

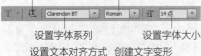

切换文本取向　　　设置字体样式

设置字体系列　　　设置字体大小

设置文本对齐方式　创建文字变形

切换字符和段落面板

设置消除锯齿的方法　设置文本颜色

图7-1 "横排文字工具"选项栏

◆ 切换文本取向 ⚄ ：单击该按钮可以将横排文字转换为直排文字，或者将直排文字转换为横排文字，如图7-2和图7-3所示。

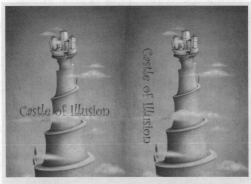

图7-2 横排文字　　　　　图7-3 直排文字

◆ 设置字体系列：在文档中输入文字后，如果要更改字体的系列，可在文档中选择文本，如图7-4所示，然后在选项栏中打开"设置字体系列"的下拉列表，选择想要的字体，输入的文字即会呈现相应的字体，如图7-5和图7-6所示。

图7-4 原字体

图 7-5 选择字体

图 7-6 设置后的字体

◆ 设置字体样式：字体样式是单个字体的变体，包括 Regular（规则的）、Italic（斜体）、Bold（粗体）和Blod Italic（粗斜体）等，该选项只对部分英文字体有效，如图7-7至图7-10所示。

图 7-7 Regular（规则）

图 7-8 Italic（斜体）

图 7-9 Bold（粗体）

图 7-10 Bold Italic（粗斜体）

◆ 设置字体大小：可以设置文字的大小，也可以直接输入数值并按Enter键来进行调整，如图7-11所示。

图 7-11 设置字体大小

◆ 设置文本对齐方式：文字工具的选项栏中提供了3种设置文本段落对齐方式的按钮。选择文本后，单击所需要的对齐按钮，可使文本按指定的方式对齐。

◆ 设置文本颜色：输入文本时，文本颜色一般默认为前景色。如要修改文本颜色，可先在文档中选择文本，再在选项栏中单击颜色块，接着在弹出的"拾色器"对话框中选择需要的颜色，图 7-12和图 7-13所示为更改文本颜色的效果。

图 7-12 原颜色

图 7-13 设置颜色后

◆ 创建文字变形：单击该按钮，可以打开"变形文字"对话框，为文本添加变形样式，从而创建变形文字。

◆ 切换字符和段落面板：单击该按钮，可打开"字符"面板和"段落"面板。

7.1.2 创建文字型选区

　　文字型选区是选区的一种，但与其他选区不同，此类选区是使用文字工具组中的工具创建的。创建文字选区的方法与创建文字的方法基本相同，只是确认输入文字得到文字选区后，便不能再对文字属性进行编辑，所以在单击选项栏中的"提交所有当前编辑"按钮 ✓ 前，应先确认是否已经设置好所有的文字属性。

　　创建文字选区的工具包含"横排文字蒙版工具" T 和"直排文字蒙版工具" IT 两种。使用"横排文字蒙版工具" T 和"直排文字蒙版工具" IT 输入文字后，文字将以选区的形式出现，如图 7-14 所示。在文字选区中，可以填充前景色、背景色以及渐变色等，如图 7-15 所示。

图 7-14 横排文本选区

图 7-15 填充渐变后

?? **答疑解惑："横排文字蒙版工具" T 和"直排文字蒙版工具" IT 的妙用**

"横排文字蒙版工具" T 和"直排文字蒙版工具" IT 除了可以用于创建选区填充颜色，还可以将选区转化为蒙版，使用"横排文字蒙版工具" T 在图像上输入文字，创建好选区后，即可为该图层添加蒙版，创建图像型文字，如图 7-16 和图 7-17 所示。

图 7-16 创建文字选区

图 7-17 添加蒙版后效果

7.1.3　转换横排文字和直排文字

　　在 Photoshop 中，水平排列的本文和垂直排列的文本之间可以相互转换，便于用户更好地对图像进行文字处理和设计。使用"横排文字工具" T 或"直排文字工具" IT 时，在要转换的文字上单击一下，以插入一个文本光标，再单击选项栏中的"切换文本取向"按钮 IT 。执行"文字"→"取向"→"垂直"命令或执行"文字"→"取向"→"水平"命令，也可以转换文字的排列方向。

7.1.4　文本图层的特点

　　使用文字工具在图像中创建文字后，在"图层"面板中会自动创建一个以输入的文字内容为名的文字图层，如图 7-18 和图 7-19 所示。

　　文本图层具有与其他图层不一样的操作性，如在文字图层中无法使用"画笔工具" ✎ 、"铅笔工具" ✐ 和"渐变工具" ▭ 等进行绘制，也不能直接应用滤镜或进行扭曲、透视等变换，若要对文本应用这些滤镜或变换，就需要将其栅格化，使文字变成像素图像。

　　对于文本图层可以改变其文字属性，同时保持原文字所具有的其他基本属性，其中包括自由变换、颜色、图层效果、字体和字号等。

图 7-18 原图

图 7-19 文字图层

7.2 点文字与段落文字

在Photoshop中，还可以创建点文字、段落文字、路径文字和变形文字等。

7.2.1 点文字

点文字是一个水平或垂直的文本行，每行文字都是独立的。行的长度随着文字的输入而不断增加，但是不会换行，需要手动按Enter键换行，如图7-20所示。

图 7-20 点文字

7.2.2 编辑点文字

如果要对已经输入完成的点文字进行编辑，有以下两种方法进入文字编辑状态。

◆ 单击文字工具，再在已经输入完成的文字上单击，将出现一个闪动的光标，即可对文字进行编辑。

◆ 双击"图层"面板中的文字图层缩览图，相对应的所有文字将被选中。可以在文字工具的选项栏中通过设置文字的属性，来对所有的文字进行字体、字号等文字属性的更改。

7.2.3 输入段落文字 **重点**

段落文字具有自动换行、可调整文字区域大小等优势，主要用于大量文本的输入，如海报、画册等。如要创建段落文字，选择文字工具后在图像中按住鼠标左键并拖曳，拖曳过程中将在图像中出现一个虚线框，如图 7-21所示，松开鼠标后，在图像中将显示段落定界框，如图7-22所示，然后即可在定界框中输入相应的文字，如图7-23所示。

图 7-21 虚线框

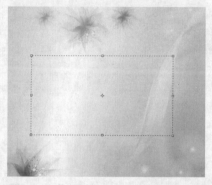

图 7-22 段落定界框

图 7-23 输入段落文字

7.2.4 编辑段落定界框

创建段落文本后，可根据实际需求来调整文本框的大小，文字会自动在调整后的文本框内重新排列。另外。通过文本框还可以旋转、缩放和斜切文字，编辑段落定界框的操作方法与自由变换控制框类似，也可以执行"编辑"→"变换"命令来完成，只是"扭曲"及"透视"等变换操作不常使用，图 7-24和图 7-25所示为编辑定界框前后的效果对比。

图 7-24 编辑前　　　　　图 7-25 编辑后

7.2.5 转换点文本与段落文本　**重点**

如果当前选择的是点文本，执行"文字"→"转换为段落文本"命令，可以将点文本转换为段落文本；如果当前选择的是段落文本，则可以执行"文字"→"转换为点文本"命令，将段落文本转换为点文本。

7.2.6 实战：创建点文字

素材位置	素材 \ 第 7 章 \7.2.6 \ 创建点文字 .jpg
效果位置	素材 \ 第 7 章 \7.2.6 \ 创建点文字 -OK.psd
在线视频	第 7 章 \7.2.6 创建点文字 .mp4
技术要点	点文字的认识与应用

本实战使用文字工具创建点文字，帮助读者了解如何创建点文字。

01 启动Photoshop CS6软件，选择本章的素材文件"创建点文字.jpg"，将其打开，如图 7-26所示。

02 单击工具箱中的"横排文字工具" T ，在选项栏中设置字体、大小和颜色。完成后在需要输入文字的位置单击，设置插入点，画面中会出现一个闪烁的 I 状光标，如图 7-27所示。

图 7-26 原图　　　　　图 7-27 插入光标

延伸讲解

单击其他工具、按 Enter 键、按 Ctrl+Enter 键也可以结束文字的输入操作。此外，输入点文字时，如果要换行，可以按 Enter 键。

03 此时可输入文字，如图 7-28所示。将光标放在字符外，单击并拖曳鼠标，将文字移动到画面中央，如图 7-29所示。

图 7-28 输入文字　　　　　图 7-29 完成效果

04 单击选项栏中的 ✔ 按钮结束文字的输入操作，如图 7-30所示，而在"图层"面板中会生成一个文字图层，如图 7-31所示，如果要放弃输入，可以单击工具选项栏中的 ⊘ 按钮或按键盘上的Esc键。

图 7-30 输入文字　　　　　图 7-31 完成效果

7.3 "字符"面板和"段落"面板

在文字工具的选项栏中，可快捷地对文本的部分属性进行修改。如果要对文本进行设置，就需要打开"字符"面板和"段落"面板，在对应的面板修改其参数，即可改变文字的效果。

7.3.1 "字符"面板

编辑文本时，如要调整文字，就需要用到"字符"面板了，"字符"面板提供了比文字选项栏更多的调整选项，在"字符"面板中，除了常见的字体系列、字体样式、字体大小、文本颜色和消除锯齿等选项外，还包括行距、字距等常见设置。单击选项栏中的"切换字符和段落面板"按钮▤，如图7-32所示。

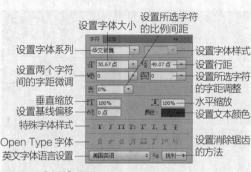

图 7-32 "字符"面板

◆ 设置字体大小▥：在下拉列表中选择预设值或者输入自定义数值即可更改字符大小。

◆ 设置行距▤：行距就是上一行文字基线与下一行文字基线之间的距离。选择需要调整的文字图层，然后在"设置行距"文本框中输入行距数值或在其下拉列表中选择预设的行距值，按Enter键确定即可，图 7-33和图 7-34所示分别为行距值20点和60点的文字效果。

图 7-33 行距值 20 点

图 7-34 行距值 60 点

◆ 设置两个字符间的字距微调▥：用于设置两个字符之间的间距，在设置前先在两个字符间单击鼠标，以设置插入点，然后对数值进行设置。

◆ 设置所选字符的字距调整▥：在选择了字符的情况下，该选项用于调整所选字符之间的距离；在没有选择字符的情况下，该选项用于调整所有字符之间的距离。

◆ 设置所选字符的比例间距▥：在选择了字符的情况下，该选项用于调整所选字符之间的比例间距；在没有选择字符的情况下，该选项用于调整所有字距之间的比例间距。比例间距是按指定的百分比来减少字符周围的控件，因此，字符本身并不会被伸展或挤压，而是字符之间的距离被伸展及挤压了。

◆ 垂直缩放▥/水平缩放▥：用于设置文字的垂直或水平缩放比例，以调整文字的高度或宽度，图 7-35和图 7-36所示分别为100%垂直缩放和水平缩放、200%垂直缩放和100。水平缩放的效果。

图 7-35 100% 垂直和水平缩放　图 7-36 200% 垂直和100% 水平缩放

◆ 设置基线偏移：用于设置文字与基线之间的距离。可以升高或降低所选文字。

◆ 特殊字体样式：特殊样式包括"仿粗体"▥、"仿斜体"▥、"上标"▥、"下标"▥等。

◆ Open Type字体：包括当前PostScript和TrueType字体不具备的功能，如花饰字和自由连字。

◆ 英文字体语言设置：可用于设置文本连字符和拼写的语言类型。

7.3.2 "段落"面板

"段落"面板用于设置文本的段落属性，如设置段落的对齐、缩进和文字行的间距等。"字符"面板只能处理被选择的字符，"段落"面板则不论是否选择了字符都可以处理整个段落。如果要设置单个段落的格式，可以用文字工具在该段落中单击，设置文字插入点并显示定界框。如果要设置多个段落的格式，先要选择这些段落。图7-37所示为"段落"面板。

最后一行左对齐　最后一行右对齐

居中对齐文本——
左对齐文本——
左缩进　　　右缩进
首行缩进
段前添加空格　　段后添加空格
全部对齐

右对齐文本　最后一行居中对齐

图 7-37 "段落"面板

◆ 左对齐文本▣：文字左对齐，段落右端参差不齐，如图 7-38所示。

◆ 居中对齐文本▣：文字居中对齐，段落两端参差不齐，如图 7-39所示。

◆ 右对齐文本▣：文字右对齐，段落左端参差不齐，如图 7-40所示。

图 7-38 左对齐　　　图 7-39 居中对齐

图 7-40 右对齐

◆ 最后一行左对齐▣：最后一行左对齐，其他行左右两端强制对齐，如图 7-41所示。

◆ 最后一行居中对齐▣：最后一行居中对齐，其他行左右两端强制对齐，如图 7-42所示。

◆ 最后一行右对齐▣：最后一行右对齐，其他行左右两端强制对齐，如图 7-43所示。

◆ 全部对齐▣：在字符间添加额外的间距，使文本左右两端强制对齐，如图 7-44所示。

图 7-41 最后一行左对齐　　图 7-42 最后一行居中对齐

图 7-43 最后一行右对齐　　图 7-44 全部对齐

◆ 左缩进▣：横排文字从段落的左边缩进，直排文字从段落的顶端缩进。

◆ 右缩进▣：横排文字从段落的右边缩进，直排文字从段落的底部缩进。

◆ 首行缩进▣：用于设置段落文本中每个段落的第一行向右（横排文字）或第一列文字向下（直排文字）的缩进量。如果将该值设置为负值，则可以设置首行悬挂缩进。

◆ 段前添加空格▣：设置光标所在段落与前一个段落之间的间隔距离。

◆ 段后添加空格▣：设置当前段落与另一个段落之间的间隔距离。

◆ 连字：勾选该复选框后，在输入英文单词时，如果段落文本框的宽度不够，英文单词将自动换行，并将单词用连字符连接起来。

7.4 设置字符样式与段落样式

为了满足用户多元化的排版需求，Photoshop CS6增加了字符样式功能和段落样式功能。

7.4.1 设置字符样式

字符样式功能相当于对文字属性设置的一个集合，并能够统一、快速地应用于文本中，且便于进行统一编辑。要设置和编辑字符样式，需要执行"窗口"→"字符样式"命令，以显示"字符样式"面板，如图 7-45 所示。

◆ 创建字符样式：如要创建字符样式，在"字符样式"面板中单击"创建新的字符样式"按钮 🔲，即可按照默认的参数创建一个字符样式，如图 7-46 所示。若是在创建字符样式时，选中了文本内容，则会按照当前文本所设置的格式创建新的字符格式。

图7-45 "字符样式"面板 图7-46 创建新的字符样式

◆ 编辑字符样式：创建了字符样式后，双击要编辑的字符样式，即可弹出图7-47所示的对话框。在"字符样式选项"对话框中，可以在左侧分别选择"基本字符格式""高级字符格式"以及"Open Type功能"这3个选项后，在右侧设置不同的字符属性。

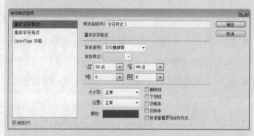

图7-47 "字符样式选项"对话框

◆ 应用字符样式：当选中一个文字图层时，在"字符样式"面板中单击某个字符样式，即可为当前文字图层中所有的文本应用字符样式。若是选中文本，则字符样式仅应用于选中的文本。

◆ 覆盖于重新定义字符样式：在创建字符样式后，若当前选择的文本中含有与当前所选字符样式不同的参数，则该样式上会显示一个"+"，如图 7-48 所示。此时，单击"清除覆盖"按钮 🔄，则可以将当前字符样式所定义的属性应用于所选的文本中，并清除与字符样式不同的属性；若单击"通过合并覆盖重新定义字符样式"按钮 ✔，则可以依照当前所选文本的属性，将其更新至所选中的字符样式中。

◆ 复制字符样式：如果要创建一个与某字符样式相似的新字符样式，则选中该字符样式，单击"字符样式"面板右上角的 ▤ 按钮，在弹出的快捷菜单中选择"复制字符样式"命令，即可创建一个所选样式的副本，如图 7-49 所示。

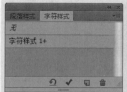 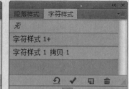

图7-48 创建字符样式 图7-49 创建样式副本

◆ 载入字符样式：若要调出其他PSD格式文件中保存的字符样式，则可以单击"字符样式"面板右上角的 ▤ 按钮，在弹出的快捷菜单中选择"载入字符样式"命令，再在弹出的对话框中选择包含要载入的字符样式的PSD文件即可。

◆ 删除字符样式：对于无用的字符样式，选中该样式，然后单击"字符样式"面板底部的"删除当前样式"按钮 🗑，在弹出的对话框中单击"是"按钮即可删除。

7.4.2 设置段落样式

为了便于用户在处理多段文本时控制其属性，Photoshop CS6新增了段落样式功能，包含了对字符及段落属性的设置。

要设置和编辑字符样式，需要执行"窗口"→"段落样式"命令。创建与编辑段落样式的方法与前面所述的创建与编辑字符样式大致相同，在编辑段落样式的属性时，将弹出图7-50所示的对话框，在左侧的列表中选择不同的选项，接着在右侧设置参数即可。

图7-50 "段落样式选项"对话框

7.5 特效文字

在日常生活中，经常可以在海报或宣传单上看到一些造型别致或特殊排列的文字，令人眼前一亮，印象深刻，实际上，这种新颖别致的效果在Photoshop中很容易实现。

7.5.1 扭曲文字

Photoshop具有扭曲文字的功能，可以对文字对象进行一系列内置的变形操作，可以在不栅格化文字图层的情况下制作多种变形文字。

在文字被选中的情况下，单击选项栏中的"创建文字变形"按钮 ，即可弹出"变形文字"对话框。在该对话框的下拉列表中，可以选择一种变形选项对文字变形，如图7-51和图7-52所示。

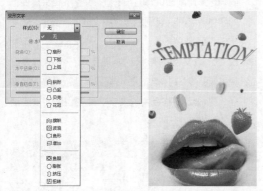

图 7-51 "变形文字"对话框　　图 7-52 "上弧"效果

创建变形文字后，可通过调整其他参数选项来调整变形效果。每种样式都包含相同的参数选项。

◆ 水平/垂直：选中"水平"单选按钮，文本扭曲的方向为水平方向，在此输入数值可以控制文字在水平方向上扭曲的程度，数值越大则扭曲程度越大。

◆ 弯曲：用于设置文本的弯曲程度，数值越大，弯曲程度越大。

◆ 水平扭曲：用于设置水平方向透视扭曲变形的程度，数值越大则文字在水平方向上扭曲的程度越大。

◆ 垂直扭曲：用于设置垂直方向透视扭曲变形的程度，数值越大则文字在垂直方向上扭曲的程度越大。

7.5.2 沿路径排列文字　　[重点]

在Photoshop CS6中可以轻松实现沿路径排列文字。为了制作路径文字需要先绘制路径，然后将文字工具指定到路径上，创建的文字会沿着路径排列。改变路径形状时，文字的排列方式也会随之发生改变。

7.5.3 实战：沿路径排列文字

素材位置	素材 \ 第 7 章 \7.5.3 \ 沿路径排列文字 .jpg
效果位置	素材 \ 第 7 章 \7.5.3 \ 沿路径排列文字 -OK.psd
在线视频	第 7 章 \7.5.3 沿路径排列文字 .mp4
技术要点	路径文字的制作

本实战使用文字工具沿路径排列文字，帮助读者了解如何制作路径文字。

01 启动Photoshop CS6软件，选择本章的素材文件"沿路径排列文字.jpg"，将其打开，如图7-53所示。

02 单击工具箱中的"钢笔工具" ，在圆的边缘绘制一段弧形路径，如图7-54所示。

图 7-53 原图　　　　　　图 7-54 绘制路径

03 单击工具箱中的"横排文字工具" ，在工具选项栏中设置字体为"宋体"、字体大小为26点、字体颜色为#1d034d，设置好参数后，将光标移动到路径的一端，当光标变为 状时，输入图 7-55所示的文字。

04 完成文字输入后，单击选项栏中的 按钮结束文字的输入操作，如图7-56所示。

图 7-55 输入文字　　　　图 7-56 结束路径文字操作

05 在选项栏中更改文字的参数，使用"横排文字工具" T 在圆圈上方创建点文字，如图 7-57 所示。

06 参照上一步，在圆圈下方输入其他文字，如图 7-58 所示，即可完成一张活动海报。

图 7-57 创建点文字　　图 7-58 完成效果

7.5.4 实战：编辑文字路径

素材位置	素材 \ 第 7 章 \7.5.4 \ 编辑文字路径 .psd
效果位置	素材 \ 第 7 章 \7.5.4 \ 编辑文字路径 -OK.psd
在线视频	第 7 章 \7.5.4 编辑文字路径 .mp4
技术要点	文字路径的编辑

本实战通过编辑文字路径，帮助读者进一步了解路径文字的用途与操作方法。

01 启动Photoshop CS6软件，选择本章的素材文件"编辑文字路径.psd"，将其打开。

02 单击工具箱中的"直接选择工具" ▷，单击路径，显示锚点，如图 7-59 所示。

03 移动锚点或调整方向以修改路径的形状，文字会沿修改后的路径重新排列，如图 7-60 和图 7-61 所示。

图 7-59 显示锚点　　图 7-60 修改锚点

图 7-61 完成效果

7.5.5 区域文字

在Photoshop中可以将文字置入一个规则或不规则的路径形状内，从而得到异形文字轮廓，如图 7-62 和图 7-63 所示。

图 7-62 绘制路径　　图 7-63 异形文字轮廓

◆ 改变区域文字的属性：对于具有异形轮廓的文字，同样可采用前面讲解的方法修改文字的各种属性，如字体、字号、行间距等，图 7-64 所示为改变文字颜色后的效果。

◆ 改变区域文字的形状：如果使用"直接选择工具" ▷、"转换点工具" ▷ 或其他工具修改了路径，则排列于路径中的文字的外形也随之发生变化，如图 7-65 所示。

图 7-64 更改颜色　　图 7-65 更改轮廓

7.6 文字转换

在Photoshop中输入文字后，Photoshop会自动生成与文字内容相同的文字图层。由于Photoshop对文字图层的编辑功能相对有限，因此为了进行更多的操作，可以在编辑和处理文字时将文字图层转换为普通图层，或将文字转换为形状、路径。

7.6.1 转换为普通图层

在"图层"面板中选择文字图层，然后在图层名称上单击鼠标右键，在弹出的快捷菜单中选择"栅格化文字"选项，如图 7-66所示，即可将文字图层转换为普通图层，如图 7-67所示。也可执行"文字"→"栅格化文字图层"命令，将文字图层转换为普通图层。

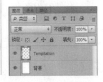

图 7-66 栅格化文字　　　　图 7-67 转换为普通图层

7.6.2　由文字生成路径

　　选中文字图层，在该图层的图层名称上单击鼠标右键，接着在弹出的快捷菜单中选择"创建工作路径"选项，即可为该文字图层生成工作路径。如果使用"直接选择工具" 、"转换点工具" 或其他工具修改了路径，再按Ctrl+Enter快捷键载入选区，并填充颜色，即可制作出艺术字效果，如图 7-68至图 7-70所示。

图 7-68 原图

图 7-69 文字路径

图 7-70 填充效果

延伸讲解

文字编辑技巧

● 调整文字大小：选取文字后，按 Shift+Ctrl+> 快捷键，能够以 2 像素为增量将文字调大；按 Shift+Ctrl+< 快捷键，则以 2 像素为增量将文字调小。

● 调整字间距：选取文字后，按住 Alt 键并连续按→键可以增加字间距；连续按←键，则减小字间距。

● 调整行间距：选取多行文字以后，按住 Alt 键并连续按↑键可以增加行间距；连续按↓键，则减小行间距。

7.7　习题测试

习题1 制作文字人像海报

素材位置	素材 \ 第 7 章 \ 习题 1\ 人物 .png
效果位置	素材 \ 第 7 章 \ 习题 1\ 制作文字人像海报 .psd
在线视频	第 7 章 \ 习题 1 制作文字人像海报 .mp4
技术要点	文字工具的使用

　　本习题供读者练习使用横排文字工具制作文字人像海报，如图 7-71所示。

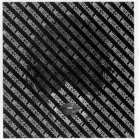

图 7-71 素材与效果

习题2 制作早餐海报

素材位置	素材 \ 第 7 章 \ 习题 2\ 早餐 .jpg
效果位置	素材 \ 第 7 章 \ 习题 2\ 制作早餐海报 .psd
在线视频	第 7 章 \ 习题 2 制作早餐海报 .mp4
技术要点	段落样式面板的使用

本习题供读者练习编辑文字的段落样式，之后再为文字添加描边和投影效果，如图 7-72所示。

图 7-72 素材与效果

习题3 沿路径边缘输入文字

素材位置	素材 \ 第 7 章 \ 习题 3\ 情侣 .jpg
效果位置	素材 \ 第 7 章 \ 习题 3\ 沿路径边缘输入文字 .psd
在线视频	第 7 章 \ 习题 3 沿路径边缘输入文字 .mp4
技术要点	自定形状工具和文字工具的使用

本习题供读者练习沿路径边缘输入文字的操作，如图 7-73所示。

图 7-73 素材与效果

掌握图层的应用

第08章

图层功能是Photoshop的核心功能之一。图层的引入，为图像的编辑带来了极大的便利。以前只有通过复杂的选区和通道运算才能得到的效果，现在通过图层和图层样式便可轻松实现。

学习重点

- 创建调整图层
- 重新设置调整参数
- 创建智能对象
- 编辑智能对象
- 编辑智能对象源文件

8.1 图层概念

图层是将多个图像创建成具有工作流程效果的构建块，这就好比由层叠在一起的透明纸组成的图像，可以透过图层的透明区域看到下面一层图像，这样就组成了一个完整的图像，图8-1所示为不同的图层效果。

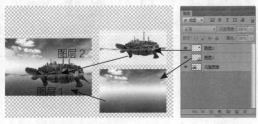

图 8-1 透明纸对应图层

图像中的每个图层都是独立的，因此，当移动、调整或删除某个图层时，其他的图层不会受到影响。

执行"窗口"→"图层"命令，可以打开"图层"面板，如图8-2所示。

图 8-2 "图层"面板

- 选取图层类型：可在该选项的下拉列表中选择一种图层样式，让"图层"面板只显示此类图层，其他图层不显示。
- 打开/关闭图层过滤：单击该按钮，可以启动或停用图层过滤功能。
- 设置图层混合模式：用于设置当前图层的混合模式，使之与下面的图层产生混合效果。
- 设置图层的不透明度：设置当前图层的不透明度，确定下面图层的清晰度。
- 设置填充不透明度：设置当前图层的填充不透明度，它与图层不透明度类似，但不会影响图层的效果。
- 图层锁定：用于锁定当前图层的属性，使其不可编辑。其中包括"透明像素"、"图像像素"、"位置"和"锁定全部属性"。
- 当前图层：当前选择和正在编辑的图层。
- 眼睛图标：用于控制图层的显示或隐藏。当该图标显示为状时，表示图层处于显示状态；当该图标显示为状时，表示图层处于隐藏状态。处于隐藏状态的图层将不能被编辑。
- 图层锁定图标：显示该图标时，说明该图层处于锁定状态，不能对其进行修改。
- 链接图层：用于链接当前选择的多个图层。
- 添加图层样式：单击该按钮，在打开的下拉列表中选择一个效果，可以为当前图层添加图层样式。
- 添加图层蒙版：单击该按钮，可以为当前的图层添加图层蒙版。蒙版用于遮盖图像，但不会将其破坏。
- 创建新的填充或调整图层：单击该按钮，在打开的下拉列表中可以选择创建新的填充图层或者调整图层。

◆ 创建新组 □：单击该按钮，可以创建一个组。

◆ 创建新图层 □：单击该按钮，可以在当前图层的上方新建一个图层。

◆ 删除图层 □：单击该按钮，在弹出的相应的提示框中单击"是"按钮，即可删除当前的图层。

8.2 图层操作

在Photoshop中，图层的基本操作包括新建图层、复制图层、栅格化图层等。

8.2.1 新建普通图层

在"图层"面板中，可以通过多种方法来创建图层。在编辑图像的过程中，也可以创建图层，如从其他图像中复制图层、粘贴图像时自动生成图层等。

单击"创建新图层"按钮新建图层

在Photoshop中，单击"创建新图层"按钮 □ 可以直接在当前图层的上方新建一个图层，默认情况下，Photoshop会将新建的图层按顺序命名为"图层1""图层2""图层3"，依此类推，图8-3和图8-4所示分别为"图层"面板和新建图层后的"图层"面板。

图8-3 "图层"面板

图8-4 新建图层

如果要在当前图层的下方新建一个图层，可以按住Ctrl键并单击"创建新图层"按钮 □，如图8-5和图8-6所示。

图8-5 "图层"面板

图8-6 按 Ctrl 键新建图层

延伸讲解

"背景"图层始终处于"图层"面板的底部，即使按Ctrl键也不能在其下方新建图层。

通过"新建"命令新建图层

如果想创建图层并设置图层的属性，可以执行"图层"→"新建"→"图层"命令，或按住Alt键单击"创建新图层"按钮 □，打开"新建图层"对话框，如图8-7所示。

图8-7 "新建图层"对话框

延伸讲解

也可以直接按Shift+Ctrl+N快捷键，打开"新建图层"对话框。

?? 答疑解惑：如何标记图层的颜色

图层过多的时候，为了方便区分与查找图层，可以在"新建图层"对话框中设置图层的颜色，图8-8所示为设置"颜色"为"红色"，那么新建的图层就会被标记为红色，这样有助于区分图层的不同用途，如图8-9所示。

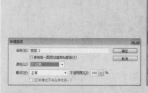

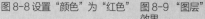
图8-8 设置"颜色"为"红色"　　图8-9 "图层"标记的效果

通过"通过拷贝的图层"命令新建图层

如果当前图层中存在选区，可以执行"图层"→"新建"→"通过拷贝的图层"命令，或按Ctrl+J快捷键，复制当前选区的内容到一个新的图层中，图8-10所示为原图像以及对应的"图层"面板，图8-11所示为通过复制得到的新图层。

图 8-10　原图像及对应的"图层"面板

图 8-11　通过复制得到的新图层

通过"通过剪切的图层"命令新建图层

在图像中创建选区以后，执行"图层"→"新建"→"通过剪切的图层"命令，或按Shift+Ctrl+J快捷键，可以将当前选区中的图像剪切到一个新图层中，图8-12所示为使用"通过剪切的图层"命令得到的"图层"面板和效果。

图 8-12　通过剪切得到的新图层

8.2.2　新建调整图层

调整图层是一种非常重要而又特殊的图层，它既可以调整图像的颜色和色调，又不会破坏图像的像素。

如果要创建调整图层，单击"图层"面板底部的"创建新的填充或调整图层"按钮，在弹出的下拉列表中选择需要创建的调整图层的类型，图8-13所示为弹出的下拉列表，图8-14和图8-15所示为原图和运用"黑白"命令后的效果图。

图 8-13　下拉列表　图 8-14　原图像及对应的"图层"面板

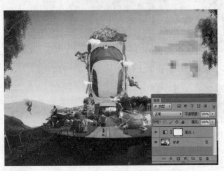

图 8-15　增加黑白调整图层后的图像及"图层"面板

由于调整图层只影响其下方的所有可见图层，所以在增加调整图层时，图层位置的选择非常重要，在默认情况下，调整图层创建在当前图层的上方。

8.2.3 创建填充图层

填充图层是向图层填充纯色、渐变和图案后创建的特殊图层。在Photoshop中，可以创建3种类型的填充图层：纯色填充图层、渐变填充图层和图案填充图层。创建了填充图层后，可以通过设置混合模式，或者调整图层的不透明度来创建特殊的图像效果。

执行"图层"→"新建填充图层"→"纯色""渐变"或"图案"命令，或单击"图层"面板底部的"创建新的填充或调整图层"按钮 ，在下拉列表中选择一种填充的类型，设置弹出对话框，即可在目标图层上方创建一个填充图层。

◆ 选择"纯色"命令，可以创建一个新的填充图层。

◆ 选择"渐变"命令，弹出图8-16所示的"渐变填充"对话框，在此对话框中可以设置填充图层的渐变效果，图8-17所示为创建渐变填充图层的效果图和对应的"图层"面板。

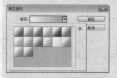

图 8-16 "渐变填充"对话框

图 8-17 "渐变填充"命令得到的效果

◆ 选择"图案"命令，可以创建图案填充图层，其对话框如图8-18所示，在对话框中选择图案并设置

参数之后，单击"确定"按钮，即可在目标图层的上方创建图案填充图层，图8-19所示为使用载入图案创建的图案填充图层，并设置其"不透明度"为50%、"填充"为50%的效果图和对应的"图层"面板。

图 8-18 "图案填充"对话框

图 8-19 图案填充效果图

8.2.4 新建形状图层

在工具箱中选择形状工具后，在选项栏设置"形状"选项即可创建形状图层，图8-20和图8-21所示分别为形状效果图和创建形状的"图层"面板。

图 8-20 "形状"效果图　　图 8-21 创建的形状图层

在形状图层上绘制多个形状时，在选项栏中设置的作图模式不同，得到的效果就不同。

● 编辑形状图层：双击形状图层的缩览图，在弹出的"拾色器"对话框中选择一种颜色，即可改变形状图层的填充颜色，或者在其选项栏中设置"填充"选项，选择一种颜色，也可以对形状图层进行颜色的填充。

● 将形状图层栅格化：因为形状图层具有矢量特性，所以在此图层中无法使用用于图像处理的各种命令和工具，如果想要对图像进行处理，可以执行"图层"→"栅格化"→"形状"命令，将形状图层转换为普通图层。

8.2.5 选择图层

若想编辑某个图层，首先应选择该图层，使该图层成为当前图层；还可以同时选择多个图层进行操作，当前选择的图层以加色显示。

在"图层"面板中选择一个图层

在"图层"面板中单击要选择的图层，即可将其选中，如图8-22所示。

图 8-22 选择一个图层

选择一个图层之后，按 Alt+] 快捷键可以将当前图层切换为与之相邻的上一个图层，按 Alt+[快捷键可以将当前图层切换为与之相邻的下一个图层。

在"图层"面板中选择多个连续的图层

如果要选择多个相邻的图层，可以先单击第一个图层，如图8-23所示，然后按住Shift键单击最后一个图层，如图8-24所示。

图 8-23 选择图层　图 8-24 按 Shift 键选择多个相邻的图层

在"图层"面板中选择多个非连续的图层

如果要选择多个不相邻的图层，可以在选择其中一个图层之后，如图8-25所示，按住Ctrl键单击其他不相邻的图层，如图8-26所示。

在使用 Ctrl 键选择多个图层的时候，只能单击其他图层的名称，而不能单击图层缩览图，否则会将该图层内容载入选区。

选择所有图层

如果要选择所有的图层，执行"选择"→"所有图层"命令，或按Alt+Ctrl+A快捷键，即可选择"图层"面板中所有的图层，"背景"图层除外，如图8-27所示。

图 8-25 选择图层　图 8-26 按住 Ctrl 键选择多个不相邻图层

图 8-27 选择所有图层

快速选择链接的图层

　　选择一个链接的图层，如图8-28所示，执行"图层"→"选择链接图层"命令，可以选择与之链接的所有图层，如图8-29所示。

图 8-28 选择一个链接 图 8-29 选择链接图层
的图层

在画布中快速选择某一个图层

　　当画布中包含很多个叠加的图层，难以在"图层"面板中进行选择时，可以单击工具箱中的"移动工具"，在图像上单击鼠标右键，在弹出的快捷菜单中选择需要的图层，如图8-30所示。

图 8-30 在画布中快速选择图层

延伸讲解

在使用其他工具的状态下，按 Ctrl 键暂时切换到"移动工具"，然后单击鼠标右键，同样可以显示当前位置重叠的图层列表。

8.2.6 复制图层

　　通过复制图层可以复制图层中的图像。可以通过菜单命令复制图层，也可以在"图层"面板中单击鼠标右键，或使用快捷键复制图层。

使用菜单命令复制图层

　　选择一个图层，执行"图层"→"复制图层"命令，打开"复制图层"对话框，输入图层的名称并设置其选项，单击"确定"按钮即可复制该图层，如图8-31和图8-32所示。

图 8-31 "复制图层"对话框　　图 8-32 "复制图层"的"图层"面板

在"图层"面板中复制图层

　　将需要复制的图层拖曳到"创建新图层"按钮上，即可复制出该图层的副本，如图8-33和图8-34所示。也可以在"图层"面板中选择某一个图层，并按住Alt键向其他两个图层交界处移动，当光标变成 状时松开鼠标，复制所选的图层，如图8-35和图8-36所示。

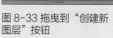

图 8-33 拖曳到"创建新　　图 8-34 完成复制图层
图层"按钮

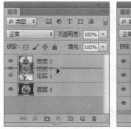

图 8-35 按住 Alt 键拖曳
图层到交界处

图 8-36 复制图层

单击右键复制图层

选择要复制的图层，在其他图层名称上单击鼠标右键，在弹出的快捷菜单中选择"复制图层"选项，弹出"复制图层"对话框，单击"确定"按钮，即可完成图层的复制，如图8-37至图8-39所示。

图 8-37 单击鼠标右键　图 8-38 弹出"复制图层"对话框

图 8-39 完成复制图层

使用快捷键复制图层

选择需要复制的图层，按Ctrl+J快捷键即可复制所选的图层，如图8-40和图8-41所示。

图 8-40 选择需要复制
的图层

图 8-41 按 Ctrl+J 快捷键
进行复制

8.2.7　删除图层

如果要删除图层，选择该图层，执行"图层"→"删除"→"图层"命令，即可将其删除；如果想快速删除图层，可以将其拖曳到"删除图层"按钮 🗑 上，如图8-42所示，或选中该图层后，直接按Delete键将其删除。执行"图层"→"删除"→"隐藏图层"命令，可以删除隐藏的图层。

图 8-42 快速删除图层

8.2.8　锁定图层

Photoshop提供了图层锁定功能，以限制图层编辑的内容和范围，避免误操作。单击"图层"面板中的4个锁定按钮即可实现相应图层的锁定，如图8-43所示。

图 8-43 锁定按钮的介绍

8.2.9　链接图层

如果要同时处理多个图层中的图像，例如，同时移动、应用变换或者创建剪贴蒙版，则可将这些图层链接在一起再进行操作。在"图层"面板中选择两个或多个图层，执行"图层"→"图层链接"命令，或单击"图层"面板底部的"链接图层"按钮 🔗，即可将这些图层链接起来，如图8-44所示，效果如图8-45所示。

图 8-44 选择多个图层　　图 8-45 链接图层

图 8-46 原图

图 8-47 "顶边"对齐后的效果

　　如果要取消某一图层的链接，可以选择其中一个链接图层，单击"链接图层"按钮 [图]；如果要取消所有的图层链接，需要选择所有链接的图层并单击"链接图层"按钮 [图]。

延伸讲解

删除链接图层中的一个图层时，其他的图层不受影响，改变当前的"混合模式""不透明度"等属性时，其他保持链接关系的图层也不受影响。

8.3 对齐或分布图层

　　图层面板中的图层是按照从上到下的顺序堆叠排列的，上面图层中的不透明部分会遮盖下面图层中的图像，因此，如果改变面板中图层的堆叠顺序，图像的效果也会发生改变。

8.3.1 对齐图层

　　在"图层"面板中选择图层，执行"图层"→"对齐"菜单中的命令，可以对齐多个图层。

◆ 顶边：可以将多个图层最顶端的像素与当前图层的最顶端的像素对齐。图8-46所示为未对齐的图像，图8-47所示为对文字选择"顶边"对齐后的效果。

◆ 垂直居中：可以将多个图层垂直方向的中心像素与当前图层垂直方向的中心像素对齐。

◆ 底边：可以将多个图层最底端的像素与当前图层最底端的像素对齐。

◆ 左边：可以将多个图层最左边的像素与当前图层最左边的像素对齐。

◆ 水平居中：可以将多个图层水平方向的中心像素与当前图层水平方向的中心像素对齐。

◆ 右边：可以将多个图层最右边的像素与当前图层最右边的像素对齐。

延伸讲解

如果当前使用的是"移动工具" [图]，可以单击选项栏中的"顶对齐" [图]、"垂直居中对齐" [图]、"底对齐" [图]、"左对齐" [图]、"水平居中对齐" [图] 和"右对齐" [图] 按钮来对齐图层。

8.3.2 分布图层

　　执行"图层"→"分布"菜单中的命令，可以平均分布多个图层。

◆ 顶边：平均分布各图层，使各图层的顶边间隔相同的距离。

◆ 垂直居中：平均分布各图层，使各图层的垂直中心间隔相同的距离。

◆ 底边：平均分布各图层，使各图层的底边间隔相同的距离。

◆ 左边：平均分布各图层，使各图层的左边间隔相同
的距离。

◆ 水平居中：平均分布各图层，使各图层的水平中心
间隔相同的距离，图8-48所示为原图像，图8-49
所示为水平居中后的效果。

图 8-48 原图像

图 8-49 选择"水平居中"的效果图

◆ 右边：平均分布各图层，使各图层的右边间隔相同
的距离。

8.3.3 合并图层

如果需要合并两个及两个以上的图层，可通过"图
层"面板将其选中，然后执行"图层"→"合并图
层"命令，合并后的图层使用上面图层的名称，如图
8-50所示。

图 8-50 合并图层

向下合并图层

如果需要将一个图层与它下面的图层合并，选择
该图层，然后执行"图层"→"向下合并"命令，或按
Ctrl+E快捷键，即可快速完成，如图8-51所示，向下
合并后，显示的名称为下面图层的名称。

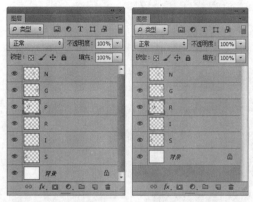

图 8-51 向下合并图层

合并可见图层

如果需要合并图层中可见的图层，选中图层，执行
"图层"→"合并可见图层"命令，或按Ctrl+Shift+E
快捷键，便可将它们合并到背景图层上，此时，隐藏的
图层不能合并进去，如图 8-52所示。

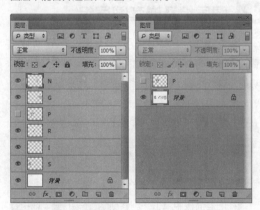

图 8-52 合并可见图层

拼合图像

如果要将所有的图层都拼合到背景图层中，可以执
行"图层"→"拼合图像"命令，若合并时图层中有
隐藏的图层，系统将弹出一个提示对话框，单击其中的
"确定"按钮，隐藏图层将被删除，单击"取消"按钮
则取消合并操作，如图 8-53所示。

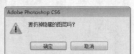

图 8-53 拼合图层

图 8-54 创建新组　　图 8-55 在新组下创建新图层

使用命令新建图层组

如果想在创建图层组的时候设置组的名称、颜色、混合模式和不透明度等属性，可以执行"图层"→"新建"→"组"命令，打开图 8-56所示的"新建组"对话框，图 8-57所示为设置后的效果。

图 8-56 "新建组"对话框　　图 8-57 创建图层组

延伸讲解

图层组默认的混合模式为"穿透"，它表示图层组不产生混合效果。如果选择其他的混合模式，则组中的图层会以该组的混合模式与下面的图层混合。

从所选图层新建图层组

如果要将多个图层创建在一个图层组内，可以选择这些图层，如图 8-58所示，然后执行"图层"→"图层编组"命令，或按Ctrl+G快捷键对其进行编组，如图8-59所示，编组之后，单击组前面的三角图标▶可关闭或重新展开图层组，如图8-60所示。

8.4 图层组及嵌套图层组

当图像的图层数量达到几十甚至上百之后，图层面板就会显得非常杂乱。为此，Photoshop提供了图层组功能，以方便图层的管理。图层与图层组的关系类似于Windows系统中的文件与文件夹的关系。图层组可以展开或折叠，也可以像图层一样设置透明度、混合模式，或添加图层蒙版，或进行整体选择、复制或移动等操作。

8.4.1 新建图层组

在图层面板中单击"创建新组"按钮，或执行"图层"→"新建"→"组"命令，即可在当前选择图层的上方创建一个图层组。双击图层组名称，在出现的文本框中可以输入新的图层组名称，默认的情况下，Photoshop会将新的图层组命名为"组1"。

在"图层"面板中新建图层组

单击"图层"面板中的"创建新组"按钮，可以创建一个空的图层组，如图 8-54所示；单击"创建新图层"按钮，在新组下创建新图层，如图8-55所示。

图 8-58 选择多个图层　　图 8-59 创建图层组

图 8-60 关闭图层组

8.4.2 复制与删除图层组

要复制整个图层组，可在图层组被选中的情况下，执行"图层"→"复制组"命令，打开"复制组"对话框，或在"图层"面板中选择组并单击鼠标右键，在弹出的快捷菜单中选择"复制组"命令。也可以将要复制的"图层组"拖曳至"图层"面板中的"创建新图层"按钮 回 上，复制图层组，如图 8-61所示。

图 8-61 复制图层组

选择图层组后单击"图层"面板中的"删除图层"按钮 🗑，弹出图 8-62所示的对话框，单击"组和内容"按钮，将删除图层组和图层组中的所有图层；若单击"仅组"按钮，将只删除图层组，图层组中的图层将被移出图层组。

图 8-62 提示信息框

8.4.3 嵌套图层组

嵌套图层组是指一个图层组中可以包含其他的图层组，使用嵌套图层组可以使图层的管理更加方便。图 8-63所示是一个多级的嵌套图层组，将嵌套于某一个图层组中的图层称为"子图层组"。

图 8-63 多级嵌套图层组

8.5 调整图层

调整图层不会破坏原图像，读者可以尝试不同的操作并随时重新编辑调整图层，也可以通过降低调整图层的不透明度来减轻调整的效果。

8.5.1 调整图层的优点

在Photoshop中，可以执行"图像"→"调整"菜单中的命令，也可以使用调整图层来进行图像的色调调整，图 8-64所示为原图像，图 8-65和图 8-66所示为采用这两种方式的调整效果。执行"图像"→"调整"菜单中的调整命令会直接修改所有图层中的像素数据。调整图层也可以达到同样的调整效果，但是不会更改像素。不仅如此，只要隐藏或删除调整图层，便可以将图像恢复为原来的状态。

图 8-64 原图

图 8-65 通过调整命令调整图像

图 8-66 通过调整图层调整图像

创建调整图层后，颜色和色调调整就存储在调整图层中，并影响它下面的所有图层。如果想对多个图层进行相同的调整，可以在这些图层上面创建一个调整图层，通过调整图层来影响这些图层，而不必分别调整每个图层。将图像图层放在调整图层的下面，就会对其产生影响，如图 8-67 所示；将图像图层移动到调整图层的上面，则可取消对它的影响，如图 8-68 所示。

图 8-67 影响下一个图层

图 8-68 调整图层顺序

8.5.2 了解"调整"面板

执行 "图层"→"新建调整图层"菜单中的命令，或单击"调整"面板中的按钮，如图 8-69 所示，即可在"图层"面板中创建调整图层，如图 8-70 所示，同时"属性"面板中会显示相应的参数设置选项，如图 8-71 所示。

图 8-69 "调整"面板

图 8-70 创建调整图层

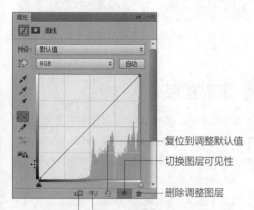

复位到调整默认值
切换图层可见性
删除调整图层
创建剪贴蒙版 查看上一状态

图 8-71 "属性"面板

◆ 创建剪贴蒙版：单击该按钮，可以将当前的调整图层与其下面的图层创建为一个剪贴蒙版组，使调整图层仅影响它下面的一个图层，如图 8-72 所示；再次单击该按钮时，调整图层会影响下面的所有图层，如图 8-73 所示。

图 8-72 创建剪贴蒙版

图 8-73 释放剪贴蒙版

◆ 切换图层可见性：单击该按钮，可以隐藏或者重新显示调整图层，隐藏调整图层后，图像便恢复原来的状态，如图 8-74 所示。

图 8-74 显示 / 隐藏调整图层

◆ 查看上一状态：调整参数之后，单击该按钮，可以在窗口中查看图像的上一个调整状态，以便比较两种效果。

◆ 复位到调整默认值：单击该按钮，可以将调整参数恢复为默认值。

◆ 删除调整图层：单击该按钮，可以删除当前调整图层。

8.5.3 创建调整图层　　**重点**

由于Photoshop新增了"调整"面板功能，所以创建调整图层的方式更为方便，可以使用以下方法创建调整图层。

使用命令新建调整图层

执行"图层"→"新建调整图层"→"调整"命令，弹出图 8-75所示的对话框，单击"确定"按钮关闭对话框即可新建调整图层。

图 8-75 "新建图层"对话框

在"图层"面板中新建调整图层

单击"图层"面板底部的"创建新的填充或调整图层"按钮 ，在弹出的菜单中选择需要的命令，在"属性"面板中设置参数即可新建调整图层。

在"调整"面板中新建调整图层

在"调整"面板中单击调整图层的图标，即可新建对应的调整图层。

延伸讲解

因为调整图层包含的是调整的数据而不是像素，所以因其增加的文件大小远远小于标准的像素图层。如果要处理的文件非常大，可以将调整图层合并到像素图层中来减小文件的大小。

8.5.4 重新设置调整参数　　**重点**

调整图层是以图层的形式存在的，所以，可以在制作图像的过程中反复修改其参数，修改参数方法如下。

◆ 创建好调整图层之后，在"图层"面板中单击调整图层的缩览图，如图 8-76所示。在"属性"面板中显示其相关参数，如果要修改参数，重新输入相应的数值即可，如图 8-77所示。

◆ 在"属性"面板没有打开的情况下，双击"图层"面板中的调整图层也可以打开"属性"面板进行参数的修改。

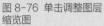
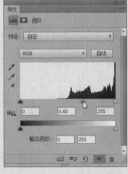

图 8-76 单击调整图层　　图 8-77 重新设置"色阶"
缩览图　　　　　　　　　　参数

8.6 剪贴蒙版

剪贴蒙版图层是Photoshop中的特殊图层，它利用下方图层的图像形状对上方图层图像进行剪贴，从而控制上方图层的显示区域和范围，最终得到特殊的效果。它的最大优点是可以通过一个图层来控制多个图层的可见内容，而图层蒙版和矢量蒙版都只能控制一个图层。

8.6.1 创建剪贴蒙版

打开一个至少含有3个图层的文档，如图 8-78和图 8-79所示。

图 8-78 未创建剪贴蒙版的图像

图 8-79 未创建剪贴蒙版的"图层"面板

创建剪贴蒙版主要有以下3种方法。

◆ 首先把"图层1"放在要创建剪贴素材"图层2"的下方，然后执行"图层"→"创建剪贴蒙版"命令，或按Ctrl+Alt+G快捷键，即可将"图层2"和"图层1"创建为一个剪贴蒙版，创建完成后，"图层2"就只显示"图层1"的图层区域，如图8-80所示。

◆ 在"图层2"名称上单击鼠标右键，然后在弹出的快捷菜单中选择"创建剪贴蒙版"选项，即可将"图层2"和"图层1"创建为一个剪贴蒙版。

◆ 按住Alt键，将光标放置在"图层2"和"图层1"之间的分割线上，待光标变成状时，单击鼠标，如图8-81所示，也可以将"图层2"和"图层1"创建为一个剪贴蒙版。

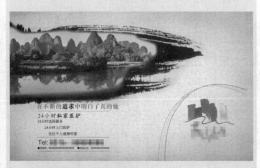

图 8-80 创建剪贴蒙版的图像

图 8-81 创建剪贴蒙版

8.6.2 取消剪贴蒙版

释放剪贴蒙版与创建剪贴蒙版相似，有以下3种方法。

◆ 选择图层，执行"图层"→"释放剪贴蒙版"命令，或按Ctrl+Alt+G快捷键，即可释放剪贴蒙版，

释放剪贴蒙版之后，"图层2"不再受"图层1"的控制。

◆ 在图层名称上单击鼠标右键，在弹出的快捷菜单中选择"释放剪贴蒙版"选项，即可释放剪贴蒙版。

◆ 按住Alt键，然后将光标放置在两个图层之间的分割线上，待光标变成状时，单击鼠标，即可释放剪贴蒙版。

8.7 图层样式

所谓图层样式，实际上就是由投影、内阴影、外发光、内发光、斜面和浮雕、光泽、颜色叠加、图案叠加、渐变叠加和描边等图层效果组成的集合，它能够在顷刻间将平面图形转化为具有材质和光影效果的立体物体。

在制作图像的过程中，如果要使用图层样式，可以执行"图层"→"图层样式"菜单下的命令，或单击"图层"面板底部的"添加图层样式"按钮 fx，在弹出的快捷菜单中选择一种样式，也可以在"图层"面板中双击需要添加图层样式的图层缩览图，此时会弹出"图层样式"对话框，如图8-82所示。

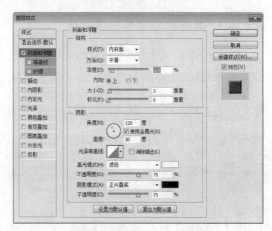

图 8-82 "图层样式"对话框

单击一个效果的名称，可以选中该效果，对话框的右侧会显示与之对应的样式设置，如图8-83所示。在对话框中设置效果参数以后，单击"确定"按钮即可为图层添加效果，该图层会显示一个图层样式图标和一个效果列表，如图8-84所示，单击按钮可以折叠或展开效果列表，如图8-85所示。

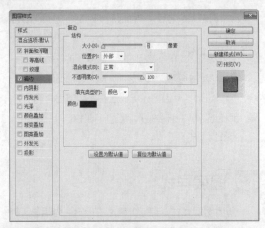

图 8-83 "描边"参数设置

图 8-84 添加图层样式　　图 8-85 折叠图层样式

8.7.1 "斜面和浮雕"图层样式

"斜面和浮雕"样式可以为图层模拟从表面凸起的立体感，使图层内容呈现立体的浮雕效果。图 8-86所示为"斜面和浮雕"对话框，图 8-87所示为原图像，图 8-88所示为添加"斜面和浮雕"样式后的效果。

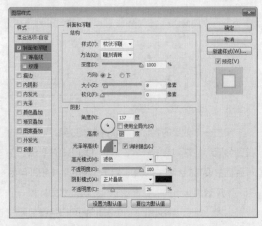

图 8-86 "斜面和浮雕"参数设置

图 8-87 原图像　　　　　　图8-88 "斜面和浮雕"效果图

8.7.2 "描边"图层样式

单击"图层"面板底部的"添加图层样式"按钮 fx.，在弹出的快捷菜单中选择"描边"选项，弹出"描边"对话框，如图 8-89所示，可以在图像的周围描绘纯色、渐变或图案效果，图 8-90和图 8-91所示为给文字图层添加描边效果的前后对比。

图 8-89 "描边"参数设置

图 8-90 原图像

图 8-91 "描边"效果图

8.7.3　"内阴影"图层样式

"内阴影"样式可以为图层添加从边缘向内产生的阴影样式，使图层内容产生凹陷效果，图 8-92所示为原图像，图 8-93所示为"内阴影"参数面板，图 8-94所示为添加"内阴影"图层样式的效果图。

图 8-92　原图像

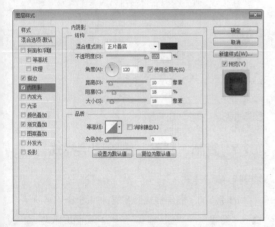

图 8-93　"内阴影"参数设置

图 8-94　"内阴影"效果图

8.7.4　"颜色叠加"图层样式

"颜色叠加"样式可以为图层整体赋予某种颜色，并且可以通过调整颜色的混合模式与透明度来调整该图层的效果，图 8-95所示为原图像，图 8-96所示为"颜色叠加"的参数选项，图 8-97所示为添加"颜色叠加"样式后的效果图。

图 8-95　原图像

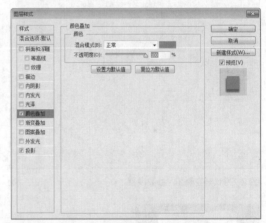

图 8-96　"颜色叠加"参数设置

图 8-97　"颜色叠加"效果图

8.7.5 "渐变叠加"图层样式

"渐变叠加"图层样式可以在图层上叠加指定的渐变颜色,不仅可以制作带有多种颜色的对象,还可以通过巧妙的渐变颜色设置制作凸起、凹陷等三维效果,图8-98所示为原图像,图8-99所示为"渐变叠加"的参数选项,图8-100所示为添加"渐变叠加"样式的效果图。

图 8-98 原图像

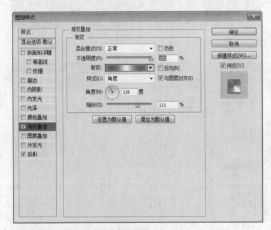

图 8-99 "渐变叠加"参数设置

图 8-100 "渐变叠加"效果图

8.7.6 "投影"图层样式

"投影"样式与"内阴影"样式比较相似,"投影"样式用于制作图层边缘向后产生的阴影效果,图8-101所示为原图像,图 8-102所示为"投影"的参数选项,图8-103所示为添加"投影"样式后的效果图。

图 8-101 原图像

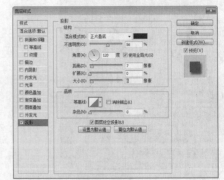

图 8-102 "投影"参数设置

图 8-103 "投影"效果图

8.7.7 复制、粘贴、删除图层样式

复制与粘贴样式

选择添加了图层样式的图层,如图 8-104所示,执行"图层"→"图层样式"→"拷贝图层样式"命令复制图层样式,选择其他图层,执行"图层"→"图层样式"→"粘贴图层样式"命令粘贴图层样式,可以将效果粘贴到所选图层上,如图 8-105所示。

 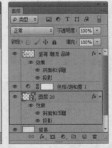

图 8-104 拷贝图层样式　图 8-105 粘贴图层样式

此外，按住Alt键将效果图从一个图层拖动到另一个图层，可以将该图层的所有效果都复制到目标图层；如果只需要复制一个效果，可以按住Alt键拖动该效果的名称至目标图层，如图 8-106所示；如果没有按住Alt键，则可以将效果转移到目标图层，原图层不再保留效果。

图 8-106 拷贝一个效果

清除样式

如果要删除一种样式效果，可以将该图层的某个样式拖曳到"图层"面板底部的 "删除图层"按钮 上，以删除该图层样式，如图 8-107所示；如果要删除该图层的所有样式，可以将效果图标拖曳到"删除图层"按钮 上，如图 8-108所示。也可以执行"图层"→"图层样式"→"清除图层样式"命令来进行删除。

图 8-107 删除某一样式　图 8-108 删除所有图层样式

8.7.8 为图层组设置图层样式

Photoshop CS6新增了为图层组增加图层样式的功能，选中一个图层组，即可为其中的所有图层添加图层样式，图 8-109所示为原图像，图 8-110所示为图层组添加了图层样式的效果图。

图 8-109 原图像

图 8-110 为图层组添加图层样式

8.7.9 实战：针对图像大小缩放效果

素材位置	素材 \ 第 8 章 \8.7.9 \ 月亮 .psd
效果位置	素材 \ 第 8 章 \8.7.9 \ 针对图像大小缩放效果 -ok. psd
在线视频	第 8 章 \8.7.9 针对图像大小缩放效果 .mp4
技术要点	缩放图层样式

读者对添加了效果的对象进行缩放时，效果仍然保持原来的比例，而不会随着对象的大小的变化而改变。如果需要获得与图像比例一致的效果，就需要单独对效果进行缩放。

01 启动Photoshop CS6软件，选择本章的素材文件"月亮.psd"和"针对图像大小缩放效果.jpg"，将其打开，如图 8-111和图 8-112所示。

图 8-111 打开"月亮 .psd"素材

图 8-112 打开"针对图像大小缩放效果 .jpg"素材

02 单击工具箱中的"移动工具" ▶⊕，将"月亮.psd"拖曳到"针对图像大小缩放效果.jpg"画面中，如图 8-113所示，由于"月亮.psd"太大，画面中没有显示其全部图像。

图 8-113 移动素材

03 按Ctrl+T快捷键显示定界框，在其选项栏中设置缩放为60%，将"月亮"图层缩小，最终的效果如图8-114所示。

图 8-114 最终效果图

04 可以看到，添加的素材虽然缩小了，但是图层效果的比例并没有发生变化。执行"图层"→"图层样式"→"缩放效果"命令，打开"缩放图层效果"对话框，将效果的缩放比例也设置为60%，如图 8-115所示，这样效果与月亮就匹配了，如图 8-116所示。

图 8-115 "缩放图层效果"对话框

图 8-116 缩放图层效果

8.7.10 实战：将效果创建为图层

素材位置	素材 \ 第 8 章 \8.7.10 \ 将效果创建为图层 .psd
效果位置	素材 \ 第 8 章 \8.7.10 \ 将效果创建为图层 -ok.psd
在线视频	第 8 章 \8.7.10 将效果创建为图层 .mp4
技术要点	将效果创建为图层

图层样式虽然丰富，但如果想进一步对其进行编辑，就需要先将效果创建为图层。

01 启动Photoshop CS6软件，选择本章的素材文件"将效果创建为图层.psd"，将其打开，如图 8-117所示。

图 8-117 打开素材

02 选中添加了图层样式的图层，如图 8-118所示，执行"图层"→"图层样式"→"创建图层"命令，将效果创建为一个单独的图层，如图 8-119所示。

图 8-118 选中图层样　图 8-119 将效果创建为图层
式图层

03 选择创建的图层，执行"滤镜"→"杂色"→"添加杂色"命令，最终的效果如图 8-120所示。

图 8-120 最终效果图

8.7.11 实战：用自定义的纹理制作糖果字

素材位置	素材 \ 第 8 章 \8.7.11 \ 用自定义的纹理制作糖果字 .psd
效果位置	素材 \ 第 8 章 \8.7.11 \ 用自定义的纹理制作糖果字 -ok.psd
在线视频	第 8 章 \8.7.11 用自定义的纹理制作糖果字 .mp4
技术要点	定义图案、添加图层样式

　　在对添加图层样式的方法有了一定的了解之后，下面我们来学习用自定义的纹理制作糖果字。

01 启动Photoshop CS6软件，按Ctrl+O快捷键，打开"纹理.jpg"素材，如图 8-121所示，执行"编辑"→"定义图案"命令，打开"图案名称"对话框，如图 8-122所示，设置名称，单击"确定"按钮即可将纹理定义为图案。

02 按Ctrl+O快捷键，选择本章的素材文件"用自定义的纹理制作糖果字.psd"，将其打开，如图 8-123所示。

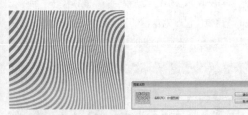

图 8-121 打开"纹理"素材　　图 8-122 定义图案

图 8-123 打开素材

03 双击"文字"图层，打开"图层样式"对话框，添加"投影""外发光""内阴影""颜色叠加""斜面和浮雕""内发光"和"渐变叠加"效果，如图 8-124至图 8-131所示。

图 8-124 "投影"参数选项　　图 8-125 "外发光"参数选项

图 8-126 "内阴影"参数选项　　图 8-127 "颜色叠加"参数选项

图 8-128 "斜面和浮雕"参数选项　　图 8-129 "内发光"参数选项

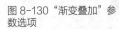

图 8-130 "渐变叠加"参数选项　　图 8-131 添加图层样式后的效果图

04 在左侧的列表中选择"图案叠加"选项,单击"图案"选项右侧的三角按钮,打开其下拉面板,选择自定义的纹理图案,设置图案的"缩放"比例为150%,如图 8-132所示。

05 添加"描边"效果,如图 8-133所示,即可完成糖果字的制作,如图 8-134所示。

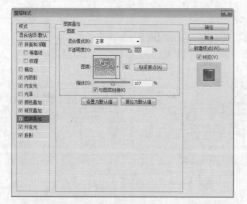

图 8-132 "图案叠加"参数选项

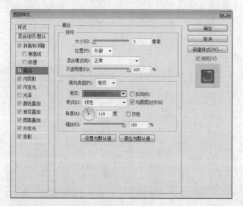

图 8-133 "描边"参数选项

图 8-134 最终效果图

8.8 填充图层

对于填充图层可以随时进行修改或删除,下面来讲解如何用纯色填充和渐变填充来制作不同的照片效果。

8.8.1 实战:用纯色填充图层制作发黄旧照片

素材位置	素材 \ 第 8 章 \8.8.1 \ 用纯色填充图层制作发黄旧照片 .jpg
效果位置	素材 \ 第 8 章 \8.8.1 \ 用纯色填充图层制作发黄旧照片 -ok.psd
在线视频	第 8 章 \8.8.1 用纯色填充图层制作发黄旧照片 .mp4
技术要点	滤镜的应用,创建纯色填充图层

纯色填充图层是一种用颜色进行填充的可调整图层。

01 启动Photoshop CS6软件,选择本章的素材文件"用纯色填充图层制作发黄旧照片.jpg",将其打开,如图 8-135所示,执行"滤镜"→"滤镜校正"命令,打开"滤镜校正"对话框,选择"自定"选项,设置"晕影"参数,使画面的四周变暗,如图 8-136所示。

图 8-135 打开素材

图 8-136 设置"晕影"参数

02 执行"滤镜"→"杂色"→"添加杂色"命令，在图像中添加杂点，设置"数量"为4.8%，"分布"设置为"平均分布"，如图 8-137所示。

图 8-137 添加杂色

03 执行"图层"→"新建填充图层"→"纯色"命令，打开"拾色器"设置颜色，如图 8-138所示。

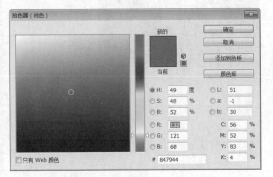

图 8-138 创建"纯色"填充图层

04 单击"确定"按钮关闭对话框，创建填充图层。将填充图层的混合模式设置为"颜色"，设置的效果如图 8-139所示。

图 8-139 设置颜色

05 按Ctrl+O快捷键，打开"划痕.jpg"素材，如图 8-140所示。

图 8-140 打开"划痕.jpg"素材

06 单击工具箱中的"移动工具" ，将其拖曳到照片中，设置其混合模式为"柔光"，"不透明度"为45%，使其叠加在照片上，得到最终的效果如图 8-141所示。

图 8-141 最终效果图

8.8.2 实战：用渐变填充图层制作蔚蓝晴空

素材位置	素材 \ 第 8 章 \8.8.2 \ 用渐变填充图层制作蔚蓝晴空 .jpg
效果位置	素材 \ 第 8 章 \8.8.2 \ 用渐变填充图层制作蔚蓝晴空 -ok.psd
在线视频	第 8 章 \8.8.2 用渐变填充图层制作蔚蓝晴空 .mp4
技术要点	设置渐变填充对话框

渐变填充图层中所填充的颜色为渐变色，其填充的效果和渐变填充工具填充的效果相似，不同的是渐变填充图层可以进行反复修改。

01 启动Photoshop CS6软件，选择本章的素材文件"用渐变填充图层制作蔚蓝晴空.jpg"，将其打开，如图 8-142所示。

02 单击工具箱中的"快速选择工具" ，选中天空，如图 8-143所示。

图 8-142 打开素材

图 8-143 创建天空选区

03 执行"图层"→"新建填充图层"→"渐变"命令，打开"渐变填充"对话框，如图 8-144所示，单击渐变色条，打开"渐变编辑器"对话框，调整渐变的颜色，如图 8-145所示，单击"确定"按钮返回"渐变填充"对话框，再单击"确定"按钮关闭对话框，创建渐变填充图层，选区会转换到填充图层的蒙版中，如图 8-146所示。

图 8-144 "渐变填充"   图 8-145 设置渐变颜色
对话框

图 8-146 "图层"面板

04 按Ctrl+O快捷键，打开"云朵.jpg"素材，如图 8-147所示，单击工具箱中的"移动工具"，将其拖曳到编辑的文档中，并设置其混合模式为"柔光"，最终的效果如图 8-148所示。

图 8-147 打开素材

图 8-148 最终效果图

"渐变填充"对话框中各项的含义

◆ 编辑渐变填充：如果选用Photoshop预设的渐变颜色，可以单击渐变颜色条右侧的三角按钮，打开下拉面板来选择，如图 8-149所示；如果要设置自定义的渐变颜色，可以单击渐变颜色条，在弹出的"渐变编辑器"对话框中调整。

◆ 样式：在该选项下拉列表中可以选择一种渐变样式，如图 8-150所示。

图 8-149 设置渐变颜色   图 8-150 设置渐变样式

◆ 角度：可以指定应用渐变时使用的角度。

◆ 缩放：可以调整渐变的大小。

◆ 反向：可以反转渐变的方向。

◆ 仿色：对渐变应用仿色减少带宽，使渐变效果更加平滑。

◆ 与图层对齐：使用图层的定界框来计算渐变填充，使渐变与图层对齐。

8.9 图层的混合模式

混合模式是一项非常重要的功能，它决定了像素的混合方式，可用于创建各种特殊的图像合成效果，且不会对图像内容造成任何破坏。

在"图层"面板中选择一个图层，单击面板顶部"正常"右侧的双向三角 ⇕ 按钮，会弹出图 8-151所示的混合模式下拉列表，选择不同的选项，即可得到不同的混合模式。

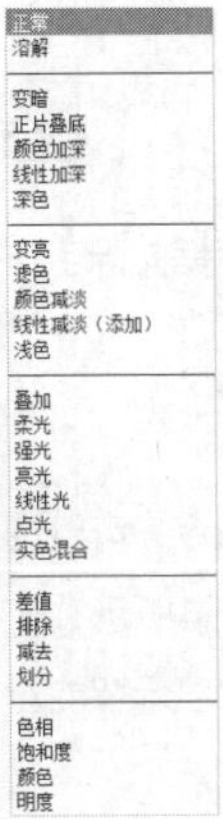

图 8-151 图层混合模式列表

各个混合模式的意义。

◆ 正常：默认的混合模式，图层的不透明度为100%时，完全遮盖下面的图像，降低不透明度可以使其与下面的图层混合。

◆ 溶解：设置该模式并降低图层的不透明度时，可以使半透明区域上的像素离散，产生点状颗粒。

◆ 变暗：比较两个图层，当前图层中较亮的像素会被底层较暗的像素替换，亮度值比底层像素低的像素保持不变。

◆ 正片叠底：当前图层中的像素与底层的白色混合时保持不变，与底层的黑色混合时则会被其替换，混合结果通常会使图像变暗。

◆ 颜色加深：通过增加对比度来增强深色区域，底层的图像的白色保持不变。

◆ 线性加深：通过减小亮度使像素变暗，它与"正片叠底"模式的效果相似，但可以保留下面图像更多

的颜色信息。

◆ 深色：比较两个图层的所有通道值的总和并显示值较小的颜色，不会生成第三种颜色。

◆ 变亮：与"变暗"模式的效果相反，当前图层中较亮的像素会替换底层较暗的像素，而较暗的像素则被底层较亮的像素替换。

◆ 滤色：与"正片叠底"模式的效果相反，它可以使图像产生漂白的效果，类似于多个摄影幻灯片在彼此之上的投影。

◆ 颜色减淡：与"颜色加深"模式的效果相反，它可以通过减小对比度来加亮底层的图像，并使其颜色变得更加饱和。

◆ 线性减淡（添加）：与"线性加深"模式的效果相反。通过增加亮度来减淡颜色，亮化效果比"滤色"和"颜色减淡"模式都强烈。

◆ 浅色：比较两个图层的所有通道值的总和并显示值较大的颜色，不会生成第三种颜色。

◆ 叠加：可增强图像的颜色，并保持底层图像的高光和暗调，图 8-152所示的两幅图像为原素材，图 8-153所示为使用"叠加"混合模式后的效果图。

图 8-152 原素材

图 8-153 使用"叠加"混合模式后的效果图

◆ 柔光：当前图层中的颜色决定了图像变亮或是变暗。如果当前图层中的像素比50%灰色亮，则图像变亮；如果当前图层中的像素比50%灰色暗，则图像变暗；产生的效果与发散的聚光灯照在图像上相似。

◆ 强光：当前图层中的像素比50%灰色亮，则图像变亮；如果像素比50%灰色暗，则图像变暗。产生的效果与耀眼的聚光灯照在图像上相似。

◆ 亮光：如果当前图层的像素比50%灰色亮，则通过减小对比度的方式使图像变亮；如果当前图像中的像素比50%灰色暗，则通过增加对比度的方式使图像变暗。可以使混合后的颜色更加饱和。

◆ 线性光：如果当前图层中的像素比50%灰色亮，则通过减小对比度的方式使图像变亮；如果当前图层中的像素比50%灰色暗，则通过增加对比度的方式使图像变暗。"线性光模式"可以使图像产生更高的对比度。

◆ 点光：如果当前图层中的像素比50%灰色亮，则替换暗的像素；如果当前图层中的像素比50%灰色暗，则替换亮的像素，在向图像中添加特殊效果时非常有用。

◆ 实色混合：如果当前图层中的像素比50%灰色亮，会使底层图像变亮；如果当前图层中的像素比50%灰色暗，则会使底层图像变暗，该模式通常会使图像产生色调分离的效果。

◆ 差值：当前图层的白色区域会使底层图像产生反相效果，而黑色则不会对底层图像产生影响。

◆ 排除：与"差值"模式的原理基本相似，但该模式可以创建对比度更低的混合效果。

◆ 减去：可以从目标通道中相应的像素上减去源通道中的像素值。

◆ 划分：查看每个通道中的颜色信息，从基色中划分混合色。

◆ 色相：将当前图层的色相应用到底层图像的亮度和饱和度中，可以改变底层图像的色相，但不会影响其亮度和饱和度。

◆ 饱和度：将当前图层的饱和度应用到底层图像的亮度和色相中，可以改变底层图像的饱和度，但不影响其亮度和色相。

◆ 颜色：将当前图层的色相与饱和度应用到底层图像中，但保持底层图像的亮度不变。

◆ 明度：将当前图层的亮度应用于底层图像的颜色中，可以改变底层图像的亮度，但不会对其色相与饱和度产生影响。

8.10 智能对象

　　智能对象是一个嵌入当前文档中的文件，可以包含图像，还可以包含AI格式的矢量图形。智能对象与普通图层的区别在于，它能够保留对象的源内容和所有原始特征，因此，在对它进行修改和编辑时，不会直接应用到对象的原始数据。

8.10.1 创建智能对象　　难点

　　创建智能对象有多种操作方法，可以根据实际工作情况选择最适合的方法。

将文件作为智能对象打开

　　执行"文件"→"打开为智能对象"命令，可以选择一个文件作为智能对象打开，如图8-154所示，在"图层"面板中，智能对象缩览图右下角会显示智能对象图标，如图8-155所示。

图8-154 打开素材　　　　图8-155 智能对象"图层"面板

在文档中置入智能对象

　　打开一个文件，如图8-156所示，执行"文件"→"置入"命令，可以将另外一个文件作为智能对象置入当前文档中，如图8-157所示。

图 8-156 打开素材

图 8-157 置入智能对象

将图层中的对象创建为智能对象

在"图层"面板中选择一个或多个图层,如图 8-158所示,执行"图层"→"智能对象"→"转换为智能对象图层"命令,可以创建智能对象图层,如图 8-159所示。

图 8-158 选择图层　图 8-159 使用命令创建智能对象

将Illustrator中的图形粘贴为智能对象

在Illustrator中选择一个对象,按Ctrl+C快捷键复制,如图 8-160所示,返回Photoshop中按Ctrl+V快捷键粘贴,在弹出的"粘贴"对话框中选择"智能对象"选项,可以将矢量图形粘贴为智能对象,如图

8-161所示。

图 8-160　AI 文件进行复制

图 8-161 粘贴并转换为智能对象

8.10.2　复制智能对象

在Photoshop中,可以对智能对象图层进行任意复制,和普通图层的复制方法完全相同,但其最大的优点就是无论复制多少个智能对象图层,只要对其中的一个智能对象进行编辑后,其他所有相关的智能对象状态都会随之改变。

8.10.3　编辑智能对象　难点

创建智能对象以后,可以根据实际情况对其进行编辑。编辑智能对象和编辑普通图层不同,它需要一个单独的文档,通常情况下,可以对智能对象进行如下操作。

◆ 变换：像编辑普通图层一样对智能对象进行缩放、旋转、变形等变换操作。

◆ 设置图层的属性：对于智能对象来说，可以像设置普通图层的属性一样设置其图层属性。

◆ 调色：虽然无法直接使用多数图像调整命令对智能对象进行调整，但可以利用部分调整图层对智能对象进行调色等操作。

8.10.4 编辑智能对象源文件 [难点]

由前面的内容，我们了解到智能对象由一个或多个图层组成，因此在对其源文件进行编辑时，完全可以使用之前讲解的任意一种图层及图像编辑方法。

编辑智能对象的源文件，可以按照以下的步骤进行操作。

先选择一个智能对象图层。双击智能对象图层，或执行"图层"→"智能对象"→"编辑内容"命令，也可以直接在"图层"面板中选中智能对象图层，单击右键，选择"编辑内容"选项。

默认的情况下，无论选择哪一种方法，都会弹出图8-162所示的对话框，单击"确定"按钮，则进入智能对象的源文件中。

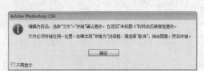

图 8-162 "提示信息"对话框

编辑智能对象之后，执行"文件"→"存储"命令，并关闭此文件，修改后的源文件的变化会反映在智能对象中。

8.10.5 导出智能对象

编辑智能对象内容之后，可以将它按照其原始的置入格式（AI、JPEG或其他格式）导出，以便其他程序使用。

在"图层"面板中选择智能对象图层，执行"图层"→"智能对象"→"导出内容"命令，即可导出智能对象。如果智能对象是利用图层创建的，则以PSB格式导出。

8.10.6 栅格化智能对象

由于智能对象图层属于特殊属性的图层，所以很多图像编辑操作无法实现。可以将智能对象图层转换为普通的图层。执行"图层"→"智能对象"→"栅格化"命令，即可将智能对象图层转换为普通的图层，需要注意的是，转换为普通图层之后，原始图层缩览图上的智能对象图标会消失，也无法对其进行编辑。

8.11 习题测试

习题1 为图片添加柔光效果

素材位置	素材\第8章\习题1\彩图.jpg
效果位置	素材\第8章\习题1\为图片添加柔光效果.psd
在线视频	第8章\习题1为图片添加柔光效果.mp4
技术要点	柔光混合模式的应用

本习题供读者练习为图片添加柔光效果的操作，如图8-163所示。

图 8-163 素材与效果

习题2 替换图形内容

素材位置	素材\第8章\习题2\气球.psd、球.ai
效果位置	素材\第8章\习题2\替换图形内容.psd
在线视频	第8章\习题2替换图形内容.mp4
技术要点	替换内容命令的应用

本习题供读者练习智能对象替换内容的操作，如图8-164所示。

图 8-164 素材与效果

3D与技术成像

Photoshop 自CS3版本新增了3D功能后，便又细分为两个版本：标准版和扩展版（Extended），扩展版包含了3D功能。Photoshop CS6 Extended可以打开多种三维软件创建的模型，如3ds Max、MAYA、Alias等软件。在Photoshop CS6中，可以将二维图像轻松地转换为三维对象，或直接应用绘画工具在3D模型中绘图，还可以应用图像素材为3D模型添加纹理，以及应用新增的3D工具和3D面板编辑3D对象。

学习重点

- 基于2D图像创建3D对象
- 12种纹理属性
- 调整光源位置
- 材质、纹理及纹理贴图
- 添加光源
- 调整光源属性

9.1 3D功能概述

在Photoshop中导入或创建3D模型后，"图层"面板中出现相应的3D图层，模型的纹理会显示在3D图层下的条目中，图9-1所示为导入的原始3D模型，图9-2所示为使用Photoshop的3D功能为该模型赋予纹理贴图，并渲染生成的效果。

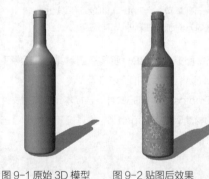

图 9-1 原始 3D 模型   图 9-2 贴图后效果

9.1.1 了解3D功能

在Photoshop中打开3D文件时，原有的纹理、渲染以及光照信息都会被保留，用户可以移动3D模型，或对其制作动画、更改渲染模式、编辑或添加光照，也可以将多个3D模型合并为一个3D场景来编辑。打开3D文件后，在选项栏中可以看到一组3D工具，如图9-3所示，使用3D工具可以对3D对象进行旋转、滚动、平移和缩放等操作。

3D 模式：

图 9-3 "3D"选项栏

?? 答疑解惑：Photoshop 可以编辑哪种 3D 文件

在Photoshop中可以打开和编辑U3D、3DS、OBJ、KMZ、DAE格式的3D文件。

9.1.2 使用3D面板

执行"3D"→"从所选图层创建3D凸出"命令，可打开"3D"面板，在"图层"面板中选择3D图层后，"3D"面板中会显示与之关联的组件。在"3D"面板的顶部可以切换显示"场景""网格""材质"和"光源"组件，单击"场景"按钮 即可切换到3D"场景"面板，如图9-4所示。在该面板中可以更改渲染模式、选择要绘制的纹理或创建横截面等。在大多数情况下，应该确认单击该按钮，以显示整个3D场景的状态。当用户在面板上方的列表中单击不同的对象时，能够在"属性"面板中显示该对象的参数，以方便对其进行控制。

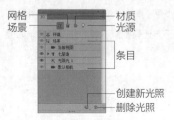

网格 —— 材质
场景 —— 光源

—— 条目

—— 创建新光照
—— 删除光照

图 9-4 3D"场景"面板

◆ 条目：选择条目中的选项，可以在"属性"面板中进行相关的设置。

◆ 创建新光照：单击"创建新光照"按钮 🔲，在弹出的快捷菜单中选择相关命令，即可创建相应的光照。

◆ 删除光照：选择一个光照选项，单击"删除光照"按钮 🗑，即可将选中的光照删除。

9.1.3 启用图形处理器

只有启用了图形处理器功能，才可以使用3D功能，执行"编辑"→"首选项"→"性能"命令，在弹出的对话框右下方选中"使用图形处理器"选项。若"使用图形处理器"选项显示为灰色不可用状态，则可能是电脑的显卡不支持此功能，可尝试更新显卡以及驱动程序。

9.1.4 栅格化3D模型

在3D图层中无法进行绘画等编辑操作，除非将该图层栅格化。执行"图层"→"栅格化"命令，或直接在此类图层中单击鼠标右键，在弹出的快捷菜单中选择"栅格化"选项，均可将此类图层栅格化。

9.1.5 导入3D模型

用户可以将用三维软件制作的模型导出为3DS、DAE、KMZ、USD或OBJ等格式，然后将其导入Photoshop中使用。

执行"文件"→"打开"命令，在弹出的对话框中直接打开三维模型文件，即可导入3D模型；或执行"3D"→"从3D文件新建图层"命令，在弹出的对话框中打开三维模型文件，也可导入3D模型。

9.1.6 认识3D图层

3D图层属于一类非常特殊的图层，为了便于与其他图层区别，其缩览图上有一个特殊的标识。另外，根据设置的不同，其下方还有数量不等的贴图列表，如图9-5所示。

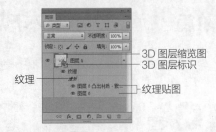

图 9-5　3D 图层

◆ 3D图层缩览图：双击3D图层缩览图可以调出3D面板，以对模型进行属性设置。

◆ 3D图层标识：便于用户识别3D图层的主要标识。

◆ 纹理：Photoshop CS6提供了多种纹理类型，比如用于模拟物体表面肌理的"漫射"类贴图，以及用于模拟物体表面反光的"环境"类贴图等，可以为每种纹理设置不同数量的贴图。

◆ 纹理贴图：当光标置于不同的贴图上时，可以即时预览其中的图像内容。

9.1.7 实战：使用3D材质吸管工具

素材位置	素材 \ 第 9 章 \9.1.7 \ 使用 3D 材质吸管工具 .psb
效果位置	素材 \ 第 9 章 \9.1.7 \ 使用 3D 材质吸管工具 -OK.psb
在线视频	第 9 章 \9.1.7 使用 3D 材质吸管工具 .mp4
技术要点	3D 材质吸管工具的认识与应用

本实战通过利用"3D材质吸管工具" 🖌 为3D模型上色，帮助读者了解如何使用该工具。

01 启动Photoshop CS6软件，选择本章的素材文件"使用3D材质吸管工具.psb"，将其打开，如图 9-6 所示。

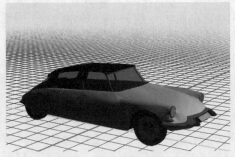

图 9-6 打开素材

02 单击选项栏中的"旋转3D对象工具" 🎮，旋转模型，如图 9-7 所示。

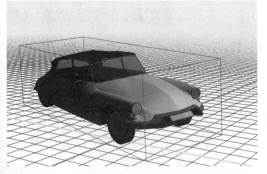

图 9-7 旋转模型

03 单击工具箱中的"3D材质吸管工具" 🎨，将光标放在车前盖上，单击鼠标，对材质进行取样，如图 9-8 所示，此时"属性"面板中会显示所选材质，如图 9-9 所示。

图 9-8 吸取材质

图 9-9 材质属性

04 单击材质球右侧的三角按钮，打开下拉列表，选择"有机物-橘皮"材质，如图 9-10 所示。

图 9-10 选择材质

05 此时可以看到该材质已被赋予车身了，如图 9-11 所示。

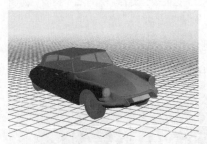

图 9-11 赋予材质

06 使用"3D材质吸管工具" 🎨，单击车架，拾取材质，如图 9-12 所示，为其贴上"大理石"材质，完成效果如图 9-13 所示。

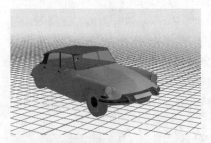

图 9-12 吸取其他材质

图 9-13 完成效果

9.1.8 实战: 使用3D材质拖放工具

素材位置	素材 \ 第 9 章 \9.1.8 \ 使用 3D 材质拖放工具 .psb
效果位置	素材 \ 第 9 章 \9.1.8 \ 使用 3D 材质拖放工具 -ok .psb
在线视频	第 9 章 \9.1.8 使用 3D 材质拖放工具 .mp4
技术要点	3D 材质拖放工具的认识与应用

本实战通过利用"3D材质拖放工具" 给模型上色, 帮助读者了解如何使用该工具。

01 启动Photoshop CS6软件, 选择本章的素材文件"使用3D材质拖放工具.psb", 将其打开, 如图 9-14 所示。

02 单击工具箱中的"3D材质拖放工具" , 在选项栏中打开材质下拉面板, 选择"大理石"材质, 如图 9-15所示。

图 9-14 打开素材　　　　图 9-15 选择材质

03 将光标放在石膏模型上, 如图 9-16所示, 单击鼠标, 即可将所选材质应用到模型中, 完成效果如图 9-17所示。

图 9-16 停放光标　　　　图 9-17 完成效果

9.2 基于2D图像创建3D对象

Photoshop Extended可基于2D对象, 如图层、文字和路径等生成各种基本的3D对象。创建3D对象后, 可以通过3D 控件移动该对象, 或者更改其渲染设置、添加光源、将其与其他3D图层合并。

9.2.1 实战: 从文字中创建3D对象 重点

素材位置	素材 \ 第 9 章 \9.2.1 \ 从文字中创建 3D 对象 .jpg
效果位置	素材 \ 第 9 章 \9.2.1 \ 从文字中创建 3D 对象 -ok. psd
在线视频	第 9 章 \9.2.1 从文字中创建 3D 对象 .mp4
技术要点	将文字创建为 3D 对象、"属性"面板的设置

本实战通过利用3D命令从文字中创建3D对象, 帮助读者了解如何简单运用3D命令。

01 启动Photoshop CS6软件, 选择本章的素材文件"从文字中创建3D对象.jpg", 将其打开, 如图 9-18所示。

02 单击工具箱中的"横排文字工具" , 在选项栏中设置文字参数, 然后在画面中输入文字, 如图 9-19所示。

图 9-18 打开素材　　　　图 9-19 输入文字

03 执行"3D"→"从所选图层新建3D凸出"命令, 或执行"文字"→"凸出为3D"命令, 创建3D文字, 单击工具箱中的"移动工具" , 在文字上单击, 将文字选中, 如图 9-20所示。在"属性"面板中为文字选择凸出样式, 设置"凸出深度"为47, 如图 9-21所示。

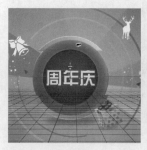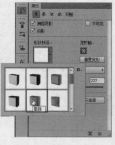

图 9-20 选中文字　　　　图 9-21 选择凸出样式

04 单击选项栏中的"旋转3D对象工具" , 调整该文字的角度和位置, 如图 9-22所示。单击场景中的光源，调整它的照射方向和参数，如图 9-23 和图 9-24 所示，完成效果如图 9-25 所示。

图 9-22 旋转文字　　　　　图 9-23 设置光源

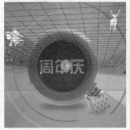　

图 9-24 移动光源　　　　　图 9-25 完成效果

9.2.2 实战：从选区中创建3D对象 [重点]

素材位置	素材 \ 第 9 章 \9.2.2 \ 从选区中创建 3D 对象 .png
效果位置	素材 \ 第 9 章 \9.2.2 \ 从选区中创建 3D 对象 -ok. psd
在线视频	第 9 章 \9.2.2 从选区中创建 3D 对象 .mp4
技术要点	从选区中创建 3D 对象

　　本实战通过利用3D命令从选区中创建3D对象，帮助读者进一步了解如何使用3D命令。

01 启动Photoshop CS6软件，选择本章的素材文件"从选区中创建3D对象.png"，将其打开，如图 9-26 所示。

02 选中"图层0"图层，按住Ctrl键单击该图层缩览图，将其载入选区，如图 9-27所示。

图 9-26 打开素材　　　　　图 9-27 载入选区

03 执行"选择"→"新建3D凸出"命令，或执行"3D"→"从当前选区新建3D凸出"命令，即可从选中的图像中生成3D对象，如图 9-28 所示。

04 单击选项栏中的"旋转3D对象工具"，调整该对象的角度，如图 9-29所示。

图 9-28 新建 3D 凸出　　　图 9-29 调整对象角度

05 还可以为该对象添加预设的光源效果，在其"属性"面板中设置预设效果为"狂欢节"，如图 9-30所示，其效果如图 9-31所示。

图 9-30 添加光源预设效果　　图 9-31 完成效果

9.2.3 实战：拆分3D对象 [重点]

素材位置	素材 \ 第 9 章 \9.2.3 \ 拆分 3D 对象 .psd
效果位置	素材 \ 第 9 章 \9.2.3 \ 拆分 3D 对象 -OK.psd
在线视频	第 9 章 \9.2.3 拆分 3D 对象 .mp4
技术要点	拆分图册命令的使用

　　本实战通过利用3D命令拆分3D对象，让读者对3D命令有更深一步的了解。

01 启动Photoshop CS6软件，选择本章的素材文件"拆分3D对象.psd"，将其打开，如图 9-32所示。

02 单击工具选项栏中的"旋转3D对象工具"，旋转对象，如图 9-33所示，可以发现它们是一个整体。

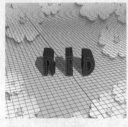
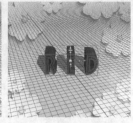

图 9-32 打开素材　　　　图 9-33 旋转文件

03 执行"3D"→"拆分凸出"命令,即可将其拆分开来,如图 9-34所示。

04 此时可以选择任意一个字母进行调整,如图 9-35 所示。

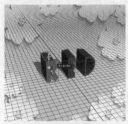
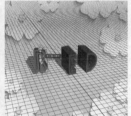

图 9-34 拆分凸出　　　　图 9-35 调整对象角度

05 将每个字母调整好,如图 9-36所示,发现文字边缘的锯齿较为明显,执行"3D"→"渲染"命令,即可消除字母的锯齿,使之更为平滑,如图 9-37所示。

图 9-36 调整后的效果　　　　图 9-37 渲染效果

9.2.4 实战:从图层中新建网格 **重点**

素材位置	素材 \ 第 9 章 \9.2.4 \ 从图层中新建网格 .psd
效果位置	素材 \ 第 9 章 \9.2.4 \ 从图层中新建网格 -OK. psd
在线视频	第 9 章 \9.2.4 从图层中新建网格 .mp4
技术要点	色板面板的功能和使用

　　本实战通过使用"色板"面板选择常用的颜色,帮助读者了解如何用更简便的方法查找颜色。

01 启动Photoshop CS6软件,选择本章的素材文件

"从图层中新建网格.psd",将其打开,如图 9-38 所示。

02 选中要转换为3D对象的图层,如图 9-39所示。

图 9-38 打开素材

图 9-39 选择图层

03 执行"3D"→"从图层新建网格"→"明信片"命令,生成3D明信片,如图 9-40所示。原始的2D图层会作为3D明信片对象的"漫射"纹理映射在"图层"面板中,如图 9-41所示。

04 按Alt+Delete快捷键即可填充前景色于选区,再按Ctrl+D快捷键取消选区。

图 9-40 新建网格

图 9-41 "漫射"纹理

05 单击选项栏中的"缩放3D对象工具"，将明信片适当缩小，如图 9-42所示。再使用"旋转3D对象工具"旋转明信片，完成效果如图 9-43和图9-44所示。

图 9-42 缩小明信片

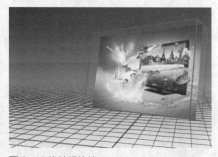

图 9-43 旋转明信片

图 9-44　完成效果

9.3 3D模型操作基础

在Photoshop CS6 Extended中，使用"从所选图层新建3D凸出"命令能够快速地将普通图层、智能对象图层、文字图层、形状图层和填充图层转换为3D凸出效果，然后使用其他工具或命令对其进行操作。

9.3.1 创建3D明信片

创建3D明信片是指将一张2D图像转换成3D对象，并以三维的模式对该图像进行调整，该平面图层也可相应被转换为3D图层。执行"3D"→"从图层新建网格"→"明信片"命令，可将一张普通图像创建为3D明信片。创建3D明信片后，原始的2D图层会作为3D明信片对象的"漫射"纹理映射在"图层"面板中。另外，单击选项栏中的"旋转3D对象工具"，可以对3D明信片进行旋转操作，如图 9-45和图 9-46所示。

图 9-45　素材图片

图 9-46　3D 明信片效果

9.3.2 创建预设3D形状

打开一张图片，如图 9-47所示，执行"3D"→"从图层新建网格"→"网格预设"命令，选择其中的一个预设后，即可看到2D图像转换为3D图层，并且得到一个3D模型，该模型可以包含一个或多个网格，如图9-48所示。

图 9-47 素材图片

图 9-48 不同的网格预设

9.3.3 创建3D体积网格

Photoshop CS6 Extended提供了一种新的创建网格的方法，即"体积"命令。使用它可以在选中2个或更多个图层时，依据图层中图像的明暗映射，来创建一个图像堆叠在一起的3D网格。

以图9-49所示的图像为例，将它们置入一个图像文件中，然后全部选中，执行"3D"→"从图层新建网格"→"体积"命令，即可得到图 9-50所示的"图层"面板，图9-51所示为调整3D对象的位置及角度后的效果。

图 9-49 素材图片

图 9-50 "图层"面板　　图 9-51 调整 3D 对象的位置及角度后的效果

调整3D模型

对于3D模型也可以进行多种调整，可以使用3D轴编辑模型，还可以使用工具调整模型，以得到想要的效果。

9.4.1 使用3D轴编辑模型

当选择任意3D对象时，都会显示3D轴，3D轴用于控制3D模型，使用3D轴可以在3D空间中移动、旋转、缩放3D模型，要显示图 9-52所示的3D轴，需要在使用"移动工具" ▶₊ 的情况下，在"3D"面板中选择"场景"，如图 9-53所示。此时可以对模型整体进行调整，若是选中了模型中的单个网络，则可以仅对该网络进行编辑。

在3D轴中，红色代表X轴，绿色代表Y轴，蓝色代表Z轴。

图 9-52 3D 轴

锥形
弧形
方形
立方体

图 9-53 在"3D"面板中选择"场景"

要使用3D轴，需将光标移至控件处，使其高亮显示，然后进行拖动，光标所在控件不同，操作得到的效果也不相同，详细操作如下。

◆ 要沿着x轴、y或z轴移动3D模型，将光标放在任意轴的锥形上，使其高亮显示，按住鼠标左键即可以任意方向沿轴拖动，状态如图9-54所示。
◆ 要旋转3D模型，可单击3D轴上的弧线，围绕3D轴中心沿顺时针或逆时针方向拖动圆环，状态如图9-55所示，拖动过程中显示的旋转平面指示旋转的角度。
◆ 要沿轴压缩或拉长3D模型，将光标放在3D轴的方形上，然后左右拖动即可。
◆ 要缩放3D模型，将光标放在3D轴中间的立方体上，然后向上或向下拖动即可。

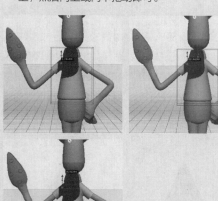

图 9-54 沿着x轴、y轴或z轴移动3D模型

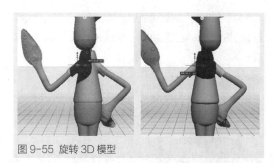

图 9-55 旋转 3D 模型

9.4.2 使用工具调整模型

在"3D"面板中选中3D对象时，选项栏中会显示出3D对象工具，包括"旋转3D对象工具"、"滚动3D对象工具"、"拖动3D对象工具"、"滑动3D对象工具"和"缩放3D对象工具"。使用这些工具对3D模型进行调整时，发生改变的只有模型本身，场景不会发生变化。在Photoshop CS6中，所有用于编辑3D模型的工具都被整合在"移动工具"的选项栏上，选择任何一个3D模型控制工具后，"移动工具"的选项栏将显示为图9-56所示的状态。

图 9-56 激活 3D 编辑工具后的"移动工具"选项栏

工具箱中的5个控制工具与工具选项条左侧显示的5个工具图标相同，其功能及意义也完全相同。

◆ 旋转3D对象工具：拖动此工具可以将对象旋转。
◆ 滚动3D对象工具：以此对象中心点为参考点进行旋转。
◆ 拖动3D对象工具：此工具可以移动对象的位置。
◆ 滑动3D对象工具：使用此工具将对象向前或向后拖动，可以放大或缩小对象。
◆ 缩放3D对象工具：此工具可以调整3D对象的大小。

9.4.3 使用参数精确设置模型

如果想通过输入数值来精确控制模型的方向、位置及缩放属性，可以在选择3D图层的情况下，在"3D"面板中选择"场景"，然后在其"属性"面板中单击

"坐标"按钮 ⊕,在此面板中,从左至右可分别设置模型的位置、旋转及缩放的X/Y/Z轴上的数值,如图9-57所示。

图 9-57 选择"属性"面板中的"坐标"选项

9.5 3D模型纹理操作详解

在Photoshop中打开3D文件时,纹理会作为2D文件与3D模型一起导入,其条目会显示在"图层"面板中,嵌套于3D图层下方,并按照散射、凹凸、光泽度等类型编组。用户可以使用绘画工具和调整工具来编辑纹理,也可以创建新的纹理。

9.5.1 材质、纹理及纹理贴图　难点

在Photoshop中,模型表面质感(如岩石质感、光泽以及不透明度等)主要包括了材质、纹理及纹理贴图三大部分,而它们之间的联系又是密不可分的,其中材质是指当前3D模型中可设置贴图的区域,一个模型中可以包含多个材质,而每个材质可以设置12种纹理,这12种纹理中的大部分可以设置相应的图像内容,即纹理贴图。

以图 9-58所示的模型为例,可以看到在"3D"面板中列有2个材质,如图 9-59所示,选择材质后,即可在"属性"面板中设置其详细的纹理及纹理贴图参数,如图9-60所示。

图 9-58 汽水模型

图 9-59 显示材质的 3D 面板

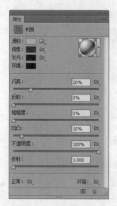

图 9-60　"属性"面板

材质、纹理及纹理贴图的作用及关系如下。

◆ 材质:指模型中可以设置贴图的区域,图9-58所示的汽水模型包括了两个材质,即标签材质和盖子材质,这两个部分代表了可以用于设置贴图的区域。在Photoshop中创建的模型,其材质的数量及贴图区域由软件自动生成,用户无法对其进行修改,比如球体只具有1种材质,而圆柱体具有3种材质;对于从外部导入的模型而言,只有对三维软件有了一定的了解,才能够正确地设置材质数量及贴图区域。

◆ 纹理:Photoshop提供了12类纹理,用于模拟不同的模型效果,如用于设置材质表面基本质感的"漫射"纹理和用于设置材质表面凹凸程度的"凹凸"纹理,有些纹理要相互配合使用,比如"环境"和"反射"纹理等。

◆ 纹理贴图:简单来说,材质的"纹理"是指它的纹理类型,而"纹理贴图"则决定了纹理表面的内容,如为模型添加了"漫射"类纹理后,当为其指定不同的纹理贴图时,得到的效果会有很大的差异,图9-61所示为分别将"漫射"纹理设置为"皮革(褐色)""牛仔布"和"石砖"时的状态。

图 9-61 设置不同纹理贴图时的效果

9.5.2 12种纹理属性　难点

在Photoshop中，每一种材质都可以为其定义12种纹理属性，综合调整这些纹理属性，就能够使不同的材质呈现出千变万化的效果来，以下分别讲解12种纹理的作用。

- ◆ 漫射：这是最常用的纹理映射，可以定义3D模型的基本颜色，如果为此属性添加了漫射纹理贴图，那么该贴图将包裹整个3D模型。
- ◆ 镜像：利用此选项可以定义镜面属性显示的颜色。
- ◆ 发光：该处的颜色指由3D模型自身发出的光线的颜色。
- ◆ 环境：设置反射表面上可见的环境光颜色，该颜色与用于整个场景的全局环境色相互作用。
- ◆ 闪亮：低闪亮值（高散射）产生更明显的光照，而焦点不足；高反光度（低散射）产生较不明显、更亮、更耀眼的高光，此参数通常与"粗糙度"组合使用，以产生更多光洁的效果。
- ◆ 反射：此参数用于控制3D模型对环境的反射强弱，需要为其指定相应的映射贴图以模拟对环境或其他物体的反射效果，图9-62所示为设置了"3D"面板右下角的"环境"纹理贴图并将"反射"值分别设置为5、20、50时的效果。
- ◆ 粗糙度：可以定义来自灯光的光线经表面反射折回人眼中的光线数量，数值越大表示模型表面越粗糙，产生的反射光也就越少，反之即会产生相对的效果，此参数常与"闪亮"参数搭配使用，图9-63所示为采用不同的参数组合所取得的不同效果。

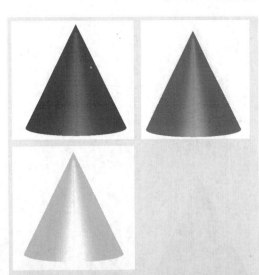

图 9-62 "反射"值分别设置为5、20、50时的效果

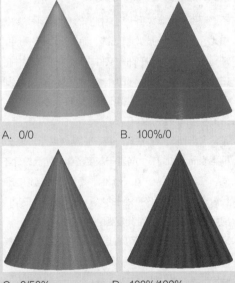

A. 0/0　　　　　　　　　B. 100%/0

C. 0/50%　　　　　　　　D. 100%/100%

图 9-63 不同的参数组合所取得的不同结果

- ◆ 凹凸：在材质表面创建凹凸效果，此属性需要借助于凹凸映射纹理贴图，凹凸映射纹理贴图是一种灰度图像。其中较亮的值创建凸出的表面区域；较暗的值创建平摊的表面区域，以图 9-64所示的图片为例，图 9-65所示为将其凹凸数值设置为10、50后的效果。

图 9-64 素材图片

图 9-65 凹凸值为 10、50 时的效果

◆ 不透明度：此参数用于定义材质的不透明度，数值越大，3D模型的透明度越高，而3D模型不透明区域则由此参数右侧的贴图文件决定，贴图文件中的白色使3D模型完全不透明，而黑色则使其完全透明，中间的过渡色可取得不同级别的不透明度。

◆ 折射：可以设置折射率。

◆ 正常：像凹凸映射纹理一样，正常映射用于为3D模型表面增加细节。与基于灰度图像的凹凸纹理不同，正常映射给予RGB图像，每个颜色通道的值代表模型表面上正常映射的X、Y和Z分量，正常映射可使多边形网格的表面变得平滑。

◆ 环境：环境映射模拟可将当前3D模型放在一个有贴图效果的球体内，3D模型的反射区域中能够反映出环境映射贴图的效果。

9.5.3 实战：为沙发贴花纹图案

素材位置	素材 \ 第 9 章 \9.5.3 \ 为沙发贴花纹图案 .psd
效果位置	素材 \ 第 9 章 \9.5.3 \ 为沙发贴花纹图案 -OK. psd
在线视频	第 9 章 \9.5.3 为沙发贴花纹图案 .mp4
技术要点	3D 文件贴材质的方法

本实战通过为沙发贴花纹图案，帮助读者了解如何使用材质属性面板为3D文件贴材质。

01 启动Photoshop CS6软件，选择本章的素材文件"为沙发贴花纹图案.psd"，将其打开，如图 9-66 所示。

图 9-66 打开素材

02 在"图层"面板中双击图 9-67所示的纹理层，纹理会作为智能对象打开。

图 9-67 选择纹理层

03 打开一个贴图文件，如图 9-68所示，单击工具箱中的"移动工具"将该图像拖动到3D纹理文档中，如图 9-69所示。

图 9-68 打开贴图

图 9-69 移动贴图

04 关闭该窗口，会弹出一个对话框，如图 9-70所示，单击"是"按钮，存储对纹理所做的修改并将其应用到模型中，如图 9-71所示。

图 9-70 确认更改

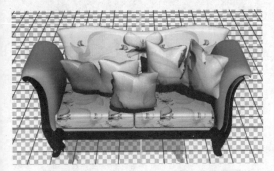

图 9-71 贴图效果

05 选择图 9-72所示的另一个纹理层，参照上面的方法将其贴上花纹图案，完成效果如图 9-73所示。

图 9-72 选择另一个纹理层

图 9-73 完成效果

9.5.4 载入及删除纹理贴图文件

载入纹理贴图文件

　　在Photoshop中，如果贴图文件已经完成了制作，想载入其他文件，可以在"属性"面板中单击要创建的纹理类型右侧的"编辑纹理"按钮 ，如图 9-74所示，在弹出的快捷菜单中选择"载入纹理"命令，选择并打开纹理文件，如图 9-75所示。

图 9-74 载入纹理

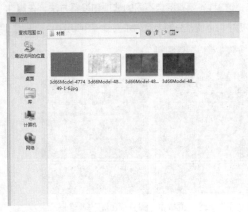

图 9-75 "打开"对话框

删除纹理贴图文件

如果对创建或载入的贴图不满意，想删除纹理贴图文件时，可以在"属性"面板中单击要创建的纹理类型右侧的"编辑纹理"按钮 🔳，在弹出的快捷菜单中选择"移去纹理"命令，如图9-76所示。如果希望再次恢复被移去的纹理贴图，可以根据纹理贴图的属性采用不同的操作方法。

如果已删除的纹理贴图为外部文件，可以使用纹理菜单中的"载入纹理"命令将其重新载入。

对于3D文件内部使用的纹理，可选择"还原"或"后退一步"命令恢复纹理贴图。

图9-76 移去纹理

9.6 3D模型光源操作

3D光源可以从不同的角度照亮模型，从而添加逼真的深度和阴影。单击"3D"面板顶部的"光源"按钮 🔳，面板中会列出场景中所包含的全部光源，如图9-77所示。Photoshop中提供了点光、聚光灯和无限光，这3种光源有各自不同的选项和设置方法，在属性面板中可以调整光源参数，如图9-78所示。

图9-77 "3D"面板中 图9-78 灯光属性框
的光源

9.6.1 了解光源类型

Photoshop CS6提供了3类光源类型。

◆ 点光：点光的发光效果类似于灯泡，向各个方向均匀发散式照射，如图9-79和图9-80所示。

图9-79 "点光"面板 图9-80 点光效果

◆ 聚光灯：聚光灯照射出可调整的锥形光线，类似于常见的探照灯，如图9-81和图9-82所示。

图9-81 "聚光灯"面板 图9-82 聚光灯效果

◆ 无限光：无限光类似于远处的太阳光，从一个方向平面照射，如图9-83和图9-84所示。

图9-83 "无限光"面板 图9-84 无限光效果

相关链接

如果要精确地调整光源的位置，可以使用3D轴，操作方法请参阅"9.4.1 使用3D轴编辑模型"。

如果将光源移到了画布外面，可单击3D面板底部的
"移到视图"按钮，让光源重新回到画面中。

9.6.2 添加光源 `难点`

如果要在画面中添加光源，单击"3D"面板中的
"将新光照添加到场景"按钮，然后在弹出的快捷
菜单中选择一种要创建的光源类型即可，以图9-85
所示的模型为例，图9-86所示分别为添加了快捷菜单中
的3种光源后的渲染效果。

图9-85 原模型的光照效果

图9-86 添加3种不同光源后的光照效果

9.6.3 删除光源

如果要将创建的光源删除，在"3D"面板上方的
光源列表中选择要删除的光源，单击"3D"面板底部
的"删除"按钮，即可删除光源。

9.6.4 改变光源类型

每一个3D场景中的光源都可以被任意设置为3种
光源类型中的一种，要完成这一操作，可以在"3D"
面板上方的光源列表中选择要调整的光源，然后在"属
性"面板的光照类型下拉列表中选择一种光源类型。

9.6.5 调整光源位置 `难点`

每一个光源都可以被灵活地移动、旋转和推拉，要
完成光源位置的调整工作，可以在"3D"面板中选择

要调整的光源，然后使用"移动工具"选项栏上的
3D编辑工具进行调整。

另外，在选中某个光源时，单击"属性"面板中的
"移到视图"按钮，可以将光源放置于与相机相同
的位置上。若要精确调整光源的位置，在"属性"面板
中单击"坐标"按钮，在其中输入具体的数值即可。
需要注意的是，对于不同的光源，可调整的属性也不相
同，如图9-87所示的"无限光"的"属性"面板，其
中仅可以调整"角度"的X、Y、Z数值。

图9-87 选择"坐标"选项时的"属性"面板

9.6.6 调整光源属性 `难点`

Photoshop CS6中提供了丰富的光源属性控制参
数，用户可以设置其强度、颜色、阴影以及阴影的柔和
度等，在选中一个光源后，即可在"属性"面板进行设
置，下面讲解各参数的作用。

◆ 预设：单击此按钮，在其下拉列表中可以选择CS6
提供的预设灯光，以快速获得不同的光照效果，图
9-88所示的是选择"蓝光""CAD优化""狂欢
节""晨曦"和"火焰"预设时的效果。

图9-88 设置不同光源预设的效果

◆ 类型：每个3D场景可以设置3种光源类型，并可以相互转换，要完成这一操作，可以在"3D"面板的光源列表中选择要调整的光源，然后在"类型"下拉列表中选择一种新的光源类型。

◆ 颜色：定义光源的颜色，图 9-89所示为分别设置此处的光源色彩为青色和黄色时得到的效果。

◆ 强度：调整光源的照明亮度，数值越大，亮度越高，如图 9-90所示。

图 9-89 设置不同颜色时的效果

图 9-90 设置不同光照强度时的效果

◆ 阴影：如果3D模型具有多个不同的网络组件，勾选此复选框，可以创建从一个网格投射到另一个网格上的阴影，如图 9-91所示。

◆ 柔和度：此参数用于控制阴影的边缘模糊效果，以产生逐渐衰弱的效果，如图 9-92所示。

图 9-91 创建投射到网格上的阴影

图 9-92 设置阴影的边缘模糊效果

◆ 聚光（仅限聚光灯）：设置光源明亮中心的宽度，图9-93所示为设置不同数值时得到的效果。

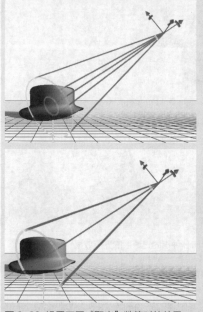

图 9-93 设置不同"聚光"数值时的效果

◆ 锥形（仅限聚光灯）：设置光源的外部宽度，此数值与"聚光"数值的差值越大，得到的光照效果越柔和，图9-94所示为不同的参数设置得到的光源照明效果。

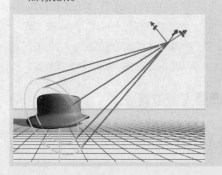

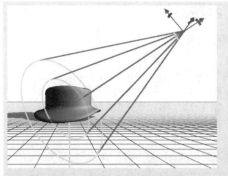

图 9-94 设置不同"锥形"数值时的效果

◆ 光照衰减（针对光点与聚光灯）："内径"和"外径"选项可以影响锥形的衰减，以及光源强度随对象距离的增加而减弱的速度。对象接近"内径"数值时，光源强度最大；对象接近"外径"数值时，光源强度为零；处于中间距离时，光源从最大强度线性衰减为零。

9.7　更新3D模型的渲染设置

在Photoshop中，完成3D文件的编辑之后，执行"3D"→"渲染"命令，可以对模型进行渲染，渲染功能被整合在"属性"面板中，在"3D"面板中选择"场景"后，即可在该"属性"面板中设置该模型的相关参数，如图9-95所示。

图 9-95　"3D"面板与"属性"面板

延伸讲解

"默认"是 Photoshop 预设的标准渲染模式，即显示模型的可见表面；"线框"和"顶点"模式会显示底层结构；"实色线框"模式可以合并实色和线框渲染；要以显示最外侧的简单线框形式来查看模型，可以选择"外框"模式预设。

9.7.1　选择渲染预设

Photoshop提供了多达20种标准渲染预设，并支持载入、存储、删除预设等功能。单击"3D"面板顶部的"场景"按钮并选择"场景"条目，如图 9-96所示，然后在"属性"面板的"预设"下拉列表中选择一个渲染选项，如图 9-97所示。

图 9-96 选择"场景"条目　图 9-97 选择预设

9.7.2　自定渲染设置

除了可以使用预设的渲染设置，也可以通过"表面""线条"以及"点"3个选项，分别对模型中的各部分进行渲染设置。以"线条"渲染方式为例，图9-98所示为设置角度阈值为0时的渲染效果，图 9-99所示为此数值被设置为10时的渲染效果。

图 9-98 阈值为 0

图 9-99 阈值为 10

9.7.3 渲染横截面效果

如果希望展示3D模型的结构，最好的方法之一是启用横截面渲染效果。勾选"横截面"复选框后，即可创建以所选角度与模型相交的平面横截面，这样能切入模型内部查看里面的内容，如图9-100和图9-101所示。

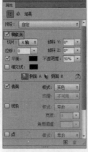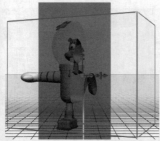

图 9-100 勾选"横　图 9-101 横截面渲染效果
截面"选项

- ◆ 切片：如果希望改变剖面的轴向，可以选择沿X、Y、Z轴创建切片。

- ◆ 位移：如果希望移动渲染剖面相对于3D模型的剖面，可以沿平面的轴移动平面，而不改变平面的斜度。

- ◆ 倾斜Y/Z：如果希望以倾斜的角度渲染3D模型的剖面，可以将平面朝其任意可能的倾斜方向旋转至360度。

- ◆ 平面：勾选此复选框，渲染时显示用于切分3D模型的平面，其中包括了X、Y、Z共3个选项。

- ◆ 不透明度：在此处可以设置横截面处平面的透明属性。

- ◆ 相交线：勾选此复选框，会以高亮显示横截面平面相交的模型区域。渲染时在剖面处显示一条线，在此右侧可以控制该平面的颜色。

- ◆ 侧面A/B：单击此处的2个按钮，可以显示横截面A侧或横截面B侧。

- ◆ 互换横截面侧面：单击该按钮，可将模型的显示区域更改为相交平面的反面。

延伸讲解

当模型中的两个多边形在某个特定角度相接时，会形成一条折痕或线，"角度阈值"选项可以调整模型中的结构线条数量。如果边缘在小于该值设置（0~180）的某个角度相接，则会移去它们形成的线。若设置为0，则显示整个线框。

9.8 习题测试

习题1 制作花帽子

素材位置	素材 \ 第 9 章 \ 习题 1\ 花纹 .jpg
效果位置	素材 \ 第 9 章 \ 习题 1\ 制作花帽子 .psd
在线视频	第 9 章 \ 习题 1 制作花帽子 .mp4
技术要点	材料面板的使用

本习题供读者练习为帽子模型添加花纹纹理的操作，如图 9-102所示。

图 9-102 素材与效果

习题2 制作爱心汽水

素材位置	素材 \ 第 9 章 \ 习题 2\ 原图 .jpg
效果位置	素材 \ 第 9 章 \ 习题 2\ 制作爱心汽水 .psd
在线视频	第 9 章 \ 习题 2 制作爱心汽水 .mp4
技术要点	基于 2D 图像创建 3D 对象

本习题供读者练习基于2D图像创建3D对象的操作，如图 9-103所示。

图 9-103 素材与效果

掌握通道与图层蒙版

第 **10** 章

本章主要讲解通道和图层蒙版的使用方法，通过本章的学习，读者能够更加快速、准确地制作出生动精彩的图像。

学习重点

- Alpha通道与选区互相转换
- 创建或删除图层蒙版
- 混合颜色带
- 计算命令
- 矢量蒙版与图层蒙版的转换
- 编辑图层蒙版
- 应用图像命令

10.1 关于通道

Photoshop提供了3种类型的通道：颜色通道、Alpha通道和专色通道，下面讲解这几种通道的特征和主要用途。

10.1.1 颜色通道

颜色通道就像摄影胶片，它们记录了图像的内容和颜色信息。图像的颜色模式不同，颜色通道的数量也不相同。CMYK图像包含青色、洋红、黄色、黑色和一个复合通道，如图10-1所示；RGB图像包含红、绿、蓝和一个用于编辑图像内容的复合通道，如图10-2所示；而位图和索引图像只有一个位图通道和一个索引通道，如图10-3和图10-4所示。

图10-1 CMYK 模式的图像　图10-2 RGB 模式的图像

图10-3 位图模式的图像　图10-4 索引模式的图像

答疑解惑：如何改变通道的颜色

在默认的情况下，"通道"面板中所显示的单色通道都是灰色的。如果想要以彩色来显示单色通道，可以执行"编辑"→"首选项"→"界面"命令，打开"首选项"对话框，在对话框中选择"用彩色显示通道"选项，效果如图10-5所示。

图10-5 以彩色显示的单色通道

10.1.2 Alpha通道

Alpha通道主要用于选区的存储、编辑与调用。在Alpha通道中，白色代表可以被选择的区域，黑色代表不能被选择的区域，灰色代表可以被部分选择的区域（即羽化区域）。使用白色涂抹Alpha通道可以扩大选区的范围；使用黑色涂抹则可以收缩选区；使用灰色涂抹，则可以增加羽化范围，如图10-6所示。

图10-6 Alpha 通道

10.1.3 专色通道

专色通道用于存储印刷用的专色。专色是特殊的预混油墨，如金属金银色油墨、荧光油墨等，用于替代或补充普通的印刷色油墨，通常情况下，专色通道都是以专色的名称来命名的。

10.2 编辑通道

了解了通道的种类，下面我们来学习如何使用"通道"面板和面板菜单中的命令创建通道以及对通道进行复制、删除等操作。

10.2.1 认识通道面板

打开任意一张图像，执行"窗口"→"通道"命令，打开"通道"面板，如图10-7所示，在"通道"面板中可以看到Photoshop自动为该图像创建了颜色信息通道。

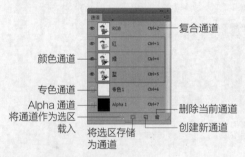

图10-7 "通道"面板

◆ 颜色通道：这4个通道均用于记录图像的颜色信息。

◆ 复合通道：该通道用于记录图像的所有颜色信息。

◆ Alpha通道：用于保护选区和灰度图像的通道。

◆ 将通道作为选区载入 ▒ ：单击该按钮，可以载入所选通道图像的选区。

◆ 将选区存储为通道 ▣ ：如果图像中存在选区，单击该按钮，可以将选区中的内容存储到通道中。

◆ 创建新通道 ▣ ：单击该按钮，可以新建一个Alpha通道。

◆ 删除当前通道 🗑 ：将通道拖曳到该按钮上，可以删除当前选择的通道。

◆ 专色通道：该通道用来存储印刷用的专色。

❓ 答疑解惑：如何改变通道缩览图的大小

在"通道"面板下方的空白处单击鼠标右键，在弹出的快捷菜单中选择相应的选项，如图10-8所示，即可改变通道缩览图的大小，如图10-9所示。

图10-8 下拉菜单　　　图10-9 原图像及对应的"图层"面板

10.2.2 快速选择通道

在"通道"面板中的每个通道后面都有对应的"Ctrl+数字"格式的快捷键。如图10-10所示，"红"通道后面有Ctrl+3快捷键，这就说明按Ctrl+3快捷键可以快速选择"红"通道。

在"通道"面板中按住Shift键并单击可以一次选择多个Alpha通道、多个颜色通道和多个专色通道，如图10-11所示，但是颜色通道不能与另外两种通道同时被选中，Alpha通道和专色通道可以同时被选中。

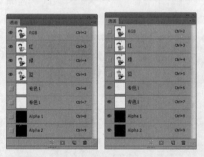

图10-10 "红"色通道图 图10-11 选择多个通道

延伸讲解

选中Alpha通道或专色通道后可以直接使用"移动工具" ▸ 对其进行移动，但是如果想要移动整个颜色通道，则需要先进行全选。

10.2.3 显示/隐藏通道

"通道"面板的显示或隐藏和"图层"面板相同，

每个通道的左侧都有一个 ◉ 图标，如图10-12所示，单击该图标，可以使通道隐藏，单击隐藏状态的图标 ▦，可以恢复该通道的显示，如图10-13所示。

图 10-12 显示通道　　图 10-13 隐藏通道

10.2.4 重命名、复制与删除通道

重命名通道

双击"通道"面板中的通道名称，在显示的文本框中可以输入自己想要设置的名称，如图10-14所示，但复合通道和颜色通道不能重命名。

复制和删除通道

将通道拖曳到"通道"面板底部的"创建新通道"按钮 ▣ 上，可以复制该通道，如图10-15所示，在"通道"面板中选择需要删除的通道，单击"通道"面板底部的"删除当前通道"按钮 🗑，即可删除当前通道。

图 10-14 重命名通道　　图 10-15 复制通道

延伸讲解

默认状态下，"通道"面板中的颜色通道都显示为灰色，通过修改"首选项"可以用彩色显示通道。

10.2.5 Alpha通道与选区相互转换 〔重点〕

如果图像中存在选区，单击"通道"面板底部的"将选区存储为通道"按钮 ▣，即可将选区保存到

Alpha通道中，如图10-16和图10-17所示。

图 10-16　选区图像　　图 10-17 将选区存储为通道

在"通道"面板中选择要载入选区的Alpha通道，单击面板底部的"将通道作为选区载入"按钮 ▦，即可将通道载入选区，如图10-18和图10-19所示。另外，按住Ctrl键并单击Alpha通道，也可以将Alpha通道载入选区。

图 10-18 单击"将　　图 10-19 载入选区的图像
通道作为选区载入"按钮

延伸讲解

如果当前图像中包含选区，按住Ctrl键单击"通道""路径"或"图层"面板中的缩览图时，可以通过按下按键来进行选区的运算。例如，按住 Ctrl 键（光标变为◉状）单击可以将它作为一个新选区载入；按住 Ctrl+Shift 快捷键（光标变为◉状）单击可将它添加到现有的选区中；按住 Ctrl+Alt 快捷键（光标变为◉状）单击可以从当前的选区中减去载入的选区；按住 Ctrl+Shift+Alt 快捷键（光标变为◉状）单击可进行与当前选区相交的操作。

10.2.6 实战：在图像中定义专色

素材位置	素材 \ 第 10 章 \10.2.6 \ 在图像中定义专色 .jpg
效果位置	素材 \ 第 10 章 \10.2.6 \ 在图像中定义专色 -ok. psd
在线视频	第 10 章 \10.2.6 在图像中定义专色 .mp4
技术要点	新建专色通道

专色印刷是指采用黄、品红、青、黑四色墨以外的颜色油墨来复制原稿颜色的印刷工艺。如果用户需要印刷带有专色的图像时，需要用专色通道来存储专色。

01 启动Photoshop CS6软件，选择本章的素材文件"在图像中定义专色.jpg"，将其打开，单击工具箱中的"魔棒工具"，绘制选区，如图10-20所示。

02 选择"通道"面板菜单中的"新建专色通道"命令，打开"新建专色通道"对话框，单击"颜色"选项右侧的颜色块，如图10-21所示，打开"拾色器"，再单击"颜色库"按钮，切换到"颜色库"，选择一种专色，如图10-22所示。

图10-20 绘制选区　图10-21 "新建专色通道"对话框

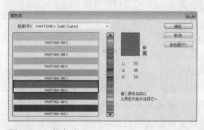

图10-22 颜色库

03 单击"确定"按钮返回"新建专色通道"对话框，再单击"确定"按钮，创建专色通道，即可用专色填充选中的图像，如图10-23和图10-24所示。

图10-23 "通道"面板　图10-24 最终效果图

10.2.7 编辑与修改专色

选择专色通道后，可以使用绘画或编辑工具在图像中绘画，从而编辑专色。用黑色绘画可以添加更多不透明度为100%的专色；用灰色绘画可以添加更多不透明度较低的专色；用白色绘画的区域没有专色。绘画或者编辑工具选项中的"不透明度"选项决定了用于打印输出的实际油墨浓度。

如果想对专色通道进行修改，可以双击专色通道的缩览图，打开"专色通道选项"对话框进行设置。

10.2.8 实战：分离通道创建灰度图像

素材位置	素材 \ 第 10 章 \10.2.8 \ 分离通道创建灰度图像.jpg
效果位置	素材 \ 第 10 章 \10.2.8 \ 分离通道创建灰度图像-ok.psd
在线视频	第 10 章 \10.2.8 分离通道创建灰度图像 .mp4
技术要点	分离通道命令应用

通过分离通道命令可以将当前文档中的通道分离成多个单独的灰度图像。

01 启动Photoshop CS6软件，选择本章的素材文件"分离通道创建灰度图像.jpg"，将其打开，如图10-25和图10-26所示。

图10-25 打开素材　图10-26 "通道"面板

02 选择"通道"面板菜单中的"分离通道"命令，可以将通道分离成单独的灰度图像文件，如图10-27所示，当需要在不能保留通道的文件格式中保存单个通道信息时，分离通道非常有用。需要注意的是，PSD格式的文件不能使用分离通道命令。

图 10-27　单独的灰度图像文件

10.2.9　实战：在图层中粘贴通道图像

素材位置	素材 \ 第 10 章 \10.2.9 \ 在图层中粘贴通道图像 .jpg
效果位置	素材 \ 第 10 章 \10.2.9 \ 在图层中粘贴通道图像 -ok.psd
在线视频	第 10 章 \10.2.9 在图层中粘贴通道图像 .mp4
技术要点	复制与粘贴快捷键的使用

　　颜色通道可以被复制，下面讲解如何在图层中粘贴通道图像。

01 启动Photoshop CS6软件，选择本章的素材文件"在图层中粘贴通道图像.jpg"，将其打开，如图10-28所示，在其"通道"面板中选择"绿"通道，如图10-29所示，按Ctrl+A快捷键全选，再按Ctrl+C快捷键复制。

图 10-28　打开素材　　　图 10-29　选择"绿"通道

02 按Ctrl+2快捷键，返回RGB复合通道，显示彩色图像，按Ctrl+V快捷键可以将复制的通道粘贴到一个新的图层中，如图10-30和图10-31所示。

图 10-30　最终效果图　　　图 10-31　"图层"面板

10.2.10　实战：在通道中粘贴图像

素材位置	素材 \ 第 10 章 \10.2.10 \ 在通道中粘贴图像 .jpg
效果位置	素材 \ 第 10 章 \10.2.10 \ 在通道中粘贴图像 -ok.psd
在线视频	第 10 章 \10.2.10 在通道中粘贴图像 .mp4
技术要点	复制与粘贴快捷键的使用

　　本实战讲解如何在通道中粘贴图像。

01 启动Photoshop CS6软件，选择本章的素材文件"在通道中粘贴图像.jpg"，将其打开，如图10-32所示，按Ctrl+A快捷键全选，再按Ctrl+C快捷键复制图像。

图 10-32　打开素材

02 单击"通道"面板底部的"创建新通道"按钮 ▣ ，新建一个通道，如图10-33所示，再按Ctrl+V快捷键，可以将复制的图像粘贴到该通道中，如图10-34所示。

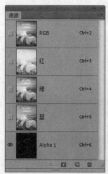

图 10-33 新建通道　　图 10-34 粘贴图像到通道中

10.3 矢量蒙版

矢量蒙版是由钢笔工具、自定形状工具等矢量工具创建的蒙版，它与分辨率无关，无论怎样缩放都能保持光滑的轮廓，因此，常用来制作Logo、按钮或其他Web设计元素。图层蒙版和剪贴蒙版都是基于像素的蒙版，矢量蒙版则将矢量图形引入蒙版中，它不仅丰富了蒙版的多样性，也为用户提供了一种可以在矢量状态下编辑蒙版的特殊方式。

10.3.1 矢量蒙版的变换

单击"图层"面板中的矢量蒙版缩览图，选择矢量蒙版，执行"编辑"→"变换路径"子菜单中的命令，可以对矢量蒙版进行各种变换操作，图10-35和图10-36所示分别为原图像和缩放、旋转路径后的效果。

图 10-35 原图像　　图 10-36 旋转、缩放路径后的效果

延伸讲解

矢量蒙版缩览图与图像缩览图之间有一个链接图标 ，表示蒙版与图像处于链接状态，此时进行任何变换操作，蒙版都与图像一同变换。执行"图层"→"矢量蒙版"→"取消链接"命令，或单击该图标取消链接，即可单独变换图像或蒙版。

相关链接

矢量蒙版的变换方法与图像的变换方法相同，详细内容请参阅"3.6 变换图像"。

10.3.2 矢量蒙版转换为图层蒙版　重点

选中创建了矢量蒙版的图层，执行"图层"→"栅格化"→"矢量蒙版"命令，或在矢量蒙版缩览图上单击鼠标右键，在弹出的快捷菜单中选择"栅格化矢量蒙版"选项，可栅格化矢量蒙版，并将其转换为图层蒙版，如图10-37所示。

图 10-37 转换蒙版

10.4 图层蒙版

图层蒙版是一个256级色阶的灰度图像，它在图层的上方，起到遮盖图层的作用，然而其本身并不可见。图层蒙版主要用于图像的合成，此外，当用户创建调整图层、填充图层或者应用智能滤镜时，Photoshop也会主动为其添加图层蒙版，因此，图层蒙版还可以控制颜色调整和滤镜范围。

10.4.1 "属性"面板

"属性"面板用于调整所选图层中的图层蒙版和矢量蒙版的不透明度和羽化范围，使用户可以方便快速地改变其不透明度、边缘柔化程度，还可以进行增加或删除蒙版以及反相蒙版等操作。

执行"窗口"→"属性"命令，打开"属性"面板，如图 10-38所示，使用"属性"面板可以对蒙版进行浓度、羽化、调整等参数的设置。

图 10-38 "属性"面板

10.4.2 创建或删除图层蒙版　【重点】

创建图层蒙版的方法有很多，既可以直接在"图层"面板中进行创建，也可以从选区或图像中生成图层蒙版。

在"图层"面板中创建图层蒙版

选择需要添加图层蒙版的图层，如图 10-39所示，单击"图层"面板底部的"添加图层蒙版"按钮，或执行"图层"→"图层蒙版"→"显示全部"命令，即可为当前图层添加图层蒙版，如图 10-40所示。

如果在进行添加图层蒙版操作时，按住Alt键或执行"图层"→"图层蒙版"→"隐藏全部"命令，即可为图层蒙版添加一个默认填充为黑色的图层蒙版，这样可以隐藏全部图像。

图 10-39 选择图层　　　图 10-40 添加蒙版

从选区中生成图层蒙版

如果当前图像中存在选区，单击"图层"面板底部

的"添加图层蒙版"按钮，或执行"图层"→"图层蒙版"→"显示选区"命令，都可以基于当前的选区为图层添加蒙版，选区以外的图像将被蒙版隐藏。

如果当前图形中存在选区，按照上述创建图层蒙版的方法，选区部分以白色显示，非选区部分以黑色显示，图 10-41所示为存在选区的图像，图 10-42所示为添加图层蒙版后的"图层"面板。

图 10-41 存在选区的图像　　图 10-42 添加图层蒙版

删除图层蒙版

选择需要删除的蒙版，在图层蒙版缩览图处单击鼠标右键，在弹出的快捷菜单中选择"删除图层蒙版"选项，或执行"图层"→"图层蒙版"→"删除"命令，即可将图层蒙版删除。

10.4.3 实战：创建图层蒙版

素材位置	素材\第 10 章\10.4.3\创建图层蒙版.jpg
效果位置	素材\第 10 章\10.4.3\创建图层蒙版-ok.psd
在线视频	第 10 章\10.4.3 创建图层蒙版.mp4
技术要点	创建图层蒙版

图层蒙版是位图图像，用户可以使用多种绘画工具来编辑它，下面通过创建图层蒙版，并使用"渐变工具"对两张图像进行简单的合成。

01 启动Photoshop CS6软件，选择本章的素材文件"创建图层蒙版.jpg"和"素材2.jpg"，将其打开，分别得到"创建图层蒙版"文档窗口和"素材2"文档窗口，如图 10-43和图 10-44所示。

图 10-43 "创建图层蒙版 .jpg"文档

图 10-44 "素材 2.jpg"文档

02 单击工具箱中的"移动工具" ，将"素材2"文档窗口中的图像拖曳到"创建图层蒙版"文档画面中，如图 10-45所示。

图 10-45 合并两张图像

03 单击"图层"面板中的"添加图层蒙版"按钮 ，为图层添加蒙版，白色的蒙版不会遮盖图像。单击工具箱中的"渐变工具" ，设置前景色与背景色为默认颜色，单击"线性渐变"按钮 ，在"素材2. jpg"图像上由上至下拉黑白渐变，黑色部分被完全遮盖，白色部分完全显示，如图 10-46和图 10-47所示。

图 10-46 "添加图层蒙版"的"图层"面板

图 10-47 最终的效果图

10.4.4 实战：从通道中生成蒙版

素材位置	素材 \ 第 10 章 \10.4.4 \ 从通道中生成蒙版 .jpg
效果位置	素材 \ 第 10 章 \10.4.4 \ 从通道中生成蒙版 -ok.psd
在线视频	第 10 章 \10.4.4 从通道中生成蒙版 .mp4
技术要点	从通道生成蒙版的方法

本实战讲解如何从通道中生成蒙版。

01 启动Photoshop CS6软件，选择本章的素材文件"从通道中生成蒙版.jpg"，将其打开，如图 10-48所示，打开通道"面板，将"绿"通道拖曳到"创建新通道"按钮 上进行复制，得到"绿 副本"通道，如图 10-49所示。

图 10-48 打开素材

图 10-49 复制"绿"通道

02 按Ctrl+L快捷键，打开"色阶"对话框，将阴影滑块和高光滑块向中间移动，增强对比度，如图 10-50 和图 10-51所示。

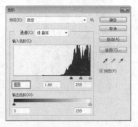

图 10-50 设置"色阶"阴影和高光滑块

图 10-51 设置"色阶"后的效果图

03 设置前景色为白色，使用"画笔工具" ，将水晶饰品以外的区域涂成白色，如图 10-52所示。

04 按Ctrl+I快捷键将通道反相，如图 10-53所示；按Ctrl+A快捷键全选图像，再按Ctrl+C快捷键将通道复制到剪贴板中；按Ctrl+2快捷键返回RGB复合通道，重新显示彩色图像。

图 10-52 复制通道　　　图 10-53 通道反相

05 打开一个文件，使用"移动工具" 将花朵拖入水晶石文档中，如图 10-54所示。单击"图层"面板底部的"添加图层蒙版"按钮 ，添加图层蒙版，如图 10-55所示。

图 10-54 移动素材

图 10-55 添加图层蒙版

06 按住Alt键单击蒙版缩览图，如图 10-56所示，文档窗口中会显示蒙版图像，按Ctrl+V快捷键将复制的通道粘贴到蒙版中，如图 10-57所示，按Ctrl+D快捷键取消选择。

图 10-56 单击"图像缩览　图 10-57 复制通道到图层蒙
图"显示图像　　　　　　版中

07 单击图像缩览图，重新显示图像，如图 10-58所示。

图 10-58 显示蒙版图像

08 单击"图层"面板底部的"创建新的填充或调整图层"按钮 ◎ ，创建"曲线"调整图层，调整 RGB 参数，按 Ctrl+Alt+G 快捷键创建剪贴蒙版，加强图像透明度，如图 10-59 所示。

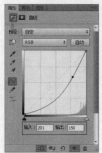

图 10-59 最终效果图

10.4.5 编辑图层蒙版　　重点

为图层添加图层蒙版，则是应用图层蒙版的第一步，还必须对图层蒙版进行编辑，这样才能达到需要的效果。

单击"图层"面板中的图层蒙版缩览图将其激活，选择任意一种图形工具或绘画工具编辑图层蒙版，如果要隐藏当前图层，可用黑色在蒙版中绘图，如图 10-60 所示；如果要显示当前图层，可用白色在蒙版中绘图，如图 10-61 所示；如果要使用当前图层的可见部分，则

用灰色在蒙版中绘图，如图 10-62 所示。如果想对图层进行编辑而不是图层蒙版，单击"图层"缩览图可以将其显示。

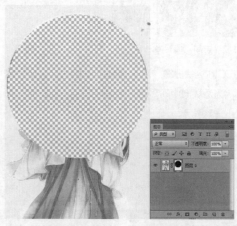

图 10-60 隐藏图像

图 10-61 显示图像

图 10-62 图像可见部分

10.4.6 更改图层蒙版的浓度

单击图层蒙版缩览图，此时可以通过"属性"面板中的"浓度"滑块调整选定的图层蒙版或矢量蒙版的不透明度。在"图层"面板中，选择要编辑的图层蒙版，如图 10-63 所示，单击"属性面板中的"添加图层蒙版"按钮，显示"属性"面板，拖动"浓度"滑块，当浓度值为 100% 时，蒙版将完全遮挡住图层下方的所有区域，如图 10-64 所示；随着浓度值的减少，蒙版下方的更多区域将显示出来，如图 10-65 所示。

图 10-63 选择蒙版

图 10-64 "浓度"为 100% 时的图像效果

图 10-65 "浓度"为 36% 时的图像效果

10.4.7 羽化蒙版边缘

如果要调整羽化蒙版的边缘，可以使用"属性"面板中的"羽化"滑块直接控制蒙版的柔化程度。在"图层"面板中，选择要编辑的图层蒙版，单击"属性"面板中的"添加图层蒙版"按钮，显示"属性"面板，在"属性"面板中拖动"羽化"滑块将羽化效果应用到图层蒙版的边缘，使蒙版边缘在遮挡和未遮挡区域之间呈现比较柔和、自然的过渡，如图 10-66 和图 10-67 所示。

图 10-66 "羽化"为 6.1% 时的图像效果

图 10-67 "羽化"为 10.4 时的图像效果

10.4.8 调整蒙版边缘及色彩范围

单击"蒙版边缘"按钮，将弹出"调整蒙版"对话框，此对话框的功能和"调整边缘"的功能相同，使用此命令可以修改蒙版边缘，并针对不同的背景查看蒙版。

单击"颜色范围"按钮，打开"色彩范围"对话框，通过该对话框可以更好地对蒙版进行操作，调整得到的选区可直接应用于当前的蒙版中。

相关链接

关于"调整边缘"的使用方法参照"3.4.10 调整边缘"；关于"色彩范围"的使用方法参照"3.3.6 使用色彩范围命令"。

10.4.9 图层蒙版与通道的关系

在选中蒙版的情况下，可以使用工具箱中的任意一种形状工具或绘画工具对蒙版进行编辑。由于图层蒙版实际上是一个灰度的Alpha通道，切换到"通道"面板中可以看到，"通道"面板中增加了一个名称为"图层蒙版"的通道。

图 10-68和图 10-69所示分别为具有蒙版的"图层"面板和切换到"通道"面板时，名称为"图层31"的Alpha通道的显示状态。

图 10-68 "图层"面板 图 10-69 "通道"面板

10.4.10 删除与应用图层蒙版

由于添加蒙版会增加文件体积，所以如果某些蒙版无须改动，则可以应用蒙版至图层，以减少图像文件的体积。所谓应用蒙版，实际上就是将蒙版隐藏的图像清除，将蒙版显示的图像保留，再删除图层蒙版。

要应用图层蒙版，只需在图层被选中的情况下，执行"图层"→"图层蒙版"→"应用"命令即可。此外，选中图层蒙版，将其拖至 按钮，在弹出的图 10-70所示的提示框中单击"应用"按钮，也可以将图层蒙版应用于当前图层，图层中隐藏的图像将被清除。

图 10-70 提示框

若单击"删除"按钮，则如同执行"图层"→"图层蒙版"→"删除"命令，不应用而直接删除蒙版。

10.4.11 显示与屏蔽图层蒙版

按住Shift键并单击图层蒙版缩览图，或在图层蒙版缩览图上单击鼠标右键，从弹出的快捷菜单中选择"停用图层蒙版"选项，可停用图层蒙版，此时在蒙版缩览图上会出现一个红色的"×"，如图 10-71所示，但是停用的图层蒙版并没有从图层上删除，再次按住Shift键单击图层蒙版缩览图或直接单击蒙版缩览图，或者在图层蒙版缩览图上单击鼠标右键，从弹出的快捷菜单中选择"启用图层蒙版"选项，即可启用图层蒙版，如图 10-72所示。

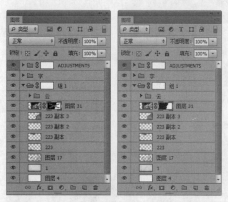

图 10-71 停用图层蒙版 图 10-72 启用图层蒙版

10.5 高级蒙版

在"图层样式"对话框中，有一个高级蒙版——混合颜色带。它的独特之处体现在，既可以隐藏当前图层中的图像，也可以让下面图层中的图像穿透当前图层显示出来，或者同时隐藏当前图层和下面图层中的部分图像。这是其他蒙版都无法做到的。混合颜色带常用于抠火焰、烟花、云彩和闪电等深色背景中的对象。

10.5.1 混合颜色带　　　　**重点**

"混合颜色带"用于在当前图层与下面图层混合时，控制混合结果中显示哪些像素。打开一个文件，如图 10-73所示，双击"图层1"，打开"图层样式"对话框，"混合颜色带"在对话框的底部，其中包含一个"混合颜色带"下拉列表，"本图层"和"下一图层"两组滑块，如图 10-74所示。

图 10-73 双击"图层 1"

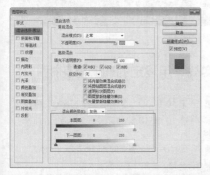

图 10-74 "本图层"和"下一图层"两组滑块

◆ 混合颜色带：在该选项下拉列表中可以选择控制混合效果的颜色通道。选择"灰色"，表示使用全部颜色通道控制混合效果，也可以选择一个颜色通道来控制混合。

◆ 本图层："本图层"是指用户正在处理的图层，拖动本图层的滑块，可以隐藏当前图层中的像素，显示出下面图层中的图像。将左侧的黑色滑块移向右侧时，当前图层中所有比该滑块所在位置暗的像素都会被隐藏，如图 10-75 所示；将右侧的白色滑块移向左侧时，当前图层中所有比该滑块所在位置亮的像素都会被隐藏，如图 10-76 所示。

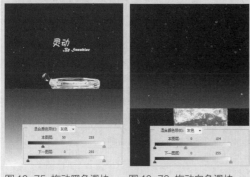

图 10-75 拖动黑色滑块　　图 10-76 拖动白色滑块

◆ 下一图层："下一图层"是指当前图层下方的那一个图层，拖动下一图层中的滑块，可以使下面图层中的像素穿透当前图层显示出来。将左侧的黑色滑块移向右侧时，可以显示下方图像中较暗的像素，如图 10-77 所示；将右侧的白色滑块移向左侧时，可以显示下方图层中较亮的像素，如图 10-78 所示。

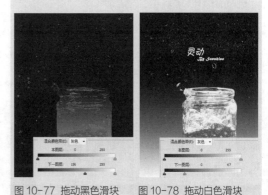

图 10-77 拖动黑色滑块　　图 10-78 拖动白色滑块

延伸讲解

使用混合颜色带只能隐藏像素，而不是真正删除像素。重新打开"图层样式"对话框后，将滑块拖回起始位置，可以将隐藏的像素显示出来。

10.5.2 实战：烟花抠图

素材位置	素材 \ 第 10 章 \10.5.2 \ 烟花抠图 .jpg
效果位置	素材 \ 第 10 章 \10.5.2 \ 烟花抠图 -ok.psd
在线视频	第 10 章 \10.5.2 烟花抠图 .mp4
技术要点	混合颜色带的使用

本实战将讲解如何使用混合颜色带抠取烟花。

01 启动Photoshop CS6软件，选择本章的素材文件"烟花抠图.jpg"和"烟花.jpg"素材，将其打开，如图 10-79 和图 10-80 所示。

图 10-79 "烟花抠图"素材

图 10-80 "烟花"素材

02 单击工具箱中的"移动工具" ▶+ ，将"烟花"素材
拖曳到"烟花抠图"素材中，得到"图层1"，如图
10-81所示。

图 10-81 拖动图像

03 双击"图层1"，打开"图层样式"对话框，按住
Alt键单击"本图层"中的黑色滑块将它分开，将右半边
的滑块向右拖动至靠近白色滑块处，这样就可以创建一
个较大的半透明区域，使得烟花周围的蓝色能够更好地
融合到背景图像中，如图 10-82所示。

图 10-82 设置混合颜色带

04 按两次Ctrl+J快捷键，复制烟花图层，让烟花更加
强烈，如图 10-83所示。

图 10-83 最终效果图

10.5.3 实战：用设定的通道抠花瓶

素材位置	素材 \ 第 10 章 \10.5.3 \ 用设定的通道抠花瓶 .jpg
效果位置	素材 \ 第 10 章 \10.5.3 \ 用设定的通道抠花瓶 -ok. psd
在线视频	第 10 章 \10.5.3 用设定的通道抠花瓶 .mp4
技术要点	混合颜色带的使用、通道面板的设置

　　观察通道中的图像，选择图像色调对比最清晰的通
道来进行抠取操作。本实战将讲解如何使用设定的通道
来抠取花瓶。

01 启动Photoshop CS6软件，选择本章的素材文件
"用设定的通道抠花瓶.jpg"，将其打开，如图 10-84
所示，按住Alt键双击"背景"图层，将其转换为普通的
图层，如图 10-85所示。

图 10-84 打开素材　　　　图 10-85 转换图层

02 打开"通道"面板，分别单击红、绿、蓝通道，观
察窗口中的图像，如图 10-86所示，可以看到蓝色通道
中的花瓶与背景色调对比最清晰。

图 10-86 各个通道图像

03 双击"图层0",打开"图层样式"对话框,在"混合颜色带"下拉列表中选择"蓝"通道,向左侧拖动本图层组中的白色滑块,即可隐藏白色背景,如图10-87和图10-88所示。

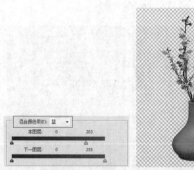

图 10-87 设置混合颜色带 图 10-88 隐藏背景

04 在"图层"面板中,图像的缩览图仍然保留着背景,如图10-89所示,由此可知,背景只是被隐藏了。

图 10-89 "图层0"缩览图

05 单击"图层"面板底部的"创建新图层"按钮 ,新建图层,得到"图层1",如图 10-90所示,按Alt+Shift+Ctrl+E快捷键盖印,这样既能将混合结果盖印到新建的图层中,又能确保原图层不发生损坏,如图10-91所示。

图 10-90 新建图层 图 10-91 盖印图像

06 按Ctrl+O快捷键,打开"背景.jpg"素材,单击工具箱中的"移动工具" ,将"图层1"拖曳到"背景"画面中,如图10-92所示。

图 10-92 添加花瓶

07 在花瓶下方新建图层,单击工具箱中的"画笔工具" ,设置前景色为黑色,用柔边缘笔刷在花瓶底部涂抹,制作花瓶的阴影区域,如图10-93所示。

图 10-93 最终效果图

10.6 高级通道混合工具

图层之间可以通过"图层"面板中的混合模式选项来相互混合,而通道之间则主要靠"应用图像"和"计算"来实现混合。这两个命令与混合模式的关系密切,常用来修改选区，是高级抠图工具。

10.6.1 应用图像命令 `重点`

打开一个文件，如图 10-94所示，选中"绿"通道，如图 10-95所示，执行"图像"→"应用图像"命令，可以打开"应用图像"对话框，如图 10-96所示，对话框中有"源""目标"和"混合"3个选项组。"源"指的是参与混合的对象，"目标"指的是被混合的对象，"混合"选项组用于控制两者如何混合。

图 10-94 打开素材　　图 10-95 "绿"通道

图 10-96 "应用图像"对话框

◆ 源：默认为当前的文件，也可以选择使用其他文件来与当前图像混合，但选择的文件必须打开，且与当前文件具有相同尺寸和分辨率的图像。

◆ 图层：如果源文件为分层的文件，可在该选项中选择源图像中的一个图层来参与混合。

◆ 通道：用于设置源文件中参与混合的通道，勾选"反相"，可将通道反相后再进行混合。

◆ 混合：其下拉列表中包含了可供选择的混合模式，只有设置混合模式才能混合通道或图层，图 10-97和图 10-98所示为选择"绿"通道时混合模式分别为"正片叠底"和"滤色"的对比效果。

 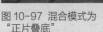 

图 10-97 混合模式为　　图10-98 混合模式为"滤色"
"正片叠底"

◆ 不透明度：如果要控制通道或图层的混合强度，可以调整"不透明度"值，该值越高，混合的强度越大，如图 10-99和图 10-100所示。

图10-99 不透明度为100%　图 10-100 不透明度为10%

◆ 保留透明区域：勾选该复选框，可以将混合效果限定在图层的不透明区域内。

◆ 蒙版：勾选该复选框，可以显示隐藏的选项，然后选择包含蒙版的图像和图层。

延伸讲解

"应用图像"命令包含"图层"面板中没有的两个混合模式；"相加"模式可以对通道（或图层）进行相加运算；"减去"模式可以对通道（或图层）进行相减运算。

10.6.2 计算命令 `重点`

"计算"命令与"应用图像"的命令基本相同，它可以混合两个来自一个或多个源图像的单个通道。使用此命令可以创建新的通道和选区，也可生成新的黑白图像。

打开一个图像文件，如图 10-101所示，执行"图像"→"计算"命令，打开"计算"对话框，如图10-102所示。

图 10-101 打开素材

图 10-102 "计算"对话框

◆ 源1：用于选择第一个源图像、图层和通道。

◆ 源2：用于选择和"源1"混合的第二个源图像、图层和通道。该文件必须是打开的，并且与"源1"的图像具有相同尺寸和分辨率。

◆ 结果：可以选择一种计算结果的生成方式。选择"新建通道"，可以将计算结果应用到新的通道中，参与混合的两个通道不会受到任何影响，如图10-103所示；选择"新建文档"，可以得到一个新的黑白图像；选择"选区"，可以得到一个新的选区，如图10-104所示。

图 10-103 新建通道

图 10-104 创建新选区

延伸讲解

"计算"命令对话框中的"图层""通道""混合""不透明度"和"蒙版"等选项与"应用图像"命令相同。

答疑解惑："计算"命令与"应用图像"命令有什么区别

"应用图像"命令需要先选择要被混合的目标通道，然后再打开"应用图像"对话框指定参与混合的通道。"计算"命令不会受到这种限制，打开"计算"对话框后，可以任意指定目标通道，因此，计算"命令更灵活些。不过，如果要对同一个通道进行多次的混合，使用"应用图像"命令操作更加方便，因为该命令不会生成新通道，若使用"计算"命令则必须来回切换通道。

10.6.3 实战：用通道和钢笔抠冰雕

素材位置	素材 \ 第 10 章 \10.6.3 \ 用通道和钢笔抠冰雕 .jpg
效果位置	素材 \ 第 10 章 \10.6.3 \ 用通道和钢笔抠冰雕 -ok. psd
在线视频	第 10 章 \10.6.3 用通道和钢笔抠冰雕 .mp4
技术要点	混合颜色带的使用方法、通道面板的设置

本实战将讲解如何利用"通道"面板和"计算"命令，结合钢笔工具来抠取冰雕。

01 启动Photoshop CS6软件，选择本章的素材文件"用通道和钢笔抠冰雕.jpg"，将其打开，如图10-105所示。

02 打开"通道"面板，单击红、绿、蓝通道，观察窗口中的图像，如图 10-106所示，可以看到红色通道中的冰雕与背景的色调对比最清晰。

图 10-105 打开素材

图 10-106 各个通道的图像

03 选择"红"通道，单击工具箱中的"钢笔工具"，在其选项栏中选择"路径"选项，绘制冰雕的轮廓，如图 10-107所示，按Ctrl+Enter快捷键，将路径转换为选区，如图 10-108所示。

图 10-107 绘制轮廓　　图 10-108 创建选区

相关链接

使用钢笔工具可以绘制光滑的轮廓，关于该工具的使用方法，请参阅"6.1 绘制路径"。

04 执行"图像"→"计算"命令，打开"计算"对话框，设置"源1"的通道为"选区"，"源2"的通道为"红"，混合模式为"正片叠底"，"结果"为"新建通道"，如图 10-109所示。

05 单击"确定"按钮，将混合结果创建为一个新的Alpha通道，如图 10-110所示。

图 10-109 设置"计算"参数　　图 10-110 新建通道

06 按住Alt键双击"背景"图层，将其转换为普通图层，单击"图层"面板中的"添加图层蒙版"按钮，用蒙版遮盖背景，如图 10-111所示。

07 单击"图层"面板底部的"创建新图层"按钮，新建图层，得到"图层1"，在该图层中填充白色，设置该图层的混合模式为"柔光"，按Alt +Ctrl+G快捷键创建剪贴蒙版，如图 10-112所示。

图 10-111 添加图层蒙版

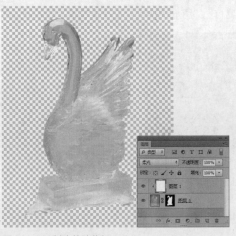

图 10-112 创建剪贴蒙版

08 按Ctrl+O快捷键，打开"背景.jpg"素材，单击工具箱中的"移动工具" ，将"图层0"和"图层1"拖曳到"背景"画面中，即可完成最终的效果图，如图10-113所示。

图 10-113　最终效果图

10.7　习题测试

习题1　使用蒙版制作趣味效果

素材位置	素材 \ 第 10 章 \ 习题 1\ 脚 .jpg、鞋子 .jpg
效果位置	素材 \ 第 10 章 \ 习题 1\ 使用蒙版制作趣味效果 .psd
在线视频	第 10 章 \ 习题 1 使用蒙版制作趣味效果 .mp4
技术要点	图层蒙版的使用

本习题供读者练习使用图层蒙版制作合成效果的操作，如图 10-114所示。

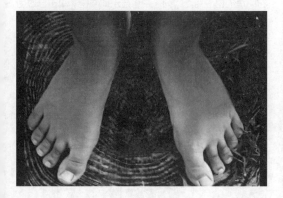

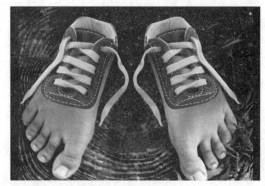

图 10-114 素材与效果

习题2　创建七夕节广告海报

素材位置	素材 \ 第 10 章 \ 习题 2\ 七夕 .psd
效果位置	素材 \ 第 10 章 \ 习题 2\ 创建七夕节广告海报 .psd
在线视频	第 10 章 \ 习题 2 创建七夕节广告海报 .mp4
技术要点	通道面板的使用

本习题供读者练习进入通道面板并对图像添加滤镜的操作，如图 10-115所示。

图 10-115 素材与效果

第11章

掌握滤镜的用法

滤镜在Photoshop中具有非常神奇的作用，通过应用不同的滤镜可以模拟出各种神奇的艺术效果，如水彩画、插画、油画等，也可以使用滤镜来修饰和美化照片，如修饰人物脸部轮廓。Photoshop CS6提供了将近100个内置滤镜，本章将重点介绍比较常用的滤镜，以及滤镜的特点和操作方法。

学习重点

- 液化滤镜
- 镜头校正滤镜
- 编辑智能滤镜蒙版
- 编辑智能滤镜混合选项
- 消失点滤镜
- 添加智能滤镜
- 编辑智能滤镜

11.1 滤镜库

滤镜库是一个整合了"风格化""画笔描边""扭曲""描边"和"素描"等多个滤镜组的对话框，它可以将多个滤镜同时应用于同一图像，也能对同一图像多次应用同一滤镜，或者用其他滤镜替换原有的滤镜。

11.1.1 认识滤镜库

执行"滤镜"→"滤镜库"命令，可以打开"滤镜库"对话框，如图11-1所示。对话框左侧显示的是预览窗口，中间提供了6组可供选择的滤镜，右侧为参数设置区。

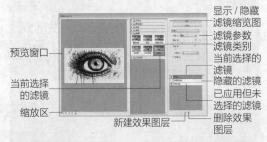

图 11-1 "滤镜库"对话框

- ◆ 预览窗口：用于预览应用滤镜的效果。
- ◆ 缩放区：可缩放预览窗口中的图像。
- ◆ 显示/隐藏滤镜缩览图：单击 ⊼ 按钮，可以隐藏滤镜缩览图列表窗口，将空间留给图像预览窗口；单击 ⊻ 按钮，滤镜列表窗口又会重新显示出来。
- ◆ 滤镜参数：当选择不同的滤镜时，该位置就会显示出相应的滤镜参数，供用户进行设置。

- ◆ 已应用但未选择的滤镜：已经应用到当前图像上的滤镜，其左侧显示了 ⊙ 图标。
- ◆ 隐藏的滤镜：隐藏的滤镜，其左侧未显示 ⊙ 图标。
- ◆ 新建效果图层：单击 ▣ 按钮可以添加新的滤镜。
- ◆ 删除效果图层：单击 ▥ 按钮可删除当前选择的滤镜。

11.1.2 滤镜库的应用

在滤镜库中选择一种滤镜后，在"滤镜库"对话框右下角的已应用滤镜列表中将显示此滤镜。单击已应用滤镜列表下方的"新建效果图层"按钮 ▣，可以添加一个效果图层。

多次应用同一滤镜

通过在滤镜库中应用多个同样的滤镜，可以增强滤镜对图像的作用，使滤镜效果更加明显，图11-2所示为应用一次阴影线的滤镜效果，图11-3所示为多次应用阴影线滤镜后的效果。

图 11-2 应用一次滤镜效果

图 11-3 多次应用滤镜效果

应用多个不同滤镜

如果想在"滤镜库"中应用不同的滤镜，可以在对话框中单击滤镜的名称，再单击已应用滤镜列表下方的"新建效果图层"按钮，然后再次单击滤镜的名称，则当前选中的滤镜被修改为新的滤镜，如图11-4所示。

图 11-4 不同滤镜的应用

> **延伸讲解**
>
> "滤镜库"对话框中未包含 Photoshop 中的所有滤镜，因此有些滤镜仅能够在"滤镜"菜单下选择使用。

滤镜顺序

已应用滤镜列表中的滤镜顺序决定了当前操作图像的最终效果，因此当这些滤镜的应用顺序发生变化时，最终得到的图像的效果也会随之发生改变，图11-5所示为原图像，图11-6所示为改变滤镜顺序后的效果。

> **延伸讲解**
>
> 实际上修改滤镜顺序的操作很简单，直接在已应用滤镜效果列表中将滤镜名称拖曳到另一个位置即可重新排列它们的顺序。

图 11-5 原图效果

图 11-6 改变滤镜顺序后的效果

隐藏及删除滤镜

单击滤镜旁边的 图标，即可隐藏该滤镜，从而在预览图像中去除此滤镜对当前图像产生的效果。在滤镜效果列表中选择一种滤镜，单击"删除效果图层"按钮 ，可删除当前选择的滤镜。

> **？？ 答疑解惑：为什么有些滤镜无法使用**
>
> 如果"滤镜"菜单中的某些滤镜命令显示为灰色，就表示它们不能使用。在通常情况下，这是由于图像模式造成的问题。RGB模式的图像可以使用全部滤镜，一部分滤镜不能用于CMYK图像，索引和位图模式的图像不能使用任何滤镜。如果要对位图、索引或CMYK图像应用滤镜，可以执行"图像"→"模式"→"RGB颜色"命令，将它们转换为RGB模式，再用滤镜处理。

11.2 特殊滤镜组

特殊滤镜组包含了液化、消失点、镜头校正、自适应广角和油画这5个使用方法较为特殊的滤镜命令，本节主要讲述这5个特殊滤镜的使用方法。

11.2.1 液化

"液化"滤镜是修饰图像和创建艺术效果的强大工具，常用于数码照片的修饰。"液化"命令的使用方法比较简单，但功能却相当的强大，能创建推拉、旋转、扭曲和收缩等变形效果。执行"滤镜"→"液化"命令，可以打开"液化"对话框，默认情况下该对话框以简洁的基础模式显示，很多功能处于隐藏状态，在右侧面板中选择"高级模式"选项可以显示出完整的功能，如图11-7所示。

图 11-7 "液化"对话框

◆ 向前变形工具：可以向前推动像素，如图11-8所示。

◆ 重建工具：用于恢复变形的图像。在变形区域单击或涂抹，可以将其恢复为原状，如图11-9所示。

◆ 顺时针旋转扭曲工具：在图像中单击或拖动鼠标可顺时针旋转像素，如图11-10所示；按住Alt键操作则逆时针旋转像素，如图11-11所示。

图 11-8 向前推动变形图像　图 11-9 恢复变形图像

图 11-10 顺时针扭曲图像　　图 11-11 逆时针扭曲图像

◆ 褶皱工具：可以使像素向画笔区域的中心移动，使图像产生收缩效果，如图11-12所示。

◆ 膨胀工具：可以使像素向画笔区域中心以外的方向移动，使图像产生膨胀效果，如图11-13所示。

图 11-12 内缩图像　　　图 11-13 膨胀图像

◆ 左推工具：垂直向上拖曳光标时，像素向左移动，如图11-14所示；向下拖曳光标时，像素向右移动，如图11-15所示；按住Alt键垂直向上拖曳光标时，像素向右移动；按住Alt键向下拖曳光标时，像素向左移动。

◆ 冻结蒙版工具：如果要对局部图像进行处理，而又不希望影响其他区域，可以使用该工具在图像上绘制出冻结区域，如图11-16所示，此后使用变形工具处理图像时，冻结区域会受到保护。

 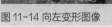 

图 11-14 向左变形图像　　图 11-15 向右变形图像

图 11-16 冻结图像

◆ 解冻蒙版工具 ![icon]：使用该工具在冻结区涂抹，可以将其解冻。

◆ 工具选项：在该选项组下，"画笔大小"用于设置扭曲图像的画笔大小；"画笔密度"控制画笔边缘的羽化范围。画笔中心产生的效果最强，边缘处效果最弱；"画笔压力"控制画笔在图像上产生扭曲的速度；"画笔速率"用于设置旋转扭曲等工具在预览图像中保持静止时扭曲所应用的速度；"光笔压力"指的是当计算机配有压感笔或数位板时，选中该复选框可以通过压感笔的压力控制工具。

◆ 重建选项：用于设置重建方式，以及撤销所做的调整。"重建"指的是应用重建效果；"恢复全部"可以取消所有的扭曲效果。

◆ 蒙版选项：在该选项组下，"替换选区" ![icon]显示原始图像中的选区、蒙版或透明度；"添加到选区" ![icon]显示原始图像中的蒙版，此时可以使用冻结工具添加到选区；"从选区中减去" ![icon]指的是从当前的冻结区域中减去通道中的像素；"与选区交叉" ![icon]只使用当前处于冻结状态的选定像素；"反相选区" ![icon]可以使当前的冻结区域反相；"无"可以解冻所有区域；"全部蒙版"可以使图像全部冻结；"全部反相"可以使冻结区域和解冻区域反相。

◆ 视图选项：在该选项组下，"显示图像"控制是否在预览窗口中显示图像；"显示网格"用于在预览窗口中显示网格，通过网格可以更好地查看扭曲；"显示蒙版"控制是否显示蒙版，可以在下面的"蒙版颜色"选项中修改蒙版的颜色；"显示背景"指的是如果当前文档中包含多个图层，在"使用"下拉列表中可以选择作为背景的图层；在"模式"选项下拉列表中可以选择将背景放在当前图层

的前面或后面，以便跟踪对图像所做出的修改；"不透明度"选项主要用于设置背景图层的不透明度。

11.2.2 消失点　重点

"消失点"滤镜具有特殊的功能，它可以在包含透视平面的图像中进行透视校正。在应用如绘画、仿制、复制或粘贴和变换等编辑操作时，Photoshop可以正确确定这些编辑操作的方向，并将它们缩放到透视平面，使结果更加逼真。

执行"滤镜"→"消失点"命令，可打开"消失点"对话框，如图11-17所示。在该对话框中可以使用左侧的多种工具创建和编辑网格，还可以设置网格大小和网格角度。

图 11-17 "消失点"对话框

◆ 编辑平面工具 ![icon]：用于选择、编辑、移动平面的节点及调整平面的大小，图11-18所示为创建的透视平面，图11-19所示为使用该工具修改的透视平面。

图 11-18 创建透视平面

图 11-19 修改后的透视平面

◆ 创建平面工具：用于定义透视平面的4个角节点，如图11-20所示。创建了4个角节点后，可以移动、缩放平面或重新确定其形状；按住Ctrl键拖动平面的边节点可以拉出一个垂直平面，如图11-21所示。在定义透视平面的节点时，如果节点的位置不正确，可以按Backspace键将该节点删除。

图 11-20 创建节点

图 11-21 创建垂直平面

◆ 选框工具：在平面上单击并拖动鼠标可以选择平面上的图像。选择图像后，将光标放在选区内，按住Alt键拖动可以复制图像，如图11-22和图11-23所示；按住Ctrl键拖动选区，则可以用源图像填充该区域。

图 11-22 利用选框工具绘制选区

图 11-23 复制选区内的图像

◆ 图章工具：使用该工具时，按住Alt键在图像中单击可以为仿制设置取样点，如图11-24所示，在其他区域拖动鼠标可复制图像，如图11-25所示，按住Shift键单击可以将描边扩展到上一次单击处。此外，在对话框顶部的选项中可以选择一种"修复"模式。如果要绘画而不与周围像素的颜色、光照和阴影混合，可选择"关"；如果要绘画并将描边与周围像素的光照混合，同时保留样本像素的颜色，可选择"明亮度"；如果要绘画并保留样本图像的纹理，同时与周围像素的颜色、光照和阴影混合，可以选择"开"。

图 11-24 设置仿制取样点

图 11-25 复制图像

◆ 画笔工具 ：可以在图像上绘制选定的颜色。

◆ 变换工具 ：使用该工具，可以通过移动定界框
的控制点来缩放、旋转和移动浮动选区，图11-26
所示为使用选框工具 选取并复制的图像，图
11-27所示为使用变换工具对选区内的图像进行变
换的效果。

图 11-26 复制图像

图 11-27 旋转图像

◆ 吸管工具 ：可以拾取图像中的颜色作为画笔工
具的绘画颜色。

延伸讲解

如果使用"消失点"前新建一个图层，则修改结果会
出现在该图层中，而不会对源图像造成破坏。此外，
如果要在图像中保留透视平面信息，可以用 PSD、
TIFF 或 JPEG 格式存储文档。

11.2.3 实战：在透视状态下复制图像

素材位置	素材 \ 第 11 章 \11.2.3 \ 在透视状态下复制图像 .jpg
效果位置	素材 \ 第 11 章 \11.2.3 \ 在透视状态下复制图像 -ok.psd
在线视频	第 11 章 \11.2.3 在透视状态下复制图像 .mp4
技术要点	消失点滤镜的应用

"消失点"对话框中包含用于定义透视平面的工
具，下面使用相关工具定义图像的透视平面，并在透视
状态下复制图像。

01 启动Photoshop CS6软件，选择本章的素材文件
"在透视状态下复制图像.jpg"，将其打开，执行"滤
镜"→"消失点"命令，打开"消失点"对话框，如图
11-28所示。

图 11-28 "消失点"对话框

02 单击对话框中的"创建平面工具" ，在图像中
单击添加节点，定义透视平面，如图11-29和图11-30
所示。

图 11-29 单击添加节点

图 11-30 透视网格

03 单击对话框中的"选框工具"⬚，选择一个窗户，如图11-31所示，将光标放在选区内，按住Alt键复制并移动图像，单击"确定"按钮关闭对话框，即可得到最终的效果图，如图11-32所示。

图 11-31 绘制选区

图 11-32 最终效果图

11.2.4 镜头校正 重点

Photoshop中的"镜头校正"滤镜可以修复由数码相机镜头缺陷而导致的照片中出现的桶形失真、枕形失真、色差及晕影等问题，它还可以用来校正倾斜的照片，或修复由于相机垂直或水平倾斜而导致的图像透视现象。

执行"滤镜"→"镜头校正"命令，弹出图11-33所示的对话框。

图 11-33 "镜头校正"对话框

◆ 移去扭曲工具▦：使用该工具在图像中拖动，可以校正图像的凸起或凹陷状态。

◆ 拉直工具▧：可以校正画面的倾斜。

◆ 移动网格工具✋：可以在图像中拖动图像编辑区中的网格，使其与图像对齐。

◆ 几何扭曲：勾选该复选框后，可以根据所选的相机及镜头，自动校正桶形或枕形畸变。

◆ 色差：勾选该复选框后，可以根据所选的相机及镜头，自动校正产生的紫、青、蓝等颜色杂边。

◆ 晕影：勾选该复选框后，可以根据所选的相机及镜头，自动校正在照片周围产生的暗角。

◆ 自动缩放图像：勾选该复选框后，在矫正畸变时，将自动对图像进行裁切，避免边缘出现镂空或杂点。

◆ 边缘：指定如何处理出现的空白区域，其中包括"边缘扩展""透明度""黑色"和"白色"4个选项。

◆ 变换："垂直透视"选项用于校正由于相机向上或向下倾斜而导致的图像透视错误，设置为-100时，可以将图像变换为俯视效果，设置为100时，可以将图像变换为仰视效果；"水平透视"选项用于校正图像在水平方向上的透视效果；"角度"选项用于旋转图像，以针对相机歪斜加以校正；"比例"选项用于控制镜头校正的比例。

11.2.5　实战：手动校正桶形失真和枕形失真

素材位置	素材 \ 第 11 章 \11.2.5 \ 手动校正桶形失真和枕形失真 .jpg
效果位置	素材 \ 第 11 章 \11.2.5 \ 手动校正桶形失真和枕形失真 -OK.psd
在线视频	第 11 章 \11.2.5 手动校正桶形失真和枕形失真 .mp4
技术要点	镜头校正滤镜的应用

　　桶形失真是由镜头引起的成像画面呈桶形膨胀状的失真现象，使用广角镜头或变焦镜头的最广角时容易出现这种情况。枕形失真与之相反，它会导致画面向中间收缩，使用长焦镜头或变焦镜头的长焦端时容易出现枕形失真。

01 启动Photoshop CS6软件，选择本章的素材文件"手动校正桶形失真和枕形失真.jpg"，将其打开，如图11-34所示。

02 执行"滤镜"→"镜头校正"命令，打开"镜头校正"对话框，勾选"自动缩放图像"选项，如图11-35所示。

图 11-34 打开素材

图 11-35 勾选"自动缩放图像"选项

03 单击"自定"选项卡，显示手动设置面板。拖动"移去扭曲"滑块可以拉直从图像中心往外弯曲或朝图像中心弯曲的水平和垂直线条，如图11-36和图11-37所示。通过变形来抵消镜头桶形失真和枕形失真造成的扭曲。

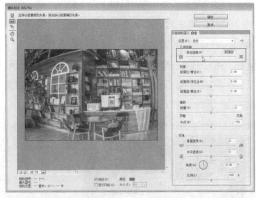

图 11-36 校正枕形失真图像

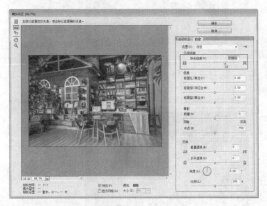

图 11-37 校正桶形失真图像

延伸讲解

选择"移去扭曲"工具，单击并向画面边缘拖动鼠标可以校正桶形失真；向画面的中心拖动鼠标可以校正枕形失真。

11.2.6　实战：校正出现色差的照片

素材位置	素材 \ 第 11 章 \11.2.6 \ 校正出现色差的照片 .jpg
效果位置	素材 \ 第 11 章 \11.2.6 \ 校正出现色差的照片 -ok.psd
在线视频	第 11 章 \11.2.6 校正出现色差的照片 .mp4
技术要点	镜头校正滤镜的应用

　　进行拍摄时，如果背景的亮度高于前景，就容易出现色差。色差是由于镜头对不同平面中不同颜色的光

进行对焦而产生的，背景与前景对象相接的边缘会出现红、蓝或绿色的异常杂边。

01 启动Photoshop CS6软件，选择本章的素材文件"校正出现色差的照片.jpg"，将其打开，执行"滤镜"→"镜头校正"命令，打开"镜头校正"对话框，单击"自定"选项卡，将窗口放大以便观察效果，如图11-38所示，可以看到花朵边缘色差非常明显。

02 向左拖动"修复红/青边"滑块，针对红/青边进行补偿；再分别向右拖动"修复绿/洋红边"和"修复蓝/黄边"滑块进行校正，即可消除花朵边缘的色差，如图11-39所示。

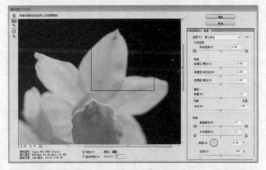

图 11-38 查看色差

图 11-39 设置"色差"参数

03 单击"确定"按钮关闭对话框，最终的效果如图11-40所示。

图 11-40 最终效果图

11.2.7 实战：校正出现晕影的照片

素材位置	素材 \ 第 11 章 \11.2.7 \ 校正出现晕影的照片 .jpg
效果位置	素材 \ 第 11 章 \11.2.7 \ 校正出现晕影的照片 -ok. psd
在线视频	第 11 章 \11.2.7 校正出现晕影的照片 .mp4
技术要点	镜头校正滤镜的应用

晕影的特点表现为图像的边缘比图像中心暗，下面讲解如何校正出现晕影的照片。

01 启动Photoshop CS6软件，选择本章的素材文件"校正出现晕影的照片.jpg"，将其打开，执行"滤镜"→"镜头校正"命令，打开"镜头校正"对话框，单击"自定"选项卡，如图11-41所示。

图 11-41 打开素材

02 向右拖动"晕影"选项组的"数量"滑块，将边角调亮，再向右拖动"中点"滑块，如图11-42所示，单击"确定"按钮关闭对话框。

图 11-42 移动"数量"和"中点"滑块

延伸讲解

"中点"用于指定受"数量"滑块所影响的区域的宽度，数值高只会影响图像的边缘；数值小，则会影响较多的图像区域。

11.2.8 实战：校正倾斜的照片

素材位置	素材 \ 第 11 章 \11.2.8 \ 校正倾斜的照片 .jpg
效果位置	素材 \ 第 11 章 \11.2.8 \ 校正倾斜的照片 -ok.psd
在线视频	第 11 章 \11.2.8 校正倾斜的照片 .mp4
技术要点	镜头校正滤镜的应用

使用"镜头校正"滤镜可以修复由于相机垂直或水平倾斜而导致的图像透视现象。

01 启动 Photoshop CS6 软件，选择本章的素材文件"校正倾斜的照片 .jpg"，将其打开，执行"滤镜"→"镜头校正"命令，打开"镜头校正"对话框，单击"自定"选项卡，如图11-43所示。仔细观察可以发现，这张照片中的内容向右倾斜。

图 11-43 打开素材

02 单击对话框中的"拉直工具" ，在画面中单击并拖出一条直线，放开鼠标后，图像会以该直线为基准进行角度校正，如图11-44所示，此外，也可以在"角度"右侧的文本框中输入数值进行细微的调整。

图 11-44 校正后的图像

11.2.9 自适应广角

执行"滤镜"→"自适应广角"命令，可以打开"自适应广角"对话框。"自适应广角"滤镜可以对广角、超广角以及鱼眼效果进行变形校正。在"校正"的下拉列表中包含了校正的类型，有鱼眼、透视、自动和完整球面，如图11-45所示。

图 11-45 "自适应广角"对话框

◆ 约束工具 ：将鼠标指针放在控件上可获得帮助。

◆ 多边形约束工具 ：单击图像或拖动端点，可以添加或编辑多边形约束线。按住Shift键单击可添加水平或垂直约束；按住Alt键单击可删除约束。

◆ 移动工具 ：可以移动对话框中的图像。

◆ 抓手工具 ：单击放大窗口的显示比例后，可以用该工具移动画面。

◆ 缩放工具 ：单击可放大窗口的显示比例；按住Alt键单击则缩小显示比例。

◆ 缩放：校正图像后，可以通过该选项来缩放图像。

◆ 焦距：用于指定焦距。

◆ 裁剪因子：用于指定裁剪因子。

◆ 原照设置：勾选该复选框，可以使用照片元数据中的焦距和裁剪因子。

◆ 细节：该选项会实时显示光标下方图像的细节（比例为100%）。使用"约束工具" 和"多边形约束工具" 时，可通过观察该图像来准确定位约束点。

◆ 显示约束：勾选该复选框，可以显示约束线。

◆ 显示网格：勾选该复选框，可以显示网格。

11.2.10 实战：用"自适应广角"滤镜校正照片

素材位置	素材\第11章\11.2.10\用"自适应广角"滤镜校正照片.jpg
效果位置	素材\第11章\11.2.10\用"自适应广角"滤镜校正照片-ok.psd
在线视频	第11章\11.2.10用"自适应广角"滤镜校正照片.mp4
技术要点	自适应广角滤镜的应用

使用"自适应广角"滤镜可以轻松拉直全景图像或使用鱼眼、广角镜头拍摄的照片中的弯曲对象。

01 启动Photoshop CS6软件，选择本章的素材文件"用'自适应广角'滤镜校正照片.jpg"，将其打开，如图11-46所示，执行"滤镜"→"自适应广角"命令，打开"自适应广角"对话框，如图11-47所示。

图11-46　打开素材

图11-47　"自适应广角"对话框

02 单击对话框中的"约束工具" ，将光标放在出现弯曲的地方，单击鼠标，然后向左拖动鼠标，拖出一条绿色的约束线，如图11-48所示，松开鼠标后即可将

弯曲的图像拉直，如图11-49所示。

图11-48　绘制绿色约束线

图11-49　校正图像

03 单击对话框中的"多边形约束工具" ，将光标放在出现弯曲的地方，单击鼠标，然后向左、向下、向右和向上拖动鼠标，拖出一个绿色的矩形约束线，松开鼠标后即可将弯曲的图像拉直，如图11-50所示。

图11-50　绘制绿色矩形约束线

04 采用同样的方法，在其他弯曲比较明显的地方创建约束线，如图11-51所示。

图 11-51 校正图像

05 单击"确定"按钮关闭对话框,再单击工具箱中的"裁剪工具" 🔲 ,将空白的地方裁掉,得到最终效果,如图11-52所示。

图 11-52 裁剪空白部分

11.2.11 实战:用"自适应广角"滤镜制作大头照

素材位置	素材\第 11 章\11.2.11\用"自适应广角"滤镜制作大头照 .psd
效果位置	素材\第 11 章\11.2.11\用"自适应广角"滤镜制作大头照 -ok.psd
在线视频	第 11 章\11.2.11 用"自适应广角"滤镜制作大头照 .mp4
技术要点	自适应广角滤镜的应用

下面讲解如何用"自适应广角"滤镜制作大头照。

01 启动Photoshop CS6软件,选择本章的素材文件"用'自适应广角.psd'滤镜制作大头照.psd",将其打开,如图11-53所示,执行"滤镜"→"自适应广角"命令,打开"自适应广角"对话框,如图11-54所示。

图 11-53 打开素材

图 11-54 "自适应广角"对话框

02 在"校正"下拉列表中选择"透视"选项,拖动"焦距"滑块扭曲图像,创建膨胀效果,拖动"缩放"滑块缩小图像的比例,如图11-55所示。

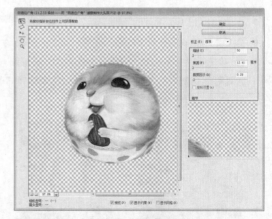

图 11-55 移动"焦距"和"缩放"的滑块

03 单击"确定"按钮关闭对话框,最终的效果如图11-56所示。

图 11-56 最终效果图

11.2.12 油画

"油画"滤镜是Photoshop CS6中的新增功能，使用它可以快速制作出油画的效果。打开一张图像，执行"滤镜"→"油画"命令，打开"油画"对话框，如图11-57所示。

图 11-57 "油画"对话框

◆ 样式化：用于设置画笔的笔触样式。
◆ 清洁度：该选项可以理解为纹理的柔和度，该值越低，纹理越生硬，图11-58所示为清洁度为0时的效果图；该值越高，纹理越柔和，图11-59所示为清洁度为10时的效果图。

图 11-58 "清洁度"为 0   图 11-59 "清洁度"为 10

◆ 缩放：用于设置纹理的比例，图11-60所示为缩放值为0.1时的效果图，图11-61所示为缩放值为10时的效果图。

图 11-60 "缩放"值为 0.1   图 11-61 "缩放"值为 10

◆ 硬笔刷细节：用于设置画笔细节的丰富程度，该值越高，硬笔刷细节越清晰。
◆ 角方向：用于设置光照的角度，图11-62所示为角度值为100时的效果图，图11-63所示角度值为300时的效果图。

图 11-62 "角度"值为 100   图 11-63 "角度"值为 300

◆ 闪亮：用于设置纹理的清晰度。该值越低，纹理越模糊，图11-64所示为闪亮值为0时的效果图；图11-65所示为闪亮值为10时的效果图。

图 11-64 "闪亮"值为 0   图 11-65 "闪亮"值为 10

11.3 风格化滤镜组

在Photoshop中，风格化滤镜组包括查找边缘、风、浮雕效果和拼贴等9个滤镜，可以产生绘画和印象派风格效果。

11.3.1 查找边缘

"查找边缘"滤镜能自动搜索图像像素对比度变化剧烈的边界，将高反差区变亮，低反差区变暗，其他区域则介于两者之间，硬边变为线条，而柔边变粗，形成一个清晰的轮廓，突出图像的边缘。

执行"滤镜"→"风格化"→"查找边缘"命令，系统自动将图像区域转换为清晰的轮廓，如图11-66所示。

图 11-66 "查找边缘"效果图

11.3.2 等高线

"等高线"滤镜可以查找主要亮度区域的转换并为每个颜色通道淡淡地勾勒出主要亮度区域的转换，以获得与等高线图中的线条类似的效果，如图11-67和图11-68所示。

图 11-67 "等高线"对话框　图 11-68 效果图

◆ 色阶：用于设置描绘边缘的基准亮度等级。

◆ 边缘：用于设置处理图像边缘的位置。选择"较低"选项时，可以在基准亮度等级以下的轮廓上生成等高线；选择"较亮"选项时，可以在基准亮度等级以上的轮廓上生成等高线。

11.3.3 风

"风"滤镜可以在图像中增加一些细小的水平线来

模拟风吹效果，如图11-69和图11-70所示。该滤镜只在水平方向起作用，要产生其他方向的风吹效果，需要先将图像旋转，然后再使用此滤镜。

图 11-69 "风"对话框　图 11-70 效果图

◆ 方法：可以选择3种类型的风，包括"风""大风"和"飓风"。

◆ 方向：可以设置风源的方向，即从左向右吹或从右向左吹。

11.3.4 浮雕效果

"浮雕效果"滤镜可以通过勾画图像或选区的轮廓和降低周围色值来生成凸起或凹陷的浮雕效果，如图11-71和图11-72所示。

图 11-71 "浮雕效果"　　图 11-72 效果图
对话框

◆ 角度：用于设置照射浮雕的光线角度。它会影响浮雕的凸出位置。

◆ 高度：用于设置浮雕效果凸起的高度。

◆ 数量：用于设置浮雕滤镜的作用范围，该值越高边界越清晰，小于40%时，整个图像会变灰。

11.3.5 扩散

"扩散"滤镜可以使图像中相邻的像素按规定的方式有机移动，使图像扩散，形成一种类似于透过磨砂玻璃观察对象时的分离模糊效果，如图11-73和图11-74所示。

图 11-73 "扩散"对话框 图 11-74 效果图

◆ 正常：图像的所有区域都进行扩散处理，与图像的颜色值没有关系。

◆ 变暗优先：用较暗的像素替换较亮的像素，暗部像素扩散。

◆ 变亮优先：用较亮的像素替换较暗的像素，只有亮部像素产生扩散。

◆ 各向异性：在颜色变化最小的方向上搅乱像素。

11.3.6 拼贴

"拼贴"滤镜可根据指定的值将图像分为块状，并使其偏离原来的位置，产生不规则的瓷砖拼凑效果。

执行"滤镜"→"风格化"→"拼贴"命令，弹出"拼贴"对话框，在该对话框中可以设置图像拼贴块的数量和间隙，在"填充空白区域用"选项栏中可以选择填充间隙的颜色，如图11-75和图11-76所示。

图 11-75 "拼贴"对话框 图 11-76 效果图

◆ 拼贴数：设置图像拼贴块的数量。

◆ 最大位移：设置拼贴块的间隙。

◆ 填充空白区域用：设置间隙的填充，可以填充背景色、前景色、反向图像和未改变的图像。

11.3.7 曝光过度

"曝光过度"滤镜可以混合负片和正片的图像，模拟出摄影中增加光线强度而产生的过度曝光效果，如图11-77所示，需要注意的是，该滤镜没有对话框。

图 11-77 "曝光过度"效果图

11.3.8 凸出

"凸出"滤镜可以将图像分成一系列大小相同且有机重叠放置的立方体或锥体，产生特殊的3D效果，如图11-78和图11-79所示。

图 11-78 "凸出"对话框

图 11-79 效果图

◆ 类型：设置图像凸起的方式。选择"块"，可以
创建具有一个方形的正面和4个侧面的对象；选择
"金字塔"，则创建具有相交于一点的4个三角形
侧面的对象。

◆ 大小：用于设置立方体或金字塔底面的大小，该值
越高，生成的立方体和锥体越大。

◆ 深度：用于设置凸起对象的高度，"随机"表示为
每个块或金字塔设置一个任意的深度；"基于色
阶"则表示使每个对象的深度与其亮度对应，越亮
凸出得越多。

◆ 立方体正面：勾选该复选框后，将失去图像整体轮
廓，生成的立方体上只显示单一的颜色。

◆ 蒙版不完整块：可以隐藏所有延伸出选区的对象，
如图11-80所示。

图 11-81 "拼贴"对话框

图 11-82 拼贴效果图

02 新建图层，单击工具箱中的"多边形套索工具" ，
分别在左下角和右上角绘制三角形选区，如图11-83所
示，然后将其填充为白色，如图11-84所示。

图 11-80 选择"蒙版不完整块"效果图

11.3.9 实战：制作拼图趣味图

素材位置	素材 \ 第 11 章 \11.3.9 \ 制作拼图趣味图 .jpg
效果位置	素材 \ 第 11 章 \11.3.9 \ 制作拼图趣味图 -ok.psd
在线视频	第 11 章 \11.3.9 制作拼图趣味图 .mp4
技术要点	拼贴滤镜的使用

下面讲解如何使用"拼贴"滤镜制作趣味拼图。

01 启动Photoshop CS6软件，选择本章的素材文件
"制作拼图趣味图.jpg"，将其打开，执行"滤
镜"→"风格化"→"拼贴"命令，设置"拼贴数"为
8，"最大位移"为5%，单击"确定"按钮结束操作，
如图11-81和图11-82所示。

图 11-83 绘制选区

图 11-84 填充白色

03 按Ctrl+O快捷键，打开"文字.png"素材，单击工具箱中的"移动工具" ，将其拖曳到正在编辑的画面中，放置在合适的位置即可完成，最终的效果如图11-85所示。

图 11-85 最终效果图

11.4 模糊滤镜组

模糊滤镜组包含场景模糊、表面模糊、动感模糊和高斯模糊等14种滤镜，它们可以柔化像素、降低相邻像素间的对比度，使图像产生柔和、平滑过渡的效果。

11.4.1 场景模糊

"场景模糊"滤镜可以使画面的不同区域呈现不同模糊程度的效果。执行"滤镜"→"模糊"→"场景模糊"命令，在画面中单击放置多个图钉，选中每个图钉并调整模糊数值即可使画面产生渐变的模糊效果。调整完成后，在"模糊效果"面板中还可以针对模糊区域的"光源散景""散景颜色""光照范围"进行调整，如图11-86所示。

图 11-86 "场景模糊"面板

◆ 模糊：用于设置模糊强度。

◆ 光源散景：用于控制光照的亮度，数值越大，高光区域的亮度值越高。

◆ 散景颜色：通过调整数值控制散景区域颜色的程度。

◆ 光照范围：通过调整滑块来控制散景的范围。

11.4.2 表面模糊

"表面模糊"滤镜能够在保留边缘的同时模糊图像，可用来创建特殊效果并消除杂色或颗粒。图11-87所示为原图像，图11-88所示为"表面模糊"对话框，图11-89所示为应用"表面模糊"滤镜后的效果。该滤镜可以为人像照片磨皮，有非常显著的效果。

图 11-87 原图像　　　图 11-88 "表面模糊"对话框

图 11-89 效果图

◆ 半径：用于设置模糊取样区域的大小。

◆ 阈值：控制相邻像素色调值与中心像素值相差多大时才能成为模糊的一部分，色差值小于阈值的像素将被排除在模糊之外。

11.4.3 动感模糊

"动感模糊"滤镜可以沿指定的方向（-360~360度）以指定的距离（1~99像素）进行模糊，所产生的效果类似于在固定的曝光时间内拍摄一个高速运动的对象，图11-90所示为原图像，图11-91所示为"动感模糊"对话框，图11-92所示为应用"动感模糊"滤镜后的效果图。

图 11-90 原图像

图 11-91 "动感模糊"对话框

图 11-92 效果图

◆ 角度：用于设置模糊的方向。
◆ 距离：用于设置像素模糊的程度。

11.4.4 方框模糊

"方框模糊"滤镜可以基于相邻像素的平均颜色值来模糊图像，生成类似于方块形状的特殊模糊效果，图11-93所示为原图像，图11-94所示为"方框模糊"对话框，图11-95所示为应用"方框模糊"滤镜后的效果图。

图 11-93 原图像　　图 11-94 "方框模糊"对话框

图 11-95 效果图

11.4.5 高斯模糊

"高斯模糊"滤镜可以添加低频细节，使图像产生一些朦胧的效果，图11-96所示为原图像，图11-97所示为"高斯模糊"对话框，图11-98所示为应用"高斯模糊"滤镜后的效果图。通过调整"半径"值可以设置模糊的范围，其以像素为单位，数值越高，模糊效果越强烈。

图 11-96 原图像　　图 11-97 "高斯模糊"对话框

图 11-98 效果图

11.4.6 进一步模糊

"进一步模糊"滤镜是对图像进行轻微模糊的滤镜，可以在图像中有显著颜色变化的地方消除杂色，图11-99所示为原图像，图11-100所示为应用"进一步模糊"滤镜后的效果图。

图 11-99 原图像　　　图 11-100 效果图

11.4.7 镜头模糊与模糊

"镜头模糊"滤镜可以向图像中添加模糊，模糊效果取决于模糊的源设置。

"模糊"滤镜用于对边缘过于清晰，对比度过于强烈的区域进行光滑处理，生成极轻微的模糊效果。该滤镜没有对话框。

11.4.8 平均

"平均"滤镜可以查找图像或选区的平均颜色，再用该颜色填充图像或选区，以创建平滑的外观，图11-101所示为原图像及应用"平均"滤镜以后的效果图。

图 11-101 原图及效果图

11.4.9 特殊模糊

"特殊模糊"滤镜提供了半径、阈值和模糊品质等选项，可以精确地模糊图像，图11-102所示为原图，图11-103所示为"特殊模糊"对话框。

图 11-102 原图像　　　图 11-103 "特殊模糊"对话框

◆ 半径：设置模糊的范围，该值越高，模糊效果越明显。

◆ 阈值：确定像素具有多大差异后才会被模糊处理。

◆ 品质：设置图像的品质，包括"低""中等"和"高"3种。

◆ 模式：在该选项的下拉列表中可以选择产生模糊效果的模式。在"正常"模式下，不会添加特殊效果，如图11-104所示；在"仅限边缘"模式下，会以黑色显示图像，以白色描绘出图像边缘像素亮度值变化强烈的区域，如图11-105所示；在"叠加边缘"模式下，则以白色描绘出图像边缘像素亮度值变化强烈的区域，如图11-106所示。

图 11-104 "正常"模式效果　图 11-105 "仅限边缘"模式效果

图 11-106 "叠加边缘"模式效果

11.4.10 形状模糊

"形状模糊"滤镜可以使用指定的形状创建特殊的模糊效果，图11-107所示为原图像，图11-108所示为"形状模糊"对话框，图11-109所示为应用"形状模糊"滤镜的效果图。

图 11-107 原图像　　图 11-108 "形状模糊"对话框

图 11-109 "形状模糊"效果图

- ◆ 半径：设置形状的大小，该值越高，模糊效果越好。
- ◆ 形状列表：单击列表中的一个形状即可使用该形状模糊图像。单击列表右侧的 ✿ 按钮，可以在打开的下拉列表中载入其他形状库，如图11-110所示。

图 11-110 "形状模糊"滤镜形状库

11.5 扭曲滤镜组

扭曲滤镜组包括波浪、波纹、极坐标、球面化、切变等12个滤镜，它们可以对图像进行几何扭曲，创建3D或其他扭曲效果。

11.5.1 波浪

"波浪"滤镜可以在图像上创建波状起伏的图案，生成波浪效果，图11-111所示为原图，图11-112所示为

"波浪"对话框。

图 11-111 原图像

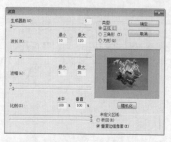

图 11-112 波浪参数

在"类型"列表下可以设置"正弦""三角形"与"方形"的波纹形态,如图11-113所示。

正弦　　　　　　　　　　三角形

方形

图 11-113 波浪效果

11.5.2 波纹

"波纹"滤镜和"波浪"滤镜的工作方式相同,但提供的选项较少,只能控制波纹的数量和波纹大小,如

图11-114和图11-115所示。

图 11-114 原图像

图 11-115 "波纹"滤镜参数及效果

11.5.3 极坐标

"极坐标"滤镜以坐标轴为基准,将图像从平面坐标转换到极坐标,或将极坐标转换为平面坐标。执行"滤镜"→"扭曲"→"极坐标"命令,可以打开"极坐标"对话框,如图11-116所示,在该对话框中,有"平面坐标到极坐标"和"极坐标到平面坐标"两个选项,图11-117和图11-118所示为两种极坐标效果。

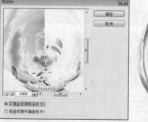

图 11-116 "极坐标"滤镜参数　　图 11-117 平面坐标到极坐标

图 11-118 极坐标到平面坐标

11.5.4 挤压

"挤压"滤镜可以将整个图像或选区内的图像向内折或向外挤压。执行"滤镜"→"扭曲"→"挤压"命令，可以打开"挤压"对话框，如图11-119所示；其对话框中的"数量"用于控制挤压程度，该值为负值时图像向外凸出，如图11-120所示；为正值时图像向内凹陷，如图11-121所示。

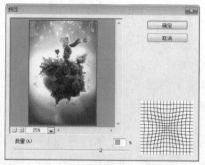

图 11-119 "挤压"滤镜参数

图 11-120 图像向外凸出　　图 11-121 图像向内凹陷

11.5.5 切变

"切变"滤镜通过调整曲线，使图像产生扭曲效果，执行"滤镜"→"扭曲"→"切变"命令，可以打开"切变"对话框，如图11-122和图11-123所示，在变形框内单击可以添加节点，拖移节点即可设定扭曲曲线形状。若要删除控制点，只要拖动该点至变形框外即可，单击"默认"按钮，则可将曲线恢复到初始的直线状态。

图 11-122 原图像

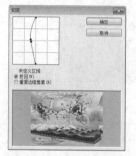

图 11-123 拖动控制点改变曲线形状

◆ 折回：可在空白区域中填入溢出图像的图像内容，如图11-124所示。

图 11-124 勾选"折回"选项

◆ 重复边缘像素：可在图像边界不完整的空白区域填入扭曲边缘的像素颜色，如图11-125所示。

图 11-125 勾选"重复边缘像素"选项

11.5.6 球面化

"球面化"滤镜通过将选区折成球形，扭曲并伸展图像以适合选中的曲线，使图像产生3D效果，图11-126所示为原图像，执行"滤镜"→"扭曲"→"球面化"命令，可以打开"球面化"对话框，如图11-127所示。

 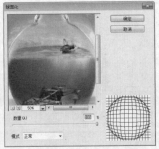

图 11-126 原图像　图 11-127 "球面化"对话框

◆ 数量：设置挤压程度，该值为正值时，图像向外凸出，如图11-128所示；为负值时向内收缩，如图11-129所示。
◆ 模式：在该选项的下拉列表中可以选择挤压方式，包括"正常""水平优先"和"垂直优先"。

图 11-128 "数量"值为正　图 11-129 "数量"值为负
值时"球面化"滤镜效果　值时"球面化"滤镜效果

11.5.7 水波

"水波"滤镜可以模拟水池中的波纹，在图像中产生类似于向水池中投入石子后水面的变化形态，图11-130所示为图像中创建的选区，执行"滤镜"→"扭曲"→"水波"命令，可以打开"水波"对话框，如图11-131所示。

 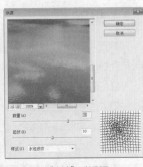

图 11-130 创建选区　图 11-131 "水波"对话框

◆ 数量：设置波纹的大小，范围为-100~100。负值产生下凹的波纹，正值产生上凸的波纹。
◆ 起伏：设置波纹数量，范围为1~20，该值越高，波纹越多。
◆ 样式：设置波纹形成的方式。选择"围绕中心"，可以围绕图像或选区的中心产生波纹，如图11-132所示；选择"从中心向外"，波纹从中心向外扩散，如图11-133所示；选择"水池波纹"，可以产生同心状波纹，如图11-134所示。

图 11-132 围绕中心产　图 11-133 从中心向外产生波纹
生波纹

图 11-134 产生同心状波纹

11.5.8　置换

"置换"滤镜可以根据另一张图片的亮度值使现有图像的像素重新排列并产生位移，在使用该滤镜前需要准备好一张用于置换的PSD格式图像，图11-135所示为"置换"对话框。

图 11-135　"置换"对话框

◆ 水平比例/垂直比例：用于设置置换图在水平方向和垂直方向上的变形比例。单击"确定"按钮可以载入PSD文件，然后用该文件扭曲图像。

◆ 置换图：用于设置置换图像的方式，包括"伸展以适合"和"拼贴"两种。

11.5.9　实战：金属球体

效果位置	素材 \ 第 11 章 \11.5.9 \ 金属球体 -ok.psd
在线视频	第 11 章 \11.5.9 金属球体 .mp4
技术要点	镜头光晕滤镜、极坐标滤镜、滤镜库、球面化滤镜的应用

本实战通过应用多种滤镜来制作一个金属球体。

01 启动Photoshop CS6后，执行"文件"→"新建"命令，在弹出的对话框中设置"宽度"与"高度"均为800像素，分辨率为72像素/英寸。新建图层，填充黑色，执行"滤镜"→"渲染"→"镜头光晕"命令，在弹出的对话框中设置参数，单击"确定"按钮关闭对话框，如图11-136所示。

02 执行"滤镜"→"扭曲"→"极坐标"命令，在弹出的对话框中设置参数，如图11-137所示，单击"确定"按钮关闭对话框。

03 执行"滤镜"→"滤镜库"命令，在弹出的对话框中应用"玻璃"滤镜，设置参数，如图11-138所示，单击"确定"按钮关闭对话框。

 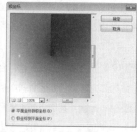

图 11-136　"镜头光晕"　图 11-137　"极坐标"参数
参数

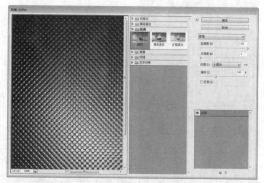

图 11-138　"玻璃"参数

04 执行"滤镜"→"扭曲"→"球面化"命令，在弹出的对话框中设置参数，如图11-139所示，此时图像效果如图11-140所示。

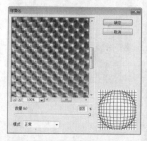 

图 11-139　"球面化"参数　图 11-140　滤镜效果

05 按Ctrl+N快捷键，打开"新建文档"对话框，设置"宽度"为600像素，"高度"为900像素，"分辨率"为72像素/英寸，"背景内容"为深紫色（#570581），新建文档。

06 切换至球形图层，单击工具箱中的"椭圆选框工具"，将球形选中，拖至新建的深紫色文档中，调整大小，如图11-141所示。

07 选中球形图层，先按Ctrl+J快捷键复制图层，再按Ctrl+Alt+2快捷键载入高光选区，然后按Ctrl+Shift+I快捷键反选选区。执行"图像"→"调整"→"反相"命令，对选区进行反相处理，按Ctrl+J快捷键复制反相的选区并删除复制的"图层1副本"图层，如图11-142所示。

08 设置"图层2"的图层混合模式为"差值"，制作球体的高光区域，如图11-143所示。

09 在"背景"图层上新建图层，填充黑色，执行"滤镜"→"渲染"→"镜头光晕"命令，设置参数如图11-144所示。

图 11-145 设置混合模式　　图 11-146 添加蒙版

图 11-141 拖曳圆形球体　　图 11-142 删除图层

图 11-147 曲线调整

13 创建"渐变映射"调整图层，选择紫橙色的渐变，设置其混合模式为"叠加"，图像效果如图11-148所示。

14 创建"亮度/对比度"调整图层，调整"亮度"与"对比度"的参数，如图11-149所示。

图 11-143 设置混合模式　　图 11-144 滤镜参数

10 设置该图层的混合模式为"滤色"，图像效果如图11-145所示。

11 复制镜头光晕滤镜图层，执行"滤镜"→"扭曲"→"极坐标"命令，对图像进行极坐标滤镜处理，按Ctrl+T快捷键显示定界框，拖动定界框，对光晕进行变形，然后为其添加图层蒙版，用黑色的柔边缘笔刷擦除多余的图像，如图11-146所示。

12 创建"曲线"调整图层，调整RGB通道参数，调整图像亮度，如图11-147所示。

图 11-148 "渐变映射"调整图层

图 11-149 最终效果

11.6 锐化滤镜组

"锐化"滤镜组中包含5种滤镜，它们可以通过增强相邻像素间的对比度来聚焦模糊的图像，使图像变得清晰。下面介绍其中的"USM锐化"滤镜、"进一步锐化"滤镜、"锐化"滤镜和"智能锐化"滤镜。

11.6.1 USM锐化

"USM锐化"滤镜可以查找图像中颜色发生明显变化的区域，然后将其锐化，图11-150所示为原图像，执行"滤镜"→"锐化"→"USM"命令，打开图11-151所示的对话框，图11-152所示为应用"USM锐化"滤镜的效果图。

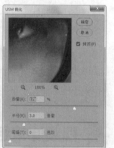

图 11-150 原图像　　图 11-151 "USM 锐化"参数

图 11-152 "USM 锐化"滤镜效果

- ◆ 数量：设置锐化强度，该值越高，锐化效果越明显。
- ◆ 半径：设置锐化的范围。
- ◆ 阈值：只有相邻像素间的差值达到该值所设定的范围时才会被锐化，因此，该值越高，被锐化的像素就越少。

11.6.2 进一步锐化与锐化

"锐化"滤镜通过增加像素间的对比度使图像变得清晰，锐化效果不是很明显。"进一步锐化"比"锐化"滤镜的效果强烈些，相当于应用了2~3次"锐化"滤镜。

11.6.3 智能锐化

"智能锐化"与"USM锐化"滤镜比较相似，但它提供了独特的锐化控制选项，可以设置锐化算法、控制阴影和高光区域的锐化量。图11-153所示为原图像，执行"滤镜"→"锐化"→"智能锐化"命令，打开图11-154所示的"智能锐化"对话框，它包含基本和高级两种锐化方式。

图 11-153 原图像

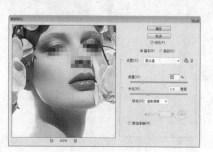

图 11-154 "智能锐化"滤镜效果

237

◆ 设置：单击 📇 按钮，可以将当前设置的锐化参数保存为一个预设的参数，此后需要使用它锐化图像时，可在"设置"下拉列表中将其选中。单击 🗑 按钮可以删除当前选择的自定义锐化设置。

◆ 更加准确：勾选该复选框，使锐化的效果更精确，但需要更长的时间来处理文件。

◆ 数量：设置锐化数量，较高的值可增强边缘像素之间的对比度，使图像看起来更加锐利，如图11-155和图11-156所示。

图 11-155 数量为 500% 的效果　图 11-156 数量为 100% 的效果

◆ 半径：用于确定受锐化影响的边缘像素的数量，该值越高，受影响的边缘就越宽，锐化的效果也就越明显，如图11-157和图11-158所示。

图 11-157 半径为 1 的效果　图 11-158 半径为 10 的效果

◆ 移去：在该选项下拉列表中可以选择锐化算法。选择"高斯模糊"，可使用"USM锐化"滤镜的方法进行锐化；选择"镜头滤镜"，可检测图像中的边缘和细节，并对细节进行更精细的锐化，减少锐化的光晕；选择"动感模糊"，可以通过设置"角度"来减少由于相机或主体移动而导致的模糊效果。

在"智能滤镜"对话框中勾选"高级"选项后，会出现3个选项卡，如图11-159至图11-161所示。其中，"锐化"选项卡和基本锐化方式的选项完全相同，而"阴影"和"高光"选项卡则可以分别调和阴影和高光区域的锐化强度。

图 11-159 "锐化"选项卡　图 11-160 "阴影"选项卡

图 11-161 "高光"选项卡

◆ 渐隐量：用于设置阴影或高光中的锐化量。

◆ 色调宽度：用于设置阴影或高光中色调的修改范围。

◆ 半径：用于控制每个像素周围区域的大小，它决定了像素是在阴影还是在高光中。向左移动滑块会指定较小的区域，向右移动滑块会指定较大的区域。

11.7 视频滤镜组

视频滤镜组中包含两种滤镜，它们可以处理应用隔行扫描方式的设备中提取的图像，将普通图像转换为视频设备可以接收的图像，以解决视频图像交换时系统差异的问题。

11.7.1 NTSC颜色

"NTSC颜色"滤镜可以将色域限制在电视机重现可接受的范围内，防止过饱和颜色渗到电视扫描中，使Photoshop中的图像可以被电视接收。

11.7.2 逐行

"逐行"滤镜可以移去视频图像中的奇数或偶数隔行线，使在视频上捕捉的运动图像变得平滑，执行"滤镜"→"视频"→"逐行"命令，打开图11-162所示的"逐行"对话框。

图 11-162 "逐行"对话框

◆ 消除：选择"奇数行"，可删除奇数扫描线；选择"偶数行"，可删除偶数扫描线。

◆ 创建新场方式：用于设置消除后以何种方式来填充空白区域。选择"复制"，可复制被删除部分周围的像素来填充空白区域；选择"插值"，则利用被删除的部分周围的像素，通过插值的方法进行填充。

11.8 像素化滤镜组

像素化滤镜组包括彩色半调、点状化、马赛克和铜版雕刻等7种滤镜，它们可以通过使单元格中颜色值相近的像素结成块来清晰地定义一个选区，可用于创建彩块、点状、晶格和马赛克等特殊效果。

11.8.1 彩块化

"彩块化"滤镜可以使纯色或相近颜色的像素结成像素块（该滤镜没有对话框）。使用该滤镜处理扫描的图像时，可以使其看起来像手绘的图像，也可以使现实主义图像产生类似抽象派的绘画效果，图11-163所示为原图像，图11-164所示为应用"彩块化"滤镜后的效果。

图 11-163 原图像

图 11-164 效果图

11.8.2 彩色半调

"彩色半调"滤镜可以使图像呈现网点状效果，它将图像划分为矩形，并用圆形替换每个矩形，图11-165所示为原图，执行"滤镜"→"视频"→"彩色半调"命令打开如图11-166所示的对话框，图11-167所示为应用"彩色半调"滤镜后的效果图。

图 11-165 原图像

图 11-166 "彩色半调"对话框

图 11-167 效果图

◆ 最大半径：设置生成的最大网点的半径。

◆ 网角（度）：设置图像各个原色通道的网点角度。如果图像为灰度模式，只能使用"通道1"；如果图像为RGB模式，可以使用3个通道；如果图像为CMYK模式，可以使用所有通道。当各个通道中的网角设置的数值相同时，生成的网点会重叠显示出来。

11.8.3 点状化

"点状化"滤镜可以将图像中的颜色分散为随机分布的网点，如同点状绘画效果，背景色将作为网点之间的画布区域。使用该滤镜时，可通过"单元格大小"来控制网点的大小，图11-168所示为原图像，图11-169所示为"点状化"对话框，图11-170所示为应用"点状化"滤镜的效果。

图 11-168 原图像　　图 11-169 "点状化"对话框

图 11-170 效果图

11.8.4 晶格化

"晶格化"滤镜可以使图像中相近的像素集中到多边形色块中，形成类似结晶的颗粒效果。使用该滤镜时，可通过"单元格大小"来控制多边形色块的大小，图11-171所示为原图像，图11-172所示为"晶格化"对话框，图11-173所示为应用"晶格化"滤镜的效果。

图 11-171 原图像　　图 11-172 "晶格化"对话框

图 11-173 效果图

11.8.5 马赛克

"马赛克"滤镜可以使像素结成方块状，再给块中的像素应用平均的颜色，创建出马赛克的效果。使用该滤镜时，可通过"单元格大小"来调整马赛克大小，图11-174所示为原图像，图11-175所示为"马赛克"的话框，图11-176所示为应用"马赛克"滤镜的效果。如果在图像中创建一个选区，再应用该滤镜，则可以生成电视中的马赛克画面效果。

图 11-174 原图像　　图 11-175 "马赛克"对话框

图 11-176 效果图

11.8.6　铜板雕刻

"铜版雕刻"滤镜可以在图像中随机生成各种不规则的直线、曲线和斑点，使图像产生年代久远的金属板效果，图11-177所示为原图像，图11-178和图11-179所示分别为"铜版雕刻"对话框和应用"铜版雕刻"滤镜的效果。

图 11-177　原图像　　图 11-178　"铜板雕刻"对话框

图 11-179　效果图

◆ 类型：用于选择铜板雕刻的类型，包括"精细点""中等点""粒状点""粗网点""短直线""中长直线""长直线""短描边""中长描边"和"长描边"10种类型。

11.9　渲染滤镜组

渲染滤镜组包括5种滤镜，它们可以使图像产生3D、云彩或光照效果，是非常重要的特效制作滤镜。

11.9.1　分层云彩

"分层云彩"滤镜可以将云彩数据和现有的像素混合（该滤镜没有对话框）。首次使用滤镜时，图像的某些部分被反相为云彩图案，多次应用滤镜后，就会创建出与大理石纹理相似的凸像与叶脉图案，图11-180所示为原图像，图11-181所示为应用"分层云彩"滤镜的效果。

图 11-180　原图像　　图 11-181　效果图

11.9.2　光照效果

"光照效果"滤镜是一个强大的灯光效果制作滤镜，它包含17种光照样式、3种光源，可以在RGB图像上产生无数种光照效果，它还可以使用灰度文件的纹理产生类似3D效果。

11.9.3　镜头光晕

"镜头光晕"滤镜可以模拟亮光照射到相机镜头所产生的折射效果，常用来表现玻璃、金属等的反射光，或用来增强日光和灯光效果，图11-182所示为原图像，图11-183所示为"镜头光晕"对话框。

图 11-182　原图像　　图 11-183　"镜头光晕"对话框

◆ 光晕中心：在对话框中的图像缩览图上单击或拖动十字线，可以指定光晕的中心。

◆ 亮度：控制光晕的强度，变化范围为 10%~300%。

◆ 镜头类型：可模拟不同类型镜头产生的光晕，效果图如图11-184所示。

50~300 毫米变焦　　35 毫米聚焦

105 毫米聚焦　　电影镜头

图 11-184 "镜头光晕"滤镜不同效果

11.9.4 纤维

　　"纤维"滤镜可以使用前景色和背景色随机创建编织纤维效果，图11-185和图11-186所示分别为"纤维"对话框和应用"纤维"滤镜后的效果。

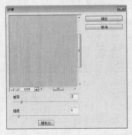

图 11-185 "纤维"对话框　图 11-186 "纤维"滤镜效果

◆ 差异：用于设置颜色的变化方式。该值较低时会产生较长的颜色条纹；该值较高时产生较短且颜色分布变化更大的纤维，图11-187和图11-188所示分别为较长的纤维效果和较短的纤维效果。

图 11-187 较长的纤维

图 11-188 较短的纤维

◆ 强度：用于设置纤维外观的明显程度。

◆ 随机化：单击该按钮，可以随机生成新的纤维。

11.9.5 云彩

　　"云彩"滤镜可以使用介于前景色与背景色之间的随机值生成柔和的云彩图案（该滤镜没有对话框），图11-189所示为原图像，图11-190所示为应用"云彩"滤镜后的效果图。

图 11-189 原图像

图 11-190 效果图

11.10　杂色滤镜组

　　杂色滤镜组可以添加或移去图像中的杂色，创建与众不同的纹理，也用于去除有问题的区域。杂色滤镜组包含5种滤镜，减少杂色、蒙尘与划痕、去斑、添加杂色和中间值。

11.10.1　减少杂色

　　"减少杂色"滤镜可基于影响整个图像或各个通道的设置保留边缘，同时减少杂色。"减少杂色"滤镜对于除去照片中的杂色非常有效，图11-191所示为原图像，图11-192和图11-193所示分别为"减少杂色"对话框和应用"减少杂色"滤镜后的效果。

图 11-191 原图像

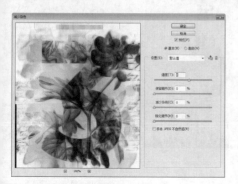

图 11-192　"减少杂色"对话框

图 11-193 效果图

◆ 强度：用于控制应用于所有图像通道的亮度杂色减少量。

◆ 保留细节：用于设置图像边缘和图像细节的保留程度。数值为100%时，可保留大多数图像细节，但会将亮度杂色减到最少。

◆ 减少杂色：用于消除随机的颜色像素。数值越大，减少的颜色杂色越多。

◆ 锐化细节：用于对图像进行锐化。

◆ 移除JPEG不自然感：勾选该复选框，可以去除由于使用低JPEG品质设置存储图像而导致的斑驳的图像伪像和光晕。

11.10.2　蒙尘与划痕

　　"蒙尘与划痕"滤镜可通过更改相异的像素来减少杂色，该滤镜对于去除扫描图像中的杂点和折痕特别有效，图11-194所示为原图像，图11-195所示为"蒙尘与划痕"对话框，图11-196所示为应用"蒙尘与划痕"滤镜后的效果。

图 11-194 原图像

图 11-195 "蒙尘与划痕"对话框

图 11-196 效果图

◆ 半径：设置柔化图像边缘的范围。
◆ 阈值：用于定义像素的差异有多大才能被视为杂点，数值越大，去除杂点的效果就越弱。

11.10.3 去斑

"去斑"滤镜可以检测图像边缘发生显著颜色变化的区域，并模糊边缘以外的所有区域，消除图像中的斑点，同时保留图像细节（该滤镜没有对话框）。

11.10.4 添加杂色

"添加杂色"滤镜可以将随机的像素应用于图像，模拟在高速胶片上拍照的效果，图 11-197所示为原图像，图 11-198所示为"添加杂色"对话框，图 11-199所示为应用"添加杂色"滤镜后的效果。

图 11-197 原图像　　图 11-198 "添加杂色"对话框

图 11-199 效果图

◆ 数量：用于设置杂色的数量。
◆ 分布：用于设置杂色的分布方式。选择"平均分布"，会随机地在图像中加入杂点，效果比较柔和；选择"高斯分布"，会通过沿一条钟形曲线分布的方式来添加杂点，杂点较强烈。
◆ 单色：勾选该复选框，杂点只影响原有像素的亮度，像素的颜色不会改变。

11.10.5 中间值

"中间值"滤镜通过混合选区中像素的亮度来减少图像的杂色。该滤镜可以搜索像素选区的半径范围以查找亮度相近的像素，去掉与相邻像素差异太大的像素，并用搜索到的像素的中间亮度值替换中心像素，图 11-200所示为原图像，图 11-201和图 11-202所示分别为"中间值"对话框和应用"中间值"后的效果。对话框中的"半径"指的是设置搜索像素选区的半径范围。

图 11-200 原图像　　图 11-201 "中间值"对话框

图 11-202 效果图

11.11 其他滤镜组

其他滤镜组包含5种滤镜，这个滤镜组中有些滤镜可以允许用户自定义滤镜效果，有些滤镜可以修改蒙版、在图像中使选区发生位移或快速调整图像颜色。

11.11.1 高反差保留

"高反差保留"滤镜可以在有强烈颜色变化的地方按指定的半径保留边缘细节，并且不显示图像的其余部分，图 11-203所示为原图像，图 11-204所示为"高反差保留"对话框，图 11-205所示为应用"高反差保留"滤镜后的效果，通过"半径"值可调整原图像保留的程度，该值越高，保留的原图像越多。如果该值为0，则整个图像会变为灰色。

图 11-203 原图像　　图 11-204 "高反差保留"对话框

图 11-205 效果图

11.11.2 位移

"位移"滤镜可以水平或垂直偏移图像，图 11-206所示为原图像，图 11-207所示为"位移"对话框。

图 11-206 原图像　　图 11-207 "位移"对话框

◆ 水平：设置水平偏移的距离。正值向右偏移，左侧留下空缺，如图 11-208所示；负值向左偏移，右侧出现空缺，如图 11-209所示。

图 11-208 正值水平位移　图 11-209 负值水平位移

◆ 垂直：设置垂直偏移的距离。正值向下偏移，上侧出现空缺，如图 11-210所示；负值向上偏移，下侧出现空缺，如图 11-211所示。

图 11-210 正值垂直位移　图 11-211 负值垂直位移

◆ 未定义区域：设置偏移图像后产生的空缺部分的填充方式。选择"设置为背景"，以背景色填充空缺部分，如图 11-212所示；选择"重复边缘像素"，可在图像边缘不完整的空缺部分填入扭曲边缘的像素颜色；选择"折回"，则在空缺部分填入溢出图像的图像内容，如图 11-213所示。

图 11-212 勾选"设置为背景"复选框　　图 11-213 勾选"折回"复选框

11.11.3 自定

"自定"滤镜是Photoshop为用户提供的可以自定义滤镜效果的滤镜，它根据预定义的数学运算更改图像中每个像素的亮度值，这种操作与通道的加、减计算类似。用户可以存储创建的自定滤镜，并将它们用于其他Photoshop图像。

11.11.4 最大值

"最大值"和"最小值"滤镜可以在指定的半径内，用周围像素的最高或最低亮度值替换当前像素的亮度值。

"最大值"滤镜具有应用阻塞的效果，可以扩展白色区域，阻塞黑色区域。

11.11.5 最小值

"最小值"滤镜具有伸展的效果，可以扩展黑色区域，收缩白色区域。

11.11.6 实战：制作人物线稿画

素材位置	素材 \ 第 11 章 \11.11.6 \ 制作人物线稿画 .jpg
效果位置	素材 \ 第 11 章 \11.11.6 \ 制作人物线稿画 -ok.psd
在线视频	第 11 章 \11.11.6 制作人物线稿画 .mp4
技术要点	添加杂色滤镜、最小值滤镜的应用

本实战利用"添加杂色"和"最小值"滤镜制作出人物线稿画。

01 启动Photoshop CS6软件，选择本章的素材文件"制作人物线稿画.jpg"，将其打开，将背景拖至"图层"面板底部"新建图层"按钮 上两次，复制图层。按住Ctrl键，选中复制的两个图层，按Ctrl+T快捷键显示定界框，单击鼠标右键在弹出的快捷键菜单中选择"水平翻转"选项，将图像翻转，如图 11-214所示。

02 选中"背景 副本2"图层，按Ctrl+Shift+U快捷键对图像进行去色处理，按Ctrl+J快捷键复制去色后的图层，设置该图层的混合模式为"颜色减淡"，如图 11-215所示。

图 11-214 打开素材　　图 11-215 设置混合模式

03 执行"图像"→"调整"→"反相"命令，或按Ctrl+I快捷键对图像进行反相处理。执行"滤镜"→"其他"→"最小值"命令，在弹出的"最小值"对话框中设置"半径"为1像素，如图 11-216所示。

04 按Ctrl+Alt+Shift+E快捷键盖印图层，按Ctrl+J快捷键复制线稿图层，并设置其混合模式为"正片叠底"。在"图层"面板中选中两个线稿图层，单击鼠标右键，在弹出的快捷菜单中选择"合并图层"选项合并图层，如图 11-217所示。

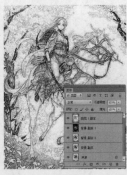

图 11-216 最小值滤镜效果　　图 11-217 合并图层

05 隐藏图 11-218所示的两个图层，在"背景"图层上方新建图层，填充白色。

06 在"图层1副本"与"背景 副本"图层上分别添加图层蒙版，使用黑色的柔边缘笔刷涂抹图像，得到图 11-219所示的图像效果。

07 选择最上面的图层，单击"图层"面板底部的"创建新的填充或调整图层"按钮 ，创建"图案填充"调整图像，在弹出的对话框中选择"蓝色纹理纸"图案，并设置参数，如图 11-220所示。

图 11-218 图层面板　　图 11-219　画笔涂抹

图 11-220　"图案填充"对话框

08 盖印图层，执行"滤镜"→"杂色"→"添加杂色"命令，在弹出的对话框中设置"添加杂色"的参数，如图 11-221和图 11-222所示。

图 11-221　"添加杂色"　　图 11-222　最终的效果图
对话框

11.12　智能滤镜

所谓智能滤镜，实际上就是应用在智能对象上的滤镜。与应用在普通图层上的滤镜不同，应用在智能对象上的滤镜，Photoshop保存的是滤镜的参数和设置，而不是图像应用滤镜的效果，这样在应用滤镜的过程中，当发现某个滤镜的参数设置不恰当，滤镜前后次序颠倒或不需要某个滤镜时，就可以像更改图层样式那样，将该滤镜关闭或重设滤镜参数，Photoshop会使用新的参数对智能对象重新进行计算和渲染。

11.12.1　添加智能滤镜　　重点

图 11-223所示为原图和对应的图层面板，选择要添加智能滤镜的智能对象，执行"滤镜"→"杂色"→"添加杂色"命令，添加滤镜后的效果图和对应的图层面板如图 11-224所示，设置适当的参数，单击"确定"按钮关闭"添加杂色"对话框，即可生成一个对应的智能滤镜图层，也可以多次添加不同的滤镜效果。

图 11-223 原图及对应的图层面板

图 11-224 效果图及对应的图层面板

11.12.2 编辑智能滤镜蒙版 重点

使用智能滤镜蒙版,可以将滤镜应用到智能对象图层的局部,其操作原理与图层蒙版的原理相同,使用黑色来隐藏图像,使用白色来显示图像,而灰色则产生一定的透明效果,图11-225和图11-226所示为在蒙版中涂抹的效果图及对应的图层面板。

图 11-225 效果图

图 11-226 图层面板

11.12.3 编辑智能滤镜 重点

智能滤镜的优点之一是允许用户反复编辑所应用滤镜的参数。直接在"图层"面板中单击要修改参数的滤镜名称即可修改滤镜参数。图 11-227所示为将"添加杂色"中的"半径"值由10改到15后的效果。值得注意的是,在添加多个滤镜的情况下,如果编辑了先添加的智能滤镜,将会弹出图 11-228所示的提示框,此时,需要修改参数后才能看到这些滤镜叠加到一起的效果。

图 11-227 修改参数后的效果

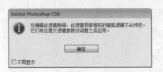

图 11-228 提示框

11.12.4 编辑智能滤镜混合选项 重点

通过编辑智能滤镜的混合选项,可以让滤镜所产生的效果与原图进行混合。如果要编辑智能滤镜的混合选项,可以双击智能滤镜名称后面的 ≑ 图标,调出图 11-229所示的"混合选项"对话框。在"模式"下拉列表中可以选择要设置的混合效果。

图 11-229 "混合选项"对话框

11.12.5 删除智能滤镜

如果要删除单个智能滤镜,可以将它拖动到"图层"面板中的"删除图层"按钮 🗑 上,或在该滤镜名称上单击鼠标右键,在弹出的快捷菜单中选择"删除智能滤镜"选项。

如果要删除应用于智能对象的所有智能滤镜,可以在智能滤镜名称上单击鼠标右键,在弹出的快捷菜单中选择"清除智能滤镜"选项,或执行"图层"→"智能滤镜"→"清除智能滤镜"命令。

11.13 习题测试

习题1 使用滤镜库打造手绘效果

素材位置	素材\第 11 章\习题 1\鸟 .jpg
效果位置	素材\第 11 章\习题 1\使用滤镜库打造手绘效果 .psd
在线视频	第 11 章\习题 1 使用滤镜库打造手绘效果 .mp4
技术要点	滤镜库的使用

本习题供读者练习运用滤镜库打造手绘效果的操作，如图 11-230 所示。

图 11-230 素材与效果

习题2　制作时间流逝图

素材位置	素材 \ 第 11 章 \ 习题 2\ 时钟 .jpg
效果位置	素材 \ 第 11 章 \ 习题 2\ 制作时间流逝图 .psd
在线视频	第 11 章 \ 习题 2 制作时间流逝图 .mp4
技术要点	液化滤镜的使用

本习题供读者练习运用液化滤镜制作闹钟扭曲效果的操作，如图 11-231 所示。

图 11-231 素材与效果

习题3　使用"马赛克"滤镜

素材位置	素材 \ 第 11 章 \ 习题 3\ 糖果 .jpg
效果位置	素材 \ 第 11 章 \ 习题 3\ 使用"马赛克"滤镜 .psd
在线视频	第 11 章 \ 习题 3 使用"马赛克"滤镜 .mp4
技术要点	马赛克滤镜的使用

本习题供读者练习运用马赛克滤镜制作特色照片的操作，如图 11-232 所示。

图 11-232 素材与效果

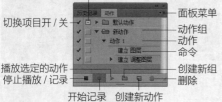

掌握动作和自动化的应用

第**12**章

Photoshop提供了动作这一功能，用于记录对一个或多个文件执行的一系列操作过程，以便将该操作应用于其他文件，从而可以快速地对某个文件进行同样处理。通过动作功能进行自动化处理不仅能够确保操作结果的一致性，而且可避免重复的操作步骤，从而节省处理大量文件的时间。本章主要讲述Photoshop中动作的录制、编辑等操作方法，及几个常用的自动命令的使用方法。

学习重点
- "动作"面板
- 自动命令

12.1 "动作"面板

不少Photoshop用户在使用此软件时，容易忽视"动作"和自动命令的应用，实际上这两个命令是非常有用的，在进行大量重复性的工作时，使用"动作"命令能大大提高工作效率。执行"窗口"→"动作"命令或按Alt+F9快捷键，可以打开"动作"面板。"动作"面板是进行文件自动化处理的核心工具之一，在"动作"面板中可以进行动作的记录、播放、编辑、删除和管理等操作，如图12-1所示。

图 12-1 "动作"面板

◆ 切换项目开/关 ✔：如果动作组、动作和命令前显示该图标，代表该动作组、动作和命令可以执行；

如果没有该图标，则代表该命令不可以执行。

◆ 切换对话开/关 ☐：如果命令前显示该图标，表示动作执行到该命令时会暂停，并打开相应命令的对话框，此时可以修改命令的参数，单击"确定"按钮可以继续执行后面的动作；如果动作组和动作前出现该图标，并显示为红色，则表示该动作中有部分命令设置了暂停。

◆ 动作组/动作/命令：动作组是一系列动作的集合，动作是一系列操作命令的集合。单击命令前的▶按钮，可以展开命令列表，显示命令的具体参数。

◆ "停止播放/记录"按钮 ■：用于停止播放动作和停止记录动作。

◆ "开始记录"按钮 ●：单击该按钮可以录制动作。

◆ "播放选定的动作"按钮 ▶：选择一个动作后，单击该按钮可以播放该动作。

◆ "创建新组"按钮 ☐：单击该按钮可以创建一个新的动作组，以保存新建的动作。

◆ "创建新动作"按钮 ⬚：单击该按钮可以创建一个新的动作。

◆ "删除"按钮 🗑：选择动作组、动作或命令后，单击该按钮可以将其删除。

单击"动作"面板右上角的 ≡ 按钮，可以打开"动作"面板的菜单。在"动作"面板的菜单中，可以切换动作的显示状态、记录/插入动作、加载预设动作等，如图12-2所示。

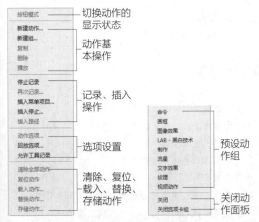

图 12-2 "动作"面板菜单

◆ 按钮模式：选择该命令，可以将动作切换为按钮状态，如图12-3所示。再次执行该命令，可以切换到普通显示状态。

图 12-3 按钮模式

◆ 动作基本操作：选择这些命令，可以新建动作和动作组、复制/删除动作或播放动作。

◆ 记录、插入操作：选择这些命令，可以记录动作、插入菜单项目、插入停止命令和插入路径。

◆ 选项设置：设置动作和回放的相关选项。

◆ 清除、复位、载入、替换、存储动作：执行这些命令，可以清除全部动作、复位动作、载入动作、替换动作和存储动作。

◆ 预设动作组：选择这些命令，可以将预设的动作组添加到"动作"面板中。

12.1.1　实战：在动作中插入命令 重点

素材位置	素材 \ 第 12 章 \12.1.1 \ 在动作中插入命令 .jpg
效果位置	素材 \ 第 12 章 \12.1.1 \ 在动作中插入命令 -OK.psd
在线视频	第 12 章 \12.1.1 在动作中插入命令 .mp4
技术要点	"动作"面板中插入命令的技巧

本实战通过在"动作"面板的动作中插入命令，帮助读者进一步了解"动作"面板的应用技巧。

01 启动Photoshop CS6软件，选择本章的素材文件"在动作中插入命令.jpg"，将其打开，如图 12-4 所示。

02 单击"动作"面板中的"设置当前调整图层"命令，将该命令选中，如图 12-5所示。

图 12-4 原图

图 12-5 选择动作

03 单击"开始记录"按钮●录制动作，执行"滤镜"→"滤镜库"命令，打开"滤镜库"对话框，为该图像添加"干画笔"效果，参数如图 12-6所示，然后关闭对话框。

图 12-6 "滤镜库"对话框

04 单击"停止播放/记录"按钮■停止录制，即可将"滤镜库"的操作插入"设置当前调整图层"命令后面，如图 12-7所示。

图 12-7 插入命令

录制动作前应创建一个动作组，以便将动作保存在该组中。否则录制的动作会保存到当前选择的动作组中。

12.1.2 实战：在动作中插入菜单项目 重点

在线视频	第 12 章 \12.1.2 在动作中插入菜单项目 .mp4
技术要点	"动作"面板中插入菜单项目的技巧

本实战通过在"动作"面板的动作中插入菜单项目，帮助读者进一步了解"动作"面板的应用技巧。

01 选择"动作"面板中的"滤镜库"命令，如图 12-8所示。

02 单击"面板"菜单，在其下拉菜单中选择"插入菜单项目"选项，如图 12-9所示。

图 12-8 选择动作　　　图 12-9 选择"插入菜单项目"

03 打开"插入菜单项目"对话框，执行"视图"→"显示"→"网格"命令，"插入菜单项目"对话框的菜单项会显示"网格"字样，如图 12-10所示，单击"确定"按钮，关闭对话框，显示网格的命令便会插入到动作中，如图 12-11所示。

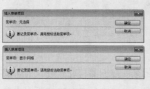

图 12-10 显示网格　　　图 12-11 插入菜单项目

相关链接

本节使用动作为 12.1.1 节中文件的动作。

延伸讲解

在 Photoshop 中，使用选框工具、移动工具、多边形工具、套索工具、魔棒工具、裁剪工具、切片工具、魔术橡皮擦工具、渐变工具、油漆桶工具、文字工具、形状工具、注释工具、吸管工具和颜色取样器工具等进行的操作均可录制为动作。另外，在"色板""颜色""图层""样式""路径""通道""历史记录"和"动作"面板中进行的操作也可以录制为动作。对于有些不能被记录的操作，可以插入菜单项目或停止命令。

12.1.3 实战：在动作中插入路径 重点

素材位置	素材 \ 第 12 章 \12.1.3 \ 在动作中插入路径 .jpg
效果位置	素材 \ 第 12 章 \12.1.3 \ 在动作中插入路径 -ok.psd
在线视频	第 12 章 \12.1.3 在动作中插入路径 .mp4
技术要点	"动作"面板中插入路径的技巧

插入路径是指将路径作为动作的一部分包含在动作内。插入的路径可以是用钢笔工具和形状工具创建的路径，或是从Illustrator中粘贴的路径。

01 启动Photoshop CS6软件，选择本章的素材文件"在动作中插入路径.jpg"，将其打开，如图 12-12所示。

02 单击工具箱中的"自定义形状工具" ，在工具选项栏中选择"路径"，打开形状下拉面板，选择"骨头"图形，在画面中绘制该图形，如图 12-13所示。

图 12-12 原图　　　图 12-13 绘制路径

03 在"动作"面板中选择"滤镜库"命令，如图 12-14所示，选择"面板"菜单中的"插入路径"命令，在该命令后插入路径，如图 12-15所示。播放动作时，工作路径将被设置为所记录的路径。

图 12-14 选择动作　　图 12-15 插入路径

答疑解惑：动作播放技巧有哪些

● 按照顺序播放全部动作：选择一个动作，单击"播
放选定的动作"按钮▶，可按照顺序播放该动作中
的所有命令。

● 从指定的命令开始播放动作：在动作中选择一个命
令，单击"播放选定的动作"按钮▶，可以播放该
命令及后面的命令，它之前的命令不会被播放。

● 播放单个命令：按住Ctrl键，双击面板中的一个命
令，可以单独播放该命令。

● 播放部分命令：在动作前面的✓按钮上单击（可隐
藏✓图标），这些命令便不能够播放；如果在某一动
作前的✓按钮上单击，则该动作中的所有命令都不能
够播放；如果在一个动作组前的✓按钮上单击，则该
组中的所有动作和命令都不能播放。

12.2 创建、录制并编辑动作

在Photoshop中，读者可以通过动作将图像的处
理过程记录下来，以后对其他图像进行相同的处理时，
执行该动作便可以自动完成操作任务。

12.2.1 创建并记录动作

单击"动作"面板底部的"创建新组"按钮▢，
在弹出的对话框中为新组输入名称，单击"确定"按
钮，即可建立一个新组。单击"动作"面板中的"创建

新动作"按钮▢，或在"动作"弹出菜单中选择"新
建动作"选项，弹出图12-16所示的对话框，单击"记
录"按钮，即可开始记录动作。

图 12-16 创建新动作

◆ 组：在此下拉列表中列有当前"动作"面板中所有
动作的名称，可选择一个将要放置新动作的名称。

◆ 功能键：为了更快捷地播放动作，可以在该下拉列
表中选择一个功能键，在播放新动作时，直接按功
能键播放动作。

◆ 颜色：在该下拉列表中，可以选择一种颜色作为按
钮显示模式下新动作的颜色。

◆ "记录"按钮：设置"新建动作"对话框中各参数
后，单击"记录"按钮，即可创建一个新动作，此
时面板中的"开始记录"按钮显示为红色▮，表
示已进入动作的录制阶段。

所有命令操作完毕后，单击"停止/播放"按钮▮，
即可停止录制动作。

12.2.2 改变某命令参数

在"动作"面板中修改动作中的参数就可以完成新
的操作，不必再重新录制动作。

要修改某个动作命令参数时，可以在"动作"面板
中双击需要改变参数的命令，在弹出的对话框中输入新
的数值，确定后即可改变此命令的参数。

12.2.3 存储和载入动作集

可以将动作集保存起来，以便在以后的工作中重复
使用，或共享给他人使用。

◆ 存储动作集：要保存动作集，首先在"动作"面板
中选择该动作集名称，然后在弹出菜单中选择"存
储动作"命令，在弹出的对话框中为该动作集输入
名称并选择合适的存储位置。

◆ 载入动作集：要载入已保存为文件的动作集，从

"动作"面板中选择"载入动作"命令，在弹出的对话框中选择动作集文件夹，单击"载入"按钮即可。

在"动作"面板下拉菜单的底部有Photoshop默认动作集，如图12-17所示，直接单击所需要的动作集名称，即可载入该动作集所包含的动作。

图 12-17 Photoshop 默认动作集

12.2.4 实战：载入外部动作制作拼贴照片

素材位置	素材 \ 第 12 章 \12.2.4 \ 载入外部动作制作拼贴照片 . png
效果位置	素材 \ 第 12 章 \12.2.4 \ 载入外部动作制作拼贴照片 -OK.psd
在线视频	第 12 章 \12.2.4 载入外部动作制作拼贴照片 .mp4
技术要点	"动作"面板的外部使用

本实战通过使用"动作"面板载入外部动作来制作拼贴照片，帮助读者进一步了解"动作"面板的使用方法。

01 启动Photoshop CS6软件，选择本章的素材文件"载入外部动作制作拼贴照片 . png"，将其打开，如图 12-18所示。

02 打开"动作"面板，单击面板右上角的 按钮，在下拉菜单中选择"载入动作"选项，如图12-19所示。

图 12-18 原图

图 12-19 选择
"载入动作"

03 选择拼贴动作素材，如图 12-20所示，单击"载入"按钮，将它载入"动作"面板，如图 12-21所示。

图 12-20 选择动作

图 12-21 拼贴动作

04 选择"拼贴"动作，如图 12-22所示，单击"播放选定的动作"按钮 ，播放动作，用该动作处理照片，处理过程需要一定的时间，图 12-23所示为创建的拼贴效果。

图 12-22 播放动作 图 12-23 完成效果

12.3 设置选项

执行"动作"面板菜单中的"回放选项"命令，打开图12-24所示的对话框。在对话框中可以设置动作的播放速度，或者将其暂停，以便对动作进行调试。

图 12-24 "回放选项"对话框

◆ 加速：默认的选项，以正常的速度播放动作。

◆ 逐步：显示每个命令的处理结果，然后再转入下一个命令，动作的播放速度较慢。

◆ 暂停：勾选该选项并输入时间，可指定播放动作时各个命令的间隔时间。

12.4 使用自动命令

　　Photoshop中的"自动"命令就是将任务通过电脑计算自动进行，将复杂的任务组合到一个或多个对话框中，简化了这些任务，从而避免重复性工作，提高了工作效率。

　　下面讲解Photoshop中较为常用的3个自动命令。

12.4.1 使用"批处理"成批处理文件

　　选择"批处理"命令，可对某个文件夹的所有文件（包括子文件夹）应用动作，执行"文件"→"自动"→"批处理"命令，弹出图12-25所示的对话框。

图 12-25　"批处理"对话框

◆ 组：此下拉列表中显示"动作"面板中的所有组，应用此命令时应该再次选择包含需要应用动作的组名称。

◆ 动作：再次显示指定组中的所有动作，在此需要选择要应用的动作的名称。

◆ 源：在"源"下拉列表中可以指定要处理的文件。选择"文件夹"并单击下面的"选择"按钮，可在打开的对话框中选择一个文件夹，批处理该文件夹

中的所有文件；选择"导入"选项，可以处理来自数码相机、扫描仪或PDF文档的图像；选择"打开的文件"选项，可以处理当前所有打开的文件；选择Brige选项，可以处理Adobe Brige中选定的文件。

◆ 覆盖动作中的"打开"命令：在批处理时忽略动作记录的"打开"命令。

◆ 包含所有子文件夹：将批处理应用到所选文件夹中包含的子文件夹。

◆ 禁止显示文件打开选项对话框：批处理时不会打开文件选项对话框。

◆ 禁止颜色配置文件警告：关闭颜色方案信息的显示。

◆ 目标：在此下拉列表中可以选择完成批处理后文件的保存位置。选择"无"选项，表示不保存文件，文件仍为打开状态；选择"存储并关闭"选项，可以将文件保存在原文件夹中，并覆盖原始文件；选择"文件夹"选项并单击选项下面的"选择"按钮，可指定用于保存文件的文件夹。

◆ 覆盖动作中的"存储为"命令：如果动作中包含"存储为"命令，则勾选该复选框后，在批处理时，动作中的"存储为"命令将引用批处理的文件，而不是动作中指定的文件名和位置。

◆ 文件命名：如果需要对执行批处理生成的图像命名，可以在6个下拉列表中选择合适的命名方式。

◆ 错误：在此下拉列表中可以选择处理错误的选项。

12.4.2 实战：处理一批图像文件　重点

素材位置	素材 \ 第 12 章 \12.4.2 \ 批处理图像 \ 图片 (1)、图片 (2)、图片 (3)、图片 (4).jpg
在线视频	第 12 章 \12.4.2 处理一批图像文件 .mp4
技术要点	批处理命令的应用

　　在进行批处理前，首先应该将需要批处理的文件保存到一个文件夹中，然后在"动作"面板中录制好动作。

01 启动Photoshop CS6软件，选择本章的素材文件夹"批处理图像"中的图片，将其打开。

02 打开"动作"面板，如图 12-26所示，双击"设置当前调整图层"选项，打开"色相/饱和度"对话框，

按照图 12-27所示修改其参数。

图 12-26 双击"设置" 图12-27设置"色相/饱和度"参数
当前调整图层

03 "色相/饱和度"修改完毕后，再双击"存储"选项，如图 12-28所示，打开"存储为"对话框，将"格式"修改为JPEG格式，如图 12-29所示，单击"保存"按钮，关闭该对话框。

图 12-28 双击"存储" 图 12-29 修改格式

04 执行"文件"→"自动"→"批处理"命令，打开"批处理"对话框，在"播放"选项中选择要播放的动作，然后单击"选择"按钮，如图 12-30所示，打开"浏览文件夹"对话框，选择图像所在的文件夹，如图12-31所示。

图 12-30 "批处理"对话框

图 12-31 浏览文件夹

05 在"批处理"对话框中，单击下方的"选择"按钮，打开"浏览文件夹"对话框，选择图像所在的文件夹，并设置其余参数，如图 12-32所示。完成后单击"确定"按钮，打开图片所在的文件夹，即可看到这批图片都已被统一处理了，如图 12-33所示。

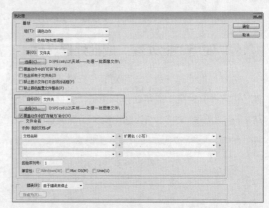

图 12-32 设置"批处理"参数

图 12-33 查看效果

12.4.3 实战：使用批处理命令修改图像模式　　重点

素材位置	素材 \ 第 12 章 \12.4.3 \ 素材 \s1001~s1007.tif
在线视频	第 12 章 \12.4.3 使用批处理命令修改图像模式 .mp4
技术要点	批处理命令的进一步用法

本实战通过使用批处理命令修改图像模式，帮助读者进一步了解批处理命令的用法。

01 启动Photoshop CS6软件，选择本章的素材文件s1001.tif，将其打开，如图12-34所示。

图 12-34 原图

02 打开"动作"面板，并新建一个名为"批处理"的组，如图 12-35所示。

图 12-35 新建组

03 新建一个动作，并设置"新建动作"对话框，如图12-36所示。

图 12-36 新建动作

04 单击"新建动作"对话框中的"记录"按钮，开始记录动作。

05 执行"图像"→"模式"→"CMYK颜色"命令，将图像改变为CMYK颜色模式。再执行"文件"→"存储为"命令，在弹出的对话框的"格式"下拉列表中选择TIFF格式，如图12-37所示，单击"保存"按钮，设置随后弹出的"TIFF选项"对话框，单击"确定"按钮，关闭对话框。

图 12-37 存储图片

06 在"动作"面板中单击"停止播放/记录"按钮，

此时"动作"面板如图 12-38所示。执行"文件"→"自动"→"批处理"命令，设置对话框中的参数，如图12-39所示。

图 12-38 "动作"面板状态

图 12-39 "批处理"对话框

07 执行批处理命令后，可以看到使用此命令得到的图像存放在"批处理"对话框中指定的文件夹中，而且按对话框所指定的命名方式进行命名，如图12-40所示（文件夹中有多少张图片就会生成多少张重命名的图片）。

图 12-40 最终效果

12.4.4 实战：使用批处理命令重命名图像　　重点

素材位置	素材 \ 第 12 章 \12.4.4 \ 素材 \ 001001~ 006006. jpg
在线视频	第 12 章 \12.4.4 使用批处理命令重命名图像 .mp4
技术要点	批处理命令修改图片名字的方法

本实战通过使用批处理命令重命名图像，帮助读者进一步了解批处理命令的用法。

01 启动Photoshop CS6软件，打开"动作"面板，单击"创建新动作"按钮 ，设置图 12-41所示的"新建动作"对话框，单击"记录"按钮，此时的"动作"面板状态如图12-42所示。

图 12-46 "批处理"对话框

04 设置完成后单击"确定"按钮，Photoshop将按上面录制的动作对选取的源文件中的文件进行重命名，并将其存放到目标文件的存放位置，重命名后的效果如图12-47所示。

图 12-41 新建动作 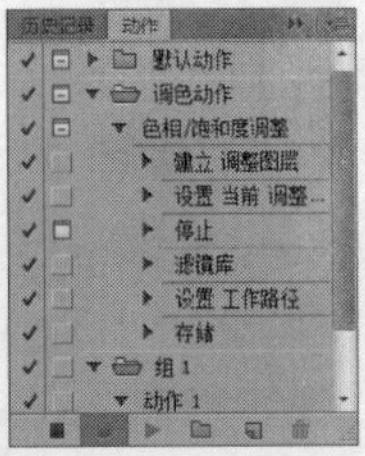　　图 12-42 "动作"面板状态

02 选择本章的素材文件"001001.jpg"，将其打开，如图 12-43所示，执行"文件"→"存储为"命令，在弹出的对话框中选择存储位置，同时设置其存储的格式，如图 12-44所示，设置完毕后单击"保存"按钮，并在弹出的对话框中单击"确定"按钮。

图 12-47 重命名后的效果

12.4.5 PDF演示文稿

在Photoshop中使用"PDF演示文稿"命令可以将图像转换为一个PDF文件，并可以通过设置参数，使生成的PDF文件具有演示文稿的特性，如页面之间的过渡效果、过渡时间等特性。执行"文件"→"自动"→"PDF演示文稿"命令，将弹出图12-48所示的对话框。

图 12-43 原图　　图 12-44 "存储为"面板

03 关闭打开的素材文件，选择"动作"面板，单击"停止播放/记录"按钮 ，结束动作的录制，得到图12-45所示的"动作"面板。再执行"文件"→"自动"→"批处理"命令，设置弹出的"批处理"对话框，如图12-46所示。

图 12-45 "动作"面板

图 12-48 "PDF 演示文稿"对话框

◆ 添加打开的文件：勾选此复选框，可以将当前已打开的照片添加至转为PDF的范围。

◆ 浏览：单击此按钮，在弹出的对话框中可以打开要转为PDF的图像。

◆ 复制：在"源文件"列表框中，选择一个或多个图像文件，单击此按钮，可以创建选中图像文件的副本。

◆ 移去：单击此按钮，可以移除"源文件"列表框中的图像文件。

◆ 存储为：在此选择"多页面文档"选项，仅将图像转换为多页的PDF文件；选择"演示文稿"选项，则底部的"演示文稿"选项区域中的参数将被激活，可在其中设置演示文稿的相关参数。

◆ 背景：在此下拉列表中可以选择PDF文件的背景颜色。

◆ 包含：在此可以选择转换后的PDF中包含哪些内容，如"文件名"和"标题"等。

◆ 字体大小：在此下拉列表中选择数值，可以设置"包含"参数中文字的大小。

◆ 换片间隔：勾选该复选框，并在右侧的文本框中输入数值，可以设置演示文稿切换时的间隔时间。

◆ 在最后一页之后循环：勾选该复选框，将在演示文稿播放至最后一页后，自动从第一页开始重新播放。

◆ 过渡效果：在此下拉列表中，可以选择各图像之间的过渡效果。

将要编辑的图片根据需要设置参数后，单击"存储"按钮，在弹出的对话框中选择PDF文件保存的范围，并单击"保存"按钮，然后会弹出图12-49所示的"存储Adobe PDF"对话框，在其中可以设置PDF文件输出的属性，最后单击"存储PDF"按钮。

图 12-49　"存储 Adobe PDF"对话框

12.5 图像处理器

图像处理器是脚本命令，此命令的强大之处就在于它不仅具有重命名图像文件的功能，而且可以批量地转换图像文件格式，还可以调整文件的大小和质量。执行"文件"→"脚本"→"图像处理器"命令，可以打开"图像处理器"对话框，如图12-50所示，允许用户将文件转换为JPEG、PSD或TIFF格式之一，或者同时转换以上3种格式。

图 12-50　"图像处理器"对话框

◆ 选择要处理的图像：选择"使用打开的图像"选项，可以使用之前打开的图像；选择"选择文件夹"选项，可以在弹出的对话框中选择图像所在的文件夹。

◆ 选择位置以存储处理的图像：可以选择"在相同位置存储"选项，在相同的文件夹中保存文件；也可以选择"选择文件夹"选项，在弹出的对话框中选择一个文件夹，用于保存处理后的图像文件。

◆ 文件类型：设置将文件处理成何种类型，包括JPEG、PSD、TIFF这3种格式。可以将文件处理成其中一种类型，也可以处理成两种或3种类型。

◆ 首选项：可以在该选项组下选择动作，从而运用处理程序。

12.6 将图层复合导出到PDF

使用"将图层复合导出到PDF"命令，可以将当前文件中的图层复合导出为PDF文件，以便于浏览，尤其在制作了多个设计方案时，常使用此方法将不同的方案导出，以便向客户展示。

执行"文件"→"脚本"→"将图层复合导出到PDF"命令，即会弹出图12-51所示的对话框。

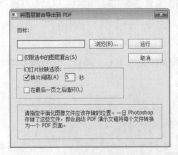

图 12-51 "将图层复合导出到 PDF"对话框

◆ 浏览：单击此按钮，在弹出的对话框中选择要保存PDF的位置。

◆ 仅限选中的图层复合：选中此选项后，仅导出在"图层复合"面板中选中的图层复合。

◆ 换片间隔：勾选该复选框，并在右侧的文本框中输入数值，可以设置演示文稿切换时的间隔时间。

◆ 在最后一页之后循环：勾选该复选框，将在演示文稿播放至最后一页后，自动从第一页开始播放。

12.7 习题测试

习题1 应用动作

素材位置	素材 \ 第 12 章 \ 习题 1\ 枯木 .jpg
效果位置	素材 \ 第 12 章 \ 习题 1\ 应用动作 .psd
在线视频	第 12 章 \ 习题 1 应用动作 .mp4
技术要点	动作面板的使用

本习题供读者练习在动作面板应用动作制作暴风雪效果的操作，如图 12-52所示。

图 12-52 素材与效果

习题2 合并到 HDR Pro

素材位置	素材 \ 第 12 章 \ 习题 2\ 风景 1.jpg、风景 2.jpg
效果位置	素材 \ 第 12 章 \ 习题 2\ 合并到 HDR Pro .psd
在线视频	第 12 章 \ 习题 2 合并到 HDR Pro .mp4
技术要点	合并到 HDR Pro 命令的使用

本习题供读者练习使用合并到 HDR Pro 命令合并图像效果的操作，如图 12-53所示。

图 12-53 素材与效果

第 13 章

图像打印与输出

在运用Photoshop CS6处理完图像之后，通常要将图像输出为需要的格式，并进行打印。本章将主要介绍图像的输出设置，以便打印出来的图像不出现颜色损失。

学习重点

- "Photoshop打印设置"对话框
- 印刷输出
- 设置打印选项
- 优化图像

13.1 印前颜色调节

因为颜色之间的转换会出现一定的损失，所以印前校色是很重要的一个环节，它可以让印刷后的颜色效果符合设计要求。

13.1.1 色彩管理

Photoshop的色彩空间可能与其他软件或硬件环境的色彩空间不一致，这会造成用户使用Photoshop调整了图像的色彩以后，用ACDSee等图片浏览器观看，或将图像上传到网络上时，色彩会出现差别，进行色彩管理可以避免出现这种情况。

我们常用的各种设备，如照相机、扫描仪、显示器、打印机及印刷设备等，都不能重现人眼可以看见的整个范围的颜色。每种设备都有各自特定的色彩空间，这种色彩空间可以生成一定范围的颜色（即色域），由于色彩空间不同，在不同设备之间传递文档时，颜色效果会发生改变。下面先介绍几种色域类型。

1.RGB色域

sRGB即标准RGB色域。sRGB代表了标准的红、绿、蓝，即CRT显示器、LCD面板、投影机、打印机及其他设备中色彩再现所使用的3个基本色素。sRGB的色彩空间基于独立的色彩坐标，可以使色彩在不同的设备传输中对应于同一色彩坐标体系，而不受这些设备各自具有的不同色彩坐标的影响。采用sRGB色域的设备之间可以实现色彩相互模拟，但它又能通过牺牲色彩范围来实现设备之间色彩的一致性，因此是所有RGB色域中最狭窄的一种。

Adobe RGB是由Adobe公司推出的色域标准，

Adobe RGB相较于sRGB有更宽广的色彩空间，它包含了sRGB所没有的CMYK色域，层次较丰富，但色彩饱和较低。Adobe RGB具备非常大的色域空间，对输出及分色有极大的优势和便利性，应用更为广泛。

2.CMYK色域

CMYK中的CMY代表印刷三原色，分别是青、品红、黄，K代表黑色，为了节约成本和打印出更好的黑色，打印机加入了黑色油墨（K），以白色为底色（纸质介质）进行反射光的一种减法颜色模式。CMYK色域是专门针对印刷制版和打印输出制定的，它实际就是不同颜色墨水的配比，与具体的设备密切相关，虽然配比相同，但不同的墨水在不同的纸张上所呈现的色彩并不相同。

3.CIE Lab色域

CIE Lab简称Lab，它是正常视力范围内的所有颜色。在所有的色域标准中，它的色域最广，是一种常用的色彩模式。其中，L代表亮度，a代表从绿色到红色，b代表从蓝色到黄色。

如果要让不同设备在表现色彩时能够相互匹配，需要制定出一种与设备无关的色彩体系，抽象出一种"理论化"的色彩，使不同设备的色彩能够相互比较、相互模拟，现在被广泛采用的"理论化"色域是以国际照明协会所制定的1931 CIE-XYZ系统为基础而建立的CIE Lab系统。

13.1.2 专色讲解

专色不是用印刷C、M、Y、K四色合成的颜色，而是专门用于印刷的一种特定的油墨的颜色。专色油墨是由印刷厂预先混合好或由油墨厂生产的。对于印刷品的每一种专色，在印刷时都有一个专门的对应色板。使用专色可以使颜色更准确，专色主要用于打印特殊的颜色，如荧光色、金黄色等。

1.黄色

黄色位于色环中红色与绿色之间，当品红含量较大时，会出现偏红的黄色，如图13-1和图13-2所示；当青色含量较大时，会出现偏绿的黄色，即C油墨与M油墨含量不同导致黄色的色调倾向不同，当C的含量增大时，黄色偏冷；当M的含量偏大时，黄色偏暖。

图 13-1 黄色　　　　　　　图 13-2 偏红的黄

2.红色

红色主要是M和Y，相反色是C，下面根据图13-3所示的图片来解释，其中M和Y的颜色配置有一些差异，当M>Y时红色偏冷，显得刚强、冷硬；当Y>M时红色偏暖，显得柔软、无力，若M、Y配置差别不大时，红色较为鲜艳。

M和Y分别是90%与M和Y分别是99%时，会有很大的差异。需要注意的是专色也是有层次的，如一味地追求鲜艳而忽略层次，就会失去细节，因此，M和Y的配比都在90%以上的方法是不可取的。

图 13-3 不同颜色的红色

3.品红

品红色中红色的Y含量少，红色变冷成为品红色，它的主色是M，相反色是C和Y。常见的桃红色就属于品红，它给人柔和、温馨的视觉效果。它与品红的区别是桃红色中不仅M含量大，而且还有Y的含量。而Y的含量大小影响了桃红色的冷暖。

4.紫色和蓝色

当C含量变大时就会成为紫色。同一个紫色的CMYK配比在不同地区打印出来的效果可能会存在很大的差异，这和油墨的品种不同有很大的关系，因为不同的油墨中品红的差异很大，这就直接影响到紫色与蓝色的CMYK配比。

5.青色

在青色的配比中，C是主色，M和Y是相反色，在大自然中真正青色的物体很少，C为100%的情况几乎没有，在如图13-4所示的蓝天图片中，可以发现这幅图中青色的相反色对比比较大，即青的饱和度不高。此时画面效果较为理想，如果将相反色去掉，不仅会影响图片的真实性，而且会影响图片的层次。

6.绿色

绿色的主色是C和Y，相反色是M。Y的含量在80%以上，C的含量在60%以下，给人感觉是果绿色，如图13-5所示。

图 13-4 蓝色天空

图 13-5 果绿色

13.1.3 调节技巧

打印前如果发现图像存在颜色问题，为了符合打印的要求，可以使用Photoshop中的"色阶"和"曲线"颜色调整命令进行调节。

当扫描或导入的图像颜色出现偏色时，首先要分析清楚颜色的偏色倾向，如图13-6所示，这是一张色调偏青的图片。如果图像的颜色模式不是CMYK模式，首先需要将图像的颜色模式转换为CMYK模式，然后执行"图像"→"调整"→"曲线"命令，打开"曲线"对话框，在"通道"下拉列表中选择"青色"选项，拖动曲线色调图向下移动，降低图像中青色色调的成分，达到调整偏色的目的，如图13-7所示。

使用"色阶"命令同样可以校正偏色。执行"图像"→"调整"→"色阶"命令，打开"色阶"对话框，在"通道"下拉列表中选择"青色"选项，设置"输入色阶"参数，降低图像中青色色调的成分，如图13-8所示。

图 13-6 偏青色图像

图 13-7 "曲线"调整偏色图像

图 13-8 "色阶"调整偏色图像

13.2 打印输出

处理完图像后，接下来就是输出图像。在Photoshop中，处理好的图像既可以用于打印，也可以用于网络显示。对于不同的用途，需要设置不同的图像分辨率。

当制作完一幅图像之后，可以使用打印机将其打印出来，以便查看图像的效果。这就需要连接打印机，安装好打印机的驱动程序，并确保打印机正常工作，使用Photoshop中的打印功能将图像打印出来。

13.2.1 "Photoshop打印设置"对话框 重点

在打印文件之前需要对其印刷参数进行设置，执行"文件"→"打印"命令，打开"Photoshop打印设置"对话框，在该对话框中可以预览打印图像的效果，并对打印机、打印份数、输出选项和色彩管理等进行设置，如图13-9所示。

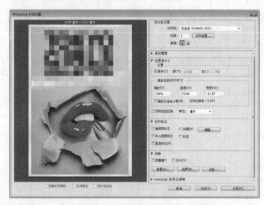

图 13-9 "Photoshop 打印设置"对话框

◆ 打印机：在其下拉列表中可以选择打印机类型。
◆ 份数：设置需要打印的份数。
◆ 打印设置：单击该按钮，可以打开一个"属性"对话框，在该对话框中可以设置纸张的方向、页面以及打印的顺序和打印页数。
◆ 版面：可以设置纸张的方向为横向或纵向。
◆ 位置：选择"居中"选项，可以将图像定位于可打印区域的中心；取消"居中"选项，可以在"顶"和"左"文本框中输入数值来定位图像，也可以在预览区域中移动图像进行自由定位，从而打印部分图像。

◆ 缩放后的打印尺寸：选择"缩放以适合介质"选项，可以自动缩放图像到适合纸张的可打印区域；取消"缩放以适合介质"选项，可以在"缩放"文本框中输入图像的缩放比例，或在"高度"和"宽度"文本框中设置图像的尺寸。

13.2.2 设置打印选项 重点

了解了"打印"对话框之后，接下来需要设置打印选项，包括设置页面、设置"色彩管理"选项和指定印前输出选项等。

1.页面设置

打印图像前的首要工作就是设置纸张大小、打印方向和质量等。执行"文件"→"打印"命令，或按Ctrl+P快捷键，打开 "Photoshop打印设置"对话框，在该对话框中单击"打印设置"按钮，即可在弹出的对话框中设置页面的方向；单击"高级"按钮，可以设置页面大小，如图13-10所示。

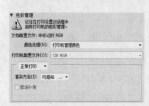

图 13-10 设置"打印设置"选项

2.设置"色彩管理"选项

在"Photoshop打印设置"对话框中选择"色彩管理"选项，切换到"色彩管理"面板中，对要打印的文件的颜色进行管理，如图13-11所示。

图 13-11 设置"色彩管理"选项

◆ 颜色处理：用于确定是否使用色彩管理。如果使用，则需要确定将其用在应用程序中，还是打印设备中。

◆ 打印机配置文件：可选择适用于打印机和将要使用的纸张类型的配置文件。

◆ 渲染方法：指定颜色从图像色彩空间转换到打印机色彩空间的方式，共有"可感知""饱和度""相对比色"和"绝对比色"4个选项。"可感知"渲染将尝试保留颜色之间的视觉关系，色域外颜色转变为可重现颜色时，色域内的颜色可能会发生变化。如果图像的色域外颜色较多，"可感知"渲染是较理想的选择。"相对比色"渲染可以保留较多的原始颜色，是色域外颜色较少时的理想选择。

延伸讲解

在一般情况下，打印机的色彩空间要小于图像的色彩范围。因此，通常会出现某些颜色无法重现的情况，而所选的渲染方法将尝试补偿这些色域外的颜色。

3.指定印前输出

在"Photoshop打印设置"对话框中可以指定页面标记和其他输出内容，如图13-12所示。

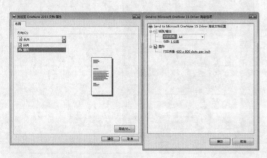

图 13-12 指定印前输出

◆ 角裁剪标志：勾选该复选框，可以在需要裁剪页面的位置打印裁剪标志。

◆ 说明：勾选该复选框，可以在"文件简介"对话框中输入说明文本（最多约300个字符）。

◆ 中心裁剪标志：勾选该复选框，可以在每条边的中心打印裁剪标志。

◆ 标签：勾选该复选框，可以在图像上方打印文件名。如果打印分色，则将分色名称作为标签的一部分进行打印。

◆ 套准标记：勾选该复选框，可以在图像上打印套准标记（包括靶心和星形标）。

◆ 药膜朝下：可以水平翻转图像。

◆ 负片：可以反转图像颜色。

◆ 背景：用于设置图像区域外的背景色。

◆ 边界：用于在图像边缘打印出黑色边框。

◆ 出血：用于将裁剪标志移动到图像中，以便裁切图像时不会丢失重要内容。

13.2.3 印刷输出　　　　重点

设置完打印的页面和预览选项后，执行"文件"→"打印一份"命令，或按Alt+Shift+Ctrl+P快捷键，使用默认选项打印一份图像。

如果想要对打印的范围和份数进行设置，则可以在"Photoshop打印设置"对话框单击右下角的"打印"按钮，在"打印"对话框中设置选项，如图13-13所示。

图 13-13 "打印"对话框

Photoshop中的"打印"选项设置完成后，可以一直使用其中的参数值，但对于图像本身还需要注意几个方面，如图像格式、图像颜色模式和图像分辨率等。

1.图像格式

需要印刷输出图像，在工作时可以保存为PSD格式。确定不需要修改时，可以将图像输出为TIFF格式，这种格式可以在PC和Mac OS之间互换，并带有压缩保存。

2.颜色模式

印刷输出的图像都需要转换为CMYK颜色模式，如果不转换，输出的胶片就会出现色偏。

3.分辨率

用于印刷输出的图像一般需要将分辨率设置为300~600(像素/英寸)。

4.图像尺寸

对于印刷输出的图像，还需要考虑到图像的"出

血"问题。在制作图像之前，需要在宽度和高度上都多出3mm左右，以便做最后成品的时候不会因为边缘图像被裁剪而破坏原有的图像效果。

13.3 网络输出

Photoshop中的图像还可以用于网络输出，也就是说将图像发布在网上。在制作过程中需要注意与印刷图像相同的问题，如文件格式一般采用JPEG、GIF和PNG格式，而颜色模式一般采用RGB模式。网络图像的分辨率采用屏幕分辨率（72像素/英寸），或更低一些。

13.3.1 网页安全颜色

网页安全色是指在不同硬件环境、不同操作系统和不同浏览器中都能够正常显示的颜色集合。它是浏览器使用的216种颜色，与平台无关。在8位屏幕上显示颜色时，浏览器将图像中的所有颜色更改成网页安全色。使用网页安全色进行网页配色可以避免出现原有的颜色失真问题，在Photoshop拾色器中可以直接选择网页安全色，打开"拾色器"对话框，在该对话框中勾选"只有Web颜色"选项即可，如图13-14所示。

在前期创作时使用网页安全颜色，可以避免后期进行其他操作时损失太多的颜色，保持输出的图像与前期图像颜色一致。在"拾色器"对话框中选择颜色时，如果没有勾选"只有Web颜色"选项，则"拾色器"对话框中的颜色旁边会出现一个警告立方体图标，单击该图标，可以选择最接近的Web颜色。

通过"颜色"面板也可以选择网页安全颜色。单击右上角的 按钮，在弹出的快捷菜单中选择"建立Web安全曲线"选项，这样在颜色滑块中拾取的颜色都是适用于网络的颜色，如图13-15所示。也可以选择"Web颜色滑块"选项，拖动Web颜色滑块时，该滑块将紧贴着Web安全颜色。

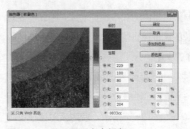

图 13-14 显示网页安全颜色

图 13-15 在"颜色"面板中显示网页安全颜色

13.3.2 制作切片

如果用于网络输出的图片太大,可在图片中添加切片,将一张大图划分为若干个小图,以便打开网页时,大图会分块逐步显示,缩短等待图片显示的时间。

如图13-16所示的图像,可以单击工具箱中的"切片工具" ,在图像中单击并拖动鼠标以创建切片;也可以在其工具选项栏的"样式"下拉列表中选择"固定长宽比"和"固定大小"选项,并在"宽度"和"高度"文本框中输入参数来创建切片,如图13-17所示。切片创建完成后,单击工具箱中的"切片选择工具" ,可以调整切片的大小和位置。

图 13-16 原图像　　图 13-17 创建切片

13.3.3 优化图像 【重点】

由于网速原因,上传的图片不宜太大,因此需要对Photoshop创建的图像进行优化,通过限制图像颜色等方法来压缩图像的大小。

执行"文件"→"存储为Web所用格式"命令,或按Alt+ Shift + Ctrl +S快捷键,打开"存储为Web所用格式"对话框,如图13-18所示,使用该对话框可以优化图像。

图 13-18 "存储为 Web 所用格式"对话框

在该对话框左侧的预览窗口中包含4个选项卡,分别是"原稿""优化""双联"和"四联"。"原稿"可以显示没有优化的图像;"优化"可以显示应用了当前优化设置的图像;"双联"可以并排显示原稿和优化过的图像;"四联"可以并排显示4个图像,左上方为原稿,单击其他任意一个图像,可为其设置一种优化方案,以便同时对比相互之间的差异。

如果图像包含的颜色多于显示器能显示的颜色,那么浏览器将通过混合它能显示的颜色,来对它不能显示的颜色进行仿色。用户可以从"预设"下拉列表中选择仿色格式,该下拉列表中包含12个预设的仿色格式,选择的参数值越高,优化后的图像质量就越高,能显示的颜色就越接近图像的原有颜色。

最后单击"存储"按钮,在弹出的"将优化结果存储为"对话框中设置"格式"选项,单击"保存"按钮即可将图像保存,如图13-19所示。

图 13-19 保存图像

13.4 习题测试

习题1 基于参考线制作切片

素材位置	素材 \ 第 13 章 \ 习题 1\ 基于参考线制作切片 .jpg
效果位置	素材 \ 第 13 章 \ 习题 1\ 基于参考线制作切片 .psd
在线视频	第 13 章 \ 习题 1 基于参考线制作切片 .mp4
技术要点	切片工具的使用

本习题供读者练习基于参考线制作切片的操作，如图 13-20 所示。

图 13-20 素材与效果

习题2 为网站首页创建切片

素材位置	素材 \ 第 13 章 \ 习题 2\ 网站首页 .psd
效果位置	素材 \ 第 13 章 \ 习题 2\ 为网站首页创建切片 .psd
在线视频	第 13 章 \ 习题 2 为网站首页创建切片 .mp4
技术要点	切片工具的使用

本习题供读者练习使用切片工具给网站首页切片的操作，如图 13-21 所示。

图 13-21 素材与效果

実战篇 创意合成综合实战

第 **14** 章

图像合成是Photoshop强大的功能之一，借助Photoshop丰富而专业的技术手段对图像进行合成，能够轻松创作出幽默、奇幻、酷炫的视觉特效作品，从而表达设计师的无限创意。本章将详细讲解图像合成的技法，读者可借助图层蒙版、画笔、颜色调整、剪贴蒙版、滤镜等功能，大幅度提高图像合成能力，激发创作灵感。

学习重点
- 图层蒙版的运用
- 滤镜的用法
- 调整图层的运用

14.1 瓶中的世界

素材位置	素材 \ 第 14 章 \14.1 \ 瓶中的世界 .psd
效果位置	素材 \ 第 14 章 \14.1 \ 瓶中的世界 -OK.psd
在线视频	第 14 章 \14.1 瓶中的世界 .mp4
技术要点	通道抠图的方法，图层蒙版、剪贴蒙版的应用

玻璃制品往往给人一种透视感，透过玻璃看事物会有梦幻的感觉，下面应用图层蒙版、画笔工具、调整图层并结合创建的选区，制作水瓶中的梦幻世界。

01 启动Photoshop CS6软件，选择本章的素材文件"瓶中的世界.psd"，将其打开，如图 14-1所示。单击工具箱中的"钢笔工具" ，沿着"玻璃瓶"的轮廓边缘创建轮廓路径，如图 14-2所示。

图 14-1 调整"玻璃瓶"素材

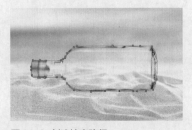

图 14-2 创建轮廓路径

02 按Ctrl+Enter快捷键将路径转换为选区，如图 14-3所示。单击"图层"面板底部的"创建新组"按钮 ，在"背景"图层上方新建图层组，并命名为"内部"，如图 14-4所示。

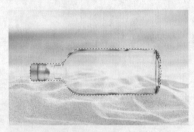

图 14-3 转换为选区

图 14-4 新建图层组

03 单击"图层"面板底部的"添加图层蒙版"按钮 ，为"内部"图层组添加图层蒙版，如图 14-5所示。执行"文件"→"打开"命令，打开一个素材文件"小岛1.jpg"，如图 14-6所示。

图 14-5 添加图层蒙版

图 14-6 打开"小岛 1.jpg"素材

04 在"通道"面板选择"蓝"通道并拖曳至"创建新通道"按钮 ![btn] 上,复制一个蓝色通道,如图 14-7 所示。按Ctrl+L快捷键打开"色阶"面板,调整色阶,使天空部分变成白色,小岛部分变成黑色,过渡部分变成灰色,如图 14-8 所示。

图 14-7 复制蓝色通道

图 14-8 调节"色阶"参数

05 单击工具箱中的"画笔工具" ![btn],将前景色设置为黑色,在"海水"部分涂抹,如图 14-9 所示。按住Ctrl键单击"蓝 副本"通道的缩览图,载入选区,再返回图层面板,如图 14-10 所示。

图 14-9 涂抹"海水"部分

图 14-10 载入选区

06 按Ctrl+Shift+I快捷键进行反选,选择小岛和海水部分,再按Ctrl+J快捷键复制选区部分并创建新图层,如图 14-11 所示。单击工具箱中的"移动工具" ![btn],将抠出的"小岛1"图像拖曳至"瓶中的世界"文档中,将其移至"内部"图层组中,按Ctrl+T快捷键调整"小岛1"图像到合适的位置和大小,如图 14-12 所示。

图 14-11 复制选区内容

图 14-12 拖曳图层

07 执行"文件"→"打开"命令,打开一个素材文件"小岛2.jpg",如图 14-13 所示。使用同样的方法,通过"通道"抠出部分小岛,如图 14-14 所示。

图 14-13 打开"小岛 2.jpg"素材

图 14-14 抠出小岛图像

08 单击"图层"面板底部的"添加图层蒙版"按钮 ⬛，添加图层蒙版，单击工具箱中的"画笔工具" ✐，将前景色设置为黑色，用柔角画笔 ● 擦掉不需要的部分，如图 14-15 所示。单击工具箱中的"移动工具" ⊕，将抠出的"小岛2"图像拖曳至"瓶中的世界"文档中，将其移至"内部"图层组中，按Ctrl+T快捷键调整"小岛2"图像到合适的位置和大小，如图 14-16 所示。

图 14-15 添加图层蒙版

图 14-16 拖曳图层

09 执行"文件"→"打开"命令，打开一个素材文件

"海滩.jpg"，如图 14-17所示。单击工具箱中的"移动工具" ⊕，将"海滩"图像拖曳至该文档中，再利用"套索工具" ◯ 在"海滩"部分绘制选区，如图 14-18所示。

图 14-17 打开"海滩 .jpg"素材

图 14-18 绘制选区

10 单击"图层"面板底部的"添加图层蒙版"按钮 ⬛，添加图层蒙版，按Ctrl+T快捷键显示定界框，调整抠出的海滩图像至合适的大小和位置，如图 14-19 所示。单击工具箱中的"画笔工具" ✐，将前景色设置为黑色，在图层蒙版上擦除边缘不自然的部分，如图 14-20所示。

图 14-19 添加图层蒙版

图 14-20 擦除边缘不自然的部分

⓫ 单击"图层"面板底部的"创建新的填充或调整图层"按钮 ◎ ，选择"可选颜色"，在"可选颜色"面板上选择"颜色"为"青色"，并调节参数，如图 14-21 所示，调整图像中的青色，让蓝色呈现蔚蓝效果，如图 14-22 所示。

图 14-21 调整"可选颜色"

图 14-22 调整海水颜色

⓬ 执行"文件"→"打开"命令，打开一个素材文件"水花.png"，单击工具箱中的"移动工具" ，将"水花"图像拖曳至该文档中，如图 14-23 所示。单击"图层"面板底部的"添加图层蒙版"按钮 ，添加图层蒙版，再在工具箱选择"画笔工具" ，将前景色设置为黑色，在图层蒙版上擦除不需要的部分，如图 14-24 所示。

图 14-23 打开"水花 .png"素材

图 14-24 调整"水花"图像

⓭ 单击"图层"面板底部的"创建新图层"按钮 ，在"水花"图层下方新建图层，单击工具箱中的"套索工具" ，在图像上绘制一个选区，如图 14-25 所示。将前景色设置为蓝色（#00a4ff），按Alt+Delete 快捷键填充前景色，然后按Ctrl+D快捷键取消选区，如图 14-26 所示。

图 14-25 绘制选区

图 14-26 调整"水花"图像

⓮ 执行"文件"→"打开"命令，打开一个素材文件"海底.jpg"，如图 14-27 所示。单击工具箱中的"移动工具" ，将"海底"图像拖曳至该文档中，单击鼠标右键，在弹出的快捷菜单中选择"创建剪贴蒙版"选项，创建剪贴蒙版图层，如图 14-28 所示。

图 14-27 打开"海底 .jpg"素材

图 14-28 创建剪贴蒙版

15 按Ctrl+T快捷键显示定界框,将"海底"图像调整到合适的大小和位置,如图 14-29所示。执行"文件"→"打开"命令,打开一个素材文件"天空.jpg",如图 14-30所示。

图 14-29 调整"海底"图像

图 14-30 打开"天空 .jpg"素材

16 单击工具箱中的"移动工具",将"天空"图像拖曳至该文档中,并按Ctrl+Shift+[快捷键,将"天空"图层移至该图层组的最下方,如图 14-31所示。按Ctrl+T快捷键显示定界框,将"天空"图像调整到合适的大小和位置,如图 14-32所示。

图 14-31 调整图层位置

图 14-32 调整"天空"图像

17 执行"滤镜"→"模糊"→"高斯模糊"命令,打开"高斯模糊"对话框,调节参数,如图 14-33所示。单击"确定"按钮,模糊天空,如图 14-34所示。

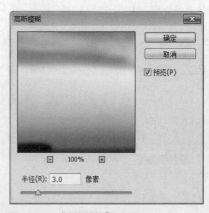

图 14-33 "高斯模糊"对话框

图 14-34 "高斯模糊"效果

18 单击"图层"面板底部的"添加图层蒙版"按钮 ⬛，为"天空"图层添加图层蒙版，按D键重置前景色和背景色，单击工具箱中的"渐变工具" ⬛，在图像上从下往上拖曳光标，创建黑白渐变，从而制作顶部透明的效果，如图 14-35和图 14-36所示。

图 14-35 添加图层蒙版

图 14-36 在蒙版中创建黑白渐变效果

19 单击"图层"面板底部的"创建新图层"按钮 ⬛，新建一个图层并填充为# 0d2370，并按住Alt键单击"添加图层蒙版"按钮 ⬛，为图层添加一个反向蒙版，如图 14-37所示。单击工具箱中的"画笔工具" ✐，将前景色设置为白色，调整画笔的"不透明度"为10%，在海水底部涂抹，将海底颜色加深，如图 14-38所示。

图 14-37 添加反向蒙版

图 14-38 涂抹海水底部

20 按住Ctrl键，在"图层"面板选择"小岛1"和"小岛2"图层，按Ctrl+J快捷键复制这两个图层后，再按Ctrl+E快捷键合并两个图层，如图 14-39所示。单击"图层"面板底部的"创建新图层"按钮 ⬛，在该图层上方新建图层，单击工具箱中的"套索工具" ⟲，在图像上绘制选区，如图 14-40所示。

图 14-39 合并图层

图 14-40 绘制选区

21 将前景色设置为#ffa800，按Alt+Delete快捷键填充前景色颜色，按Ctrl+D快捷键取消选区，如图 14-41所示。设置该图层的混合模式为"柔光"，并创建剪贴蒙版，如图 14-42所示。

图 14-41 填充前景色

图 14-42 创建剪贴蒙版

22 单击"图层"面板底部的"添加图层蒙版"按钮 ▣，为"图层3"添加图层蒙版，单击工具箱中的"画笔工具" ✐，并将前景色设置为黑色，擦除不自然的光晕部分，如图 14-43所示。单击"图层"面板底部的"创建新的填充或调整图层"按钮 ◉，选择"曲线"，在该图层组的上方创建"曲线"调整图层，再在"曲线"面板上调节曲线，如图14-44所示。

图 14-43 填充前景色

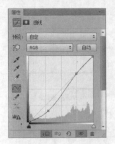

图 14-44 调整"曲线"

23 在"图层"面板选择"曲线"调整图层并创建剪贴蒙版，如图 14-45所示。单击"图层"面板底部的"创建新图层"按钮 ◙，在"背景"图层上方新建图层，命名为"阴影"，单击工具箱中的"画笔工具" ✐，设置前景色为黑色，降低画笔的"不透明度"，在玻璃瓶下方绘制阴影，完成瓶中世界的合成，如图 14-46所示。

图 14-45 创建剪贴蒙版

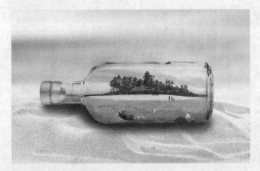

图 14-46 完成效果

14.2 有趣的乌龟房子

素材位置	素材 \ 第 14 章 \14.2 \ 有趣的乌龟房子 .psd
效果位置	素材 \ 第 14 章 \14.2 \ 有趣的乌龟房子 -OK.psd
在线视频	第 14 章 \14.2 有趣的乌龟房子 .mp4
技术要点	图层蒙版、调色、剪贴蒙版、渐变填充的应用

本实战通过合并不同色调、光线的图像，制作出具有童话艺术氛围的有趣作品。

01 启动Photoshop CS6软件，选择本章的素材文件"有趣的乌龟房子.psd"，将其打开，如图 14-47 所示。

图 14-47 打开"有趣的乌龟房子.psd"素材

02 单击"图层"面板底部的"创建新的填充或调整图层"按钮 ，创建"色彩平衡"调整图层，调节参数，让素材颜色色调偏红黄色，给人一种温暖的感觉，如图 14-48所示。

图 14-48 调节"色彩平衡"参数

03 在"图层"面板上选择"色彩平衡"调整图层，单击鼠标右键，在弹出的快捷菜单中选择"创建剪贴蒙版"选项，使该调整图层只作用于下一图层。

04 选择"草地"图层，单击工具箱中的"套索工具" ，在图像上创建选区，如图 14-49所示。执行"滤镜"→"模糊"→"高斯模糊"命令，打开"高斯模糊"对话框，调节"半径"参数，模糊选区的图像，如图14-50所示。

图 14-49 创建选区

图 14-50 调节"高斯模糊"参数

05 按Ctrl+O快捷键，打开"山.jpg"素材，如图 14-51所示。单击工具箱中的"移动工具" ，将"山"图像拖曳至该文档中，按Ctrl+T快捷键显示定界框，将其调整到合适大小和位置，如图 14-52所示。

图 14-51 打开"山.jpg"素材

图 14-52 调整图像

06 单击"图层"面板底部的"添加图层蒙版"按钮，为"山"图层添加图层蒙版，按D键恢复默认的前景色和背景色，单击工具箱中的"渐变工具"，单击"线性渐变"按钮，在图像上从下往上拖曳光标，创建黑白渐变，隐藏山体的部分图像，如图 14-53 所示。

图 14-53 创建黑白渐变

07 按Ctrl+O快捷键，打开"乌龟.png"素材，使用"移动工具"将素材添加到编辑的文档中，调整位置，如图 14-54所示。

图 14-54 打开"乌龟 .png"素材

08 单击"图层"面板底部的"添加图层蒙版"按钮，为"乌龟"图层添加蒙版，单击工具箱中的"画笔工具"，将前景色设置为黑色，涂抹乌龟与草地接触的部分，使其衔接自然，如图 14-55所示。

09 单击"图层"面板底部的"创建新图层"按钮，新建图层，命名为"投影"，并移至"乌龟"图层的下方。单击工具箱中的"画笔工具"，将前景色设置为黑色，降低画笔的"不透明度"，涂抹乌龟与草地接触的部分，添加投影，如图 14-56所示。

图 14-55 调整素材图像

图 14-56 添加投影

10 单击"图层"面板底部的"创建新的填充或调整图层"按钮，创建"曲线"调整图层，调节RGB参数，加深图像的影调，如图 14-57所示。

11 在"曲线"调整图层上单击鼠标右键，在弹出的快捷菜单中选择"创建剪贴蒙版"选项，使该调整图层只作用于"乌龟"图层，如图 14-58所示。

图 14-57 加深图像影调

图 14-58 创建剪贴蒙版

12 单击"图层"面板底部的"添加图层蒙版"按钮
![icon]，为"曲线"调整图层添加蒙版，使用"画笔工
具"![icon]在乌龟的头部和龟壳的顶部进行涂抹，使其不
受"曲线"调整的影响，如图 14-59 所示。

图 14-59 添加图层蒙版

13 按 Ctrl+O 快捷键，打开"常青藤.jpg"素材文件，并
将该素材拖动到编辑的文档中，按 Ctrl+T 快捷键显示定
界框，调整该素材的大小和位置，如图 14-60 所示。

图 14-60 添加"常青藤 .jpg"素材

14 单击"图层"面板底部的"添加图层蒙版"按钮
![icon]，为"常青藤"图层添加蒙版，单击工具箱中的
"画笔工具"![icon]，将前景色设置为黑色，涂抹多余的
部分，如图 14-61 所示。

图 14-61 添加图层蒙版

15 单击"图层"面板底部的"创建新的填充或调整图
层"按钮![icon]，创建"曲线 2"调整图层，在"曲线"面
板调节参数，如图 14-62 所示。

图 14-62 调整"曲线"

16 按 Ctrl+Alt+G 快捷键创建剪贴蒙版，只调整"常青
藤"素材的影调。单击"曲线 2"调整图层的蒙版，使
用"画笔工具"![icon]涂抹"常青藤"图像的左上半部
分，显示部分图像，如图 14-63 所示。

图 14-63 创建剪贴蒙版

17 单击"图层"面板底部的"创建新的填充或调整图层"按钮 ◯ , 创建"曲线3"调整图层, 在"曲线"面板调节参数, 提高常青藤的亮度, 如图 14-64所示。

图 14-64 调整"曲线"

18 按Ctrl+Alt+G快捷键创建剪贴蒙版, 单击"曲线3"调整图层的蒙版, 使用"画笔工具" ◢ 涂抹"常青藤"图像的右下半部分, 制作高光区域, 如图 14-65所示。

图 14-65 创建剪贴蒙版

19 单击"图层"面板底部的"创建新的填充或调整图层"按钮 ◯ , 创建"色相/饱和度"调整图层, 调整"色相"和"饱和度"的参数, 按Ctrl+Alt+G快捷键创建剪贴蒙版, 调整常青藤的颜色色调, 如图 14-66所示。

图 14-66 调整"色相 / 饱和度"参数

20 单击"图层"面板底部的"创建新图层"按钮 ◻ , 新建图层, 命名为"投影", 并移至"常青藤"图层的下方。单击工具箱中的"画笔工具" ◢ , 将前景色设置为黑色, 降低画笔的"不透明度", 涂抹常青藤与乌龟接触的部分, 添加投影, 如图 14-67所示。

图 14-67 添加投影

21 执行"文件"→"打开"命令, 打开素材文件"窗户.jpg", 单击工具箱中的"矩形选框工具" ▢ , 创建选区, 如图 14-68所示。

图 14-68 创建选区

22 单击工具箱中的"移动工具" ▶ , 将选区图像内容拖曳至该文档中, 按Ctrl+T快捷键显示定界框, 将其调整到合适的大小和位置, 如图 14-69所示。

图 14-69 调整窗户

23 选中窗户，单击鼠标右键，在弹出的快捷键菜单中选择"变形"选项，拖动变形框及控制手柄，调整窗户至图 14-70 所示的图像效果。

图 14-70 变形窗户

24 单击"图层"面板底部的"添加图层蒙版"按钮，为"窗户"图层添加蒙版，单击工具箱中的"画笔工具"，设置前景色为黑色，涂抹窗户边缘，使窗户融入常青藤中，如图 14-71 所示。

图 14-71 添加图层蒙版

25 单击"图层"面板底部的"创建新的填充或调整图层"按钮，创建"色相/饱和度"调整图层，调整"饱和度"参数，按Ctrl+Alt+G快捷键创建剪贴蒙版，只调整窗户的颜色，如图 14-72 所示。

图 14-72 创建"色相/饱和度"调整图层

26 使用与添加"窗户.jpg"素材相同的操作方法，添加"门.jpg"素材。单击"图层"面板底部的"创建新的填充或调整图层"按钮，创建"色相/饱和度"调整图层并创建剪贴蒙版，调整"色相"与"饱和度"的参数，如图 14-73 所示。

图 14-73 添加"门.jpg"素材

27 创建"色彩平衡"调整图层，按Ctrl+Alt+G快捷键创建剪贴蒙版，并调整"中间调"参数，让门的颜色色调与常青藤色调保持一致，如图 14-74 所示。

图 14-74 调整门色调

28 创建"色阶"调整图层，按Ctrl+Alt+G快捷键创建剪贴蒙版，拖动RGB通道最左侧与最右侧的滑块，加强门的对比度，如图 14-75 所示。

图 14-75 调整"色阶"参数

29 按Ctrl+O快捷键，打开"烟囱.jpg"素材，单击工具箱中的"多边形套索工具"，在烟囱上创建选区，如图14-76所示。

图14-76 创建选区

30 单击工具箱中的"移动工具"，将选区图像内容拖曳至该文档中，按Ctrl+T快捷键显示定界框，将其调整到合适的大小和位置，如图14-77所示。

图14-77 调整烟囱

31 单击"图层"面板底部的"添加图层蒙版"按钮，为"烟囱"图层添加蒙版，再使用"画笔工具"将前景色设置为黑色，在图像上涂抹，如图14-78所示。

图14-78 添加图层蒙版

32 使用同样的方法，添加"炊烟.jpg"素材，并设置"炊烟"图层混合模式为"滤色"，如图14-79所示。

图14-79 添加"炊烟.jpg"素材

33 单击"图层"面板底部的"添加图层蒙版"按钮，为"炊烟"图层添加蒙版，单击工具箱中的"画笔工具"，将前景色设置为黑色，在图像上涂抹，擦除多余的部分，如图14-80所示。

图14-80 制作炊烟

34 单击"图层"面板底部的"创建新的填充或调整图层"按钮，创建"色相/饱和度"调整图层并创建剪贴蒙版，调整"色相/饱和度"参数，降低炊烟的饱和度，如图14-81所示。

图14-81 降低炊烟饱和度

35 创建"色阶"调整图层并创建剪贴蒙版，调整"色阶"参数，让炊烟变得稀薄，如图 14-82所示。

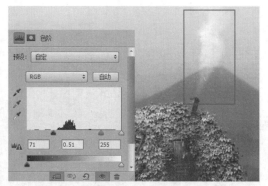

图 14-82 调整"色阶"参数

36 添加"灯.png"素材，单击工具箱中的"橡皮擦工具" ，在灯周围涂抹，擦除多余的图像，如图 14-83所示。

图 14-83 添加"灯 .png"素材

37 单击"图层"面板底部的"创建新图层"按钮 ，新建图层，将前景色更改为#2a1b01，在图像上涂抹，如图14-84所示。

图 14-84 涂抹图像

38 将新建图层的混合模式更改为"滤色"，如图 14-85所示。再次新建图层，将前景色更改为

#ffdc9a，在灯上涂抹，并设置该图层的混合模式为"叠加"，制作灯发光效果，如图 14-86所示。

图 14-85 "滤色"效果

图 14-86 灯发光效果

39 添加"鸟.png"和"光影.jpg"素材，设置"光影"图层的图层混合模式为"滤色"，制作梦幻效果，如图 14-87所示。

图 14-87 制作梦幻效果

40 执行"滤镜"→"模糊"→"高斯模糊"命令，打开"高斯模糊"对话框，调整"半径"参数，添加模糊效果，如图 14-88所示。

图 14-88 添加模糊效果

41 单击"图层"面板底部的"添加图层蒙版"按钮
，为"光影"图层添加蒙版，单击工具箱中的"画
笔工具" ，将前景色设置为黑色，在图像上涂抹，
擦除乌龟身上的光影，如图 14-89 所示。

图 14-89 擦除光影

42 单击"图层"面板底部的"创建新的填充或调整图
层"按钮 ，创建"色彩平衡"调整图层，调整"中
间调"参数，让整个画面呈现暖色调，如图 14-90
所示

图 14-90 调整"色彩平衡"参数

43 创建"色阶"调整图层，拖动各个滑块，加强画面
的对比度，如图 14-91 所示。

图 14-91 调整"色阶"参数

44 创建"渐变映射"调整图层，并设置渐变颜色为
#512114到#faffab，如图 14-92示。

图 14-92 设置"渐变映射"

45 设置"渐变映射"调整图层的混合模式为"柔
光"，完成乌龟房子的合成，如图 14-93所示。

图 14-93 完成效果

淘宝装修综合实战

第 15 章

随着电商产业的快速发展，网购已成为生活中不可缺少的一部分，网店美工这个新行业应运而生。店家可以通过广告、招贴等宣传形式，将产品外观及特点以视觉的方式传递给买家，而买家则可以通过这些宣传来了解产品。本章通过Photoshop软件操作演示淘宝店铺装修实例，帮助读者掌握具体装修方法，设计出具有独特风格的网店。

学习重点

- 不同形状图形的创建
- 钢笔工具使用方法
- 图层样式的运用技巧

15.1 店招设计

效果位置	素材 \ 第 15 章 \15.1\ 店招设计 -ok.psd
在线视频	第 15 章 \15.1 店招设计 .mp4
技术要点	钢笔工具、文字工具的应用

本实战制作的是淘宝首页店招设计，画面以粉色为主色调，文字信息放在视觉中心位置，将扁平化的云朵与山作为装饰，使其在视觉效果上做到平衡而又不失活泼。

01 启动Photoshop CS6软件，执行"文件"→"新建"命令，在弹出的"新建"对话框中设置参数，如图15-1所示。

图 15-1 新建文件

02 单击"图层"面板底部的"创建新组"按钮，新建"山"图层组。单击工具箱中的"多边形工具"，设置工具选项栏中的"工具模式"为"形状"，"填充"为#e66286，"描边"为无，单击背景任意位置，在弹出的"创建多边形"对话框中按图 15-2所示设置参数。

03 单击"确定"按钮，创建等边三角形，按Ctrl+T快捷键显示定界框，单击鼠标右键，在弹出的快捷菜单中选择"扭曲"选项，变换效果如图 15-3所示。

图 15-2 设置三角形参数 图 15-3 自由变换效果

04 单击"多边形"图层，按Ctrl+J快捷键复制图层，设置工具选项栏中的"填充"为#f27a9b，"描边"为无，按Ctrl+T快捷键水平翻转多边形，再按住Shift键拖动"多边形 副本"，将其对齐，如图 15-4所示。

05 新建图层，单击工具箱中的"钢笔工具"，设置工具选项栏中的"工具模式"为"路径"，绘制路径，如图 15-5所示。

06 单击鼠标右键，在弹出的快捷菜单中选择"填充路径"选项，弹出图 15-6所示的对话框。

?? 答疑解惑：常规店招与通栏店招的区域

常规店招在上传到淘宝店铺页面后，店招两侧空白区域显示白色；通栏店招在上传到淘宝店铺页面后，店招会根据设计的结果进行显示。

 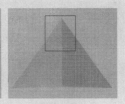

图 15-4 复制三角形 图 15-5 绘制路径

图 15-6 填充路径

07 在"使用"下拉列表中选择"颜色"选项，设置颜色为#fe9eb9，单击"确定"按钮，完成填充。按Ctrl+J快捷键复制路径，再按Ctrl+T快捷键，单击右键，选择"水平翻转"命令变换移动复制路径，修改颜色填充为#f27a9b，如图 15-7所示。

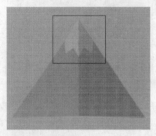

图 15-7 复制效果

08 按Ctrl+J快捷键，复制"山"图层组，再按Ctrl+T快捷键缩小并调整图层组中图形的位置。同时复制"山"图层组和"山 副本"图层，按Ctrl+T快捷键，单击右键，选择"水平翻转"命令，调整其位置，如图15-8所示。

图 15-8 调整位置

09 单击"图层"面板底部的"创建新组"按钮，新建"云"图层组。设置前景色为白色，单击工具箱的"钢笔工具"，设置工具选项栏中的"工具模式"为"形状"，绘制云朵形状，如图 15-9所示。

图 15-9 绘制云朵形状

10 双击"云朵"图层或单击"图层"面板底部的"添加图层样式"按钮，弹出"图层样式"对话框，选择"投影"选项，设置参数如图 15-10所示，单击"确定"按钮。按Ctrl+J快捷键复制云朵图层3次，再依次调整位置，如图 15-11所示。

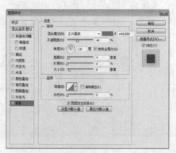

图 15-10 图层样式参数

图 15-11 云朵位置

11 单击"图层"面板底部的"创建新组"按钮，新建"菜单栏"图层组。

12 单击工具箱中的"矩形工具"，设置工具选项栏中的"工具模式"为"形状"，"填充"为#ffd5e0，"描边"为无，单击背景任意位置，在弹出的"创建矩形"对话框中按图 15-12所示设置参数。单击"确定"按钮，创建矩形，单击工具箱中的"移动工具"，调整矩形位置，如图 15-13所示。

图 15-12 设置矩形参数

图 15-13 矩形位置

13 单击工具箱中的"矩形工具"，设置工具选项栏中的"工具模式"为"形状"，"填充"为白色，"描边"为无，单击背景任意位置，创建宽度为136像素、高度为30像素的矩形。

14 单击工具箱中的"横排文字工具"，输入文本，设置字体为"黑体"，文本大小为14点，文本颜色为#e43760，单击工具箱中的"移动工具"，调整文字与矩形的位置，如图 15-14所示。

15 按照上述操作方法，依次做出"所有宝贝""畅销榜单""肌肤护理""身体护理""会员专区""品牌故事"文本与矩形，并调整位置，如图 15-15所示。

首页

图 15-14 调整位置

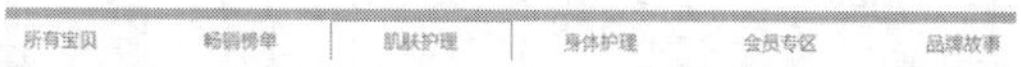

图 15-15 文本位置

16 单击工具箱中的"直线工具"，设置"工具模式"为"形状"，按住Shift键绘制一条垂直短直线，设置"填充"为无，描边颜色为#eb5f81，宽为1像素，长为15像素，图层命名为"间隔线1"，并调整位置，如图 15-16所示。

首页　｜　所有宝贝

图 15-16 间隔线位置

17 执行"视图"→"显示"→"智能参考线"命令，显示智能参考线，按住Alt键，向左拖动"间隔线1"同时按住Shift键，复制并移动间隔线，连续操作5次，完成所有间隔线绘制。单击所有白色矩形图层前面的"指示图层可见性"按钮，隐藏所有白色矩形图层，如图 15-17所示。

图 15-17 菜单栏

18 单击"图层"面板底部的"创建新组"按钮，新建Logo图层组。单击工具箱中的"横排文字工具"，设置字体为"Verdana"，文本大小为60点，文本颜色为白色，输入文本。单击工具箱中的"直线工具"，设置工具选项栏中的"工具模式"为"形状"，按住Shift键绘制一条垂直短直线，设置"填充"为白色，"描边"为无，调整位置，如图 15-18所示。

图 15-18 文本位置

19 单击工具箱中的"横排文字工具"，设置字体为"黑体"，文本大小为32点，输入文本，调整文字的位置和间距，如图 15-19所示。

图 15-19 文本位置

20 单击工具箱中的"圆角矩形工具"，设置工具选项栏中的"工具模式"为"形状"，"填充"为#df4566，"描边"为无，单击背景任意位置，在弹出的"创建圆角矩形"对话框中按图 15-20所示设置参数，单击"确定"按钮。

图 15-20 设置圆角矩形参数

21 单击工具箱中的"自定形状工具"，设置工具选项栏中的"工具模式"为"形状"，"填充"为白色，"描边"为无，单击"自定形状拾色器"下拉面板中的"心形"形状，单击背景任意位置，创建"宽度"为18像素、"高度"为15像素的心形，调整位置，如图 15-21所示。

图 15-21 创建自定形状

22 单击工具箱中的"横排文字工具"，设置字体颜色为白色，字体为"黑体"，文本大小为14点，在心形形状后输入文字，如图 15-22所示。

图 15-22 添加文字

23 单击"图层"面板底部的"创建新组"按钮，新建"专享券"图层组。单击工具箱中的"矩形工具"，设置工具选项栏中的"工具模式"为"形状"，"填充"为#ffd5e0，"描边"为无，单击背景任意位置，创建"宽度"为210像素、"高度"为80像素的矩形。

24 按Ctrl+J快捷键复制矩形图层，修改工具选项栏中的“填充”为#f57da1，再按Ctrl+T快捷键显示定界框，单击鼠标右键，在弹出的快捷菜单中选择“斜切”选项，调整矩形形状，如图 15-23所示。

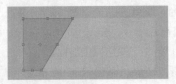

图 15-23 调整矩形形状

25 单击工具箱中的“矩形工具”，设置工具选项栏中的“工具模式”为“形状”，单击背景任意位置，创建“宽度”为37像素、“高度”为80像素的矩形，设置“填充”为#dc567e，“描边”为无，如图 15-24所示。

26 单击工具箱的“添加锚点工具”，在矩形右边添加锚点，再单击工具箱中的“直接选择工具”，调整路径，绘制锯齿形状，如图 15-25所示。

图 15-24 创建矩形

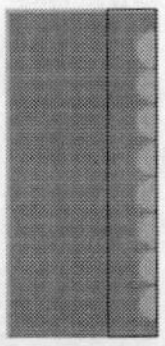

图 15-25 “锯齿”效果

27 单击工具箱中的“横排文字工具”，输入文本10，设置工具选项栏中的字体为“黑体”，文本大小为63点，文本颜色为白色。使用相同的方法，输入其他的文字，设置字体为“黑体”，如图 15-26所示。

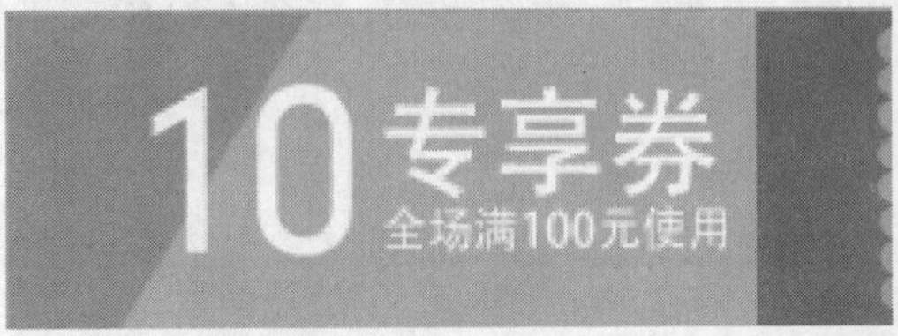

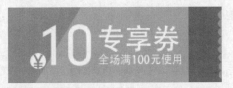

图 15-26 文本位置

28 单击工具箱中的“椭圆工具”，设置工具选项栏中的“工具模式”为“形状”，“填充”为白色，“描边”为无，单击背景任意位置，创建“宽度”为17像素、“高度”为17像素的圆形。

29 单击工具箱中的“横排文字工具”，输入文本，设置字体为“Verdana”，文本大小为21点，单击工具箱中的“移动工具”，调整位置，如图 15-27所示。

图 15-27 调整位置

30 单击工具箱中的“直排文字工具”，输入“立即领取”，设置 字体为“黑体”，文本大小为16点，调整字间距和位置，最终效果如图 15-28所示。

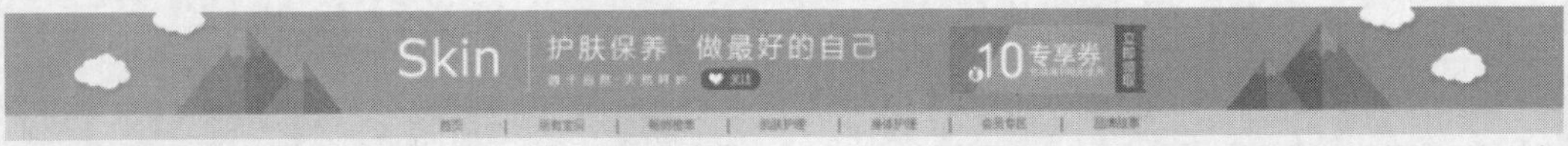

图 15-28 最终效果

延伸讲解

在店招设计中，并不是要将所有的内容都包含在其中，可以根据店铺的需要来选取重点信息。

15.2 轮播图设计

素材位置	素材\第 15 章\15.2\素材\素材 1 至素材 11.png
效果位置	素材\第 15 章\15.2\轮播图设计 -ok.psd
在线视频	第 15 章\15.2 轮播图设计 .mp4
技术要点	钢笔工具、渐变工具、形状工具、图层样式的应用

本实战制作的是淘宝首页轮播图，背景色为蓝紫渐变，文字信息放置在视觉中心位置，运用对比色烘托主体，在视觉上达到色彩平衡。

01 启动Photoshop CS6软件，执行“文件”→“新建”命令，在弹出的“新建”对话框中设置参数，如图 15-29所示。

02 单击工具箱中的“渐变工具”，在工具选项栏中单击渐变条，在弹出的“渐变编辑器”对话框中设置渐变颜色，如图 15-30所示，设置完成后，单击“确定”按钮。

图 15-29 新建文件

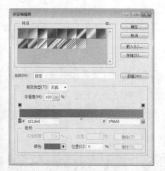

图 15-30 渐变编辑器

03 按住Shift键，在背景图层上从左往右拉一条水平直线，渐变效果如图 15-31所示。

图 15-31 渐变效果

04 单击"图层"面板底部的"创建新组"按钮，新建"背景素材"图层组。执行 "文件"→"置入"命令，打开素材文件，依次置入"素材1.png""素材2.png""素材3.png"和"素材4.png"图片，将它们拖至画面合适位置，如图 15-32所示。

图 15-32 添加素材

延伸讲解

在淘宝网页首屏展示轮播图应考虑到海报的显示效果，保证海报不会出现失真，因此对海报的尺寸有一定的要求，宽度一般为800像素、1024像素、1280像素、1440像素、1680像素和1920像素，高度可根据需求随意调整，建议为150~700像素。

05 单击"图层"面板底部的"创建新组"按钮，新建"背景线条"图层组。单击工具箱中的"圆角矩形工具"，设置工具选项栏中的"工具模式"为"形状"，"填充"为#2165dc，"描边"为无，单击背景任意位置，在弹出的"创建圆角矩形"对话框中按图15-33所示设置参数，单击"确定"按钮创建圆角矩形，按Ctrl+T快捷键显示定界框，旋转圆角矩形并调整其位置，如图 15-34所示。

图 15-33 设置圆角矩形参数　图 15-34 创建圆角矩形

06 运用上一步创建圆角矩形的方法，分别创建"宽度"为65像素、"高度"为180像素、"半径"为10像素、"填充"为#40fleb、"描边"为无和"宽度"为300像素、"高度"为30像素、"半径"为25像素、"填充"为#35b6f8、"描边"为无的两个圆角矩形。单击工具箱中的"直线工具"，设置工具选项栏中的"工具模式"为"形状"，"填充"为#17ddfe，"描边"为无，绘制直线并调整位置，如图 15-35所示。

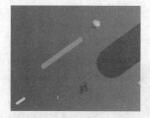

图 15-35 创建圆角矩形和直线

07 单击工具箱中的"圆角矩形工具"，设置工具选项栏中的"工具模式"为"形状"，单击背景任意位置，在弹出的"创建圆角矩形"对话框中按图15-36所示设置参数，单击"确定"按钮，创建圆角矩形。

08 单击工具箱中的"渐变工具"，设置"填充"为渐变，"描边"为无，设置渐变颜色，如图 15-37所示。

图 15-36 设置圆角矩形参数　图 15-37 渐变参数

图 15-42 创建多边形

09 按Ctrl+J快捷键复制"圆角矩形"图层,将"渐变"面板中的"旋转角度"改为-135,按Ctrl+T快捷键显示定界框,旋转圆角矩形并调整位置,如图 15-38所示。

图 15-38 旋转效果

10 运用上述方法再创建另外两个圆角渐变矩形。一个设置"宽度"为350像素、"高度"为10像素、"半径"为10像素、"描边"为无,填充渐变颜色如图15-39所示,另一个设置相同参数,填充渐变参数如图15-40所示,旋转并调整位置,如图 15-41所示。

图 15-39 渐变参数　图 15-40 渐变参数

图 15-41 调整位置

11 单击"图层"面板底部的"创建新组"按钮,新建"空心三角形"图层组。单击工具箱中的"多边形工具",设置"工具模式"为"形状","填充"为无,"描边"为#a2182f,"描边大小"为10像素,在弹出的"创建多边形"对话框中按图 15-42所示设置参数。

12 单击"确定"按钮,创建"三角形1",按Ctrl+J快捷键复制两次三角形,命名为"三角形2"和"三角形3",同时选择3个图层,按Ctrl+T快捷键,在工具选项栏中输入"旋转角度"为-90,按Enter键确认,隐藏复制的两个图层。

13 单击"三角形1"图层,再单击工具箱中的"添加锚点工具",在三角形上添加锚点,如图 15-43所示。

14 单击工具箱中的"直接选择工具",调整锚点位置,如图 15-44所示。

图 15-43 添加锚点　　图 15-44 调整锚点

15 单击"三角形2"图层并显示图层效果,按Ctrl+T快捷键缩放并调整位置,如图 15-45所示。

16 单击"三角形3"图层,在工具选项栏中更改描边颜色为#e7274c,按Ctrl+T快捷键缩放并调整位置,如图 15-46所示。

17 双击"组1"图层组或单击"图层"面板底部的"添加图层样式"按钮,弹出"图层样式"对话框,单击"投影"选项,设置参数如图 15-47所示,单击"确定"按钮。

图 15-45 调整图形　　　图 15-46 调整图形

图 15-47 图层样式

18 单击"组1"图层组，按Ctrl+J快捷键复制两次，在"图层"面板中分别设置"不透明度"为52%和15%，如图 15-48所示，缩放并调整3个组的位置，如图 15-49所示。

图 15-48 图层属性

图 15-49 调整位置

19 单击"图层"面板底部的"创建新组"按钮，新建"框"图层组。单击工具箱中的"圆角矩形工具"，单击背景任意位置，在弹出的"创建圆角矩形"对话框中设置参数，如图 15-50所示，单击"确定"按钮，创建圆角矩形，设置工具选项栏中的"工具模式"为"形状"，"填充"为无，"描边"为#ffcf00，"描边大小"为60点。

图 15-50 创建圆角矩形

20 单击工具箱中的"添加锚点工具"，在新建的圆角矩形上添加锚点，如图 15-51所示，再单击工具箱中的"直接选择工具"，调整锚点位置，如图 15-52所示。

图 15-51 添加锚点　　　　　图 15-52 调整锚点

21 按Ctrl+J快捷键复制"圆角矩形"图层，在工具选项栏中修改"描边"为白色，再按Ctrl+T快捷键将其缩小，单击工具箱中的"直接选择工具"，调整锚点位置，如图 15-53所示。

图 15-53 调整锚点

22 按住Ctrl键并单击"图层"面板中的"白色圆角矩形"图层缩览图，载入选区，如图 15-54所示。选择"黄色圆角矩形"图层，单击鼠标右键，在弹出的快捷菜单中选择"栅格化图层"选项，再按Delete键，删除顶层形状。单击"白色圆角矩形"图层前面的"指示图层可见性"按钮，隐藏图层，按Ctrl+D快捷键取消选区，效果如图 15-55所示。

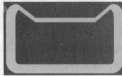

图 15-54 选中效果　　　　图 15-55 完成外框

23 按Ctrl+J快捷键再次复制"圆角矩形"图层，双击复制的图层或单击"图层"面板底部的"添加图层样式"按钮，在弹出的"图层样式"对话框中依次设置"描边""内阴影"和"颜色叠加"的参数，如图 15-56至图 15-58所示。

图 15-56 描边

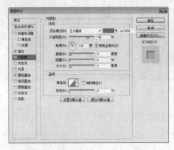

图 15-57 内阴影

图 15-58 颜色叠加

24 单击"确定"按钮，得到图 15-59所示的图像效果。单击"图层"面板底部的"创建新组"按钮，新建"装饰"图层组。

图 15-59 外框效果

25 单击工具箱中的"椭圆工具"，设置工具选项栏中的"工具模式"为"形状"，单击背景任意位置，创建大小为480像素×480像素的圆形，设置"填充"为无，"描边"为#ae1f99，"描边大小"为5点。单击工具箱中的"添加锚点工具"，在新建的椭圆上添加锚点，如图 15-60所示。

26 单击工具箱中的"直接选择工具"，单击圆形底部锚点，单击Delete键删除，效果如图 15-61所示。

图 15-60 添加锚点

图 15-61 删除锚点

27 单击新建的椭圆图层，双击图层或单击"图层"面板底部的"添加图层样式"按钮 fx，在弹出的"图层样式"对话框中依次选择"斜面和浮雕"和"颜色叠加"，设置参数如图 15-62和图 15-63所示。

图 15-62 斜面和浮雕

图 15-63 颜色叠加

28 按Ctrl+J快捷键复制图层，单击工具箱中的"椭圆工具"，在工具选项栏中修改"描边"为#dfc450，双击图层，在弹出的"图层样式"对话框中取消"颜色叠加"，按Ctrl+T快捷键将其缩放并调整位置，如图 15-64所示。

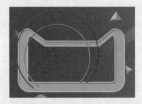

图 15-64 调整位置

29 单击"图层"面板底部的"创建新组"按钮，新建"全场包邮"图层组。单击工具箱中的"圆角矩形工具"，设置工具选项栏中的"工具模式"为"形状"，单击背景任意位置，在弹出的"创建圆角矩形"对话框中设置参数，如图 15-65所示。单击"确定"按钮，再设置"填充"为#4a0496，"描边"为无，按Ctrl+T快捷键将其旋转并调整位置，如图 15-66所示。

图 15-65 创建圆角矩形　　图 15-66 调整位置

30 双击图层或单击"图层"面板底部的"添加图层样式"按钮 *fx.*，在弹出的"图层样式"对话框中依次设置"渐变叠加"与"投影"，参数设置如图 15-67和图 15-68所示。

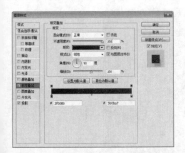

图 15-67 渐变叠加

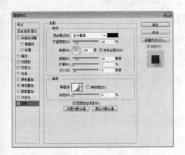

图 15-68 投影

31 执行"文件"→"置入"命令，打开素材文件，置入"素材5.png"图片，双击图层或单击"图层"面板底部的"添加图层样式"按钮 *fx.*，在弹出的"图层样式"对话框中选择"投影"，设置参数如图 15-69所示。

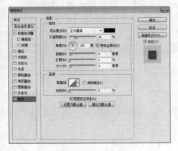

图 15-69 投影

32 执行"文件"→"置入"命令，打开素材文件，置入"素材6.png"和"素材7.png"图片，按Ctrl+J快捷键复制"素材7"图层，双击"素材7"图层或单击"图层"面板底部的"添加图层样式"按钮 *fx.*，在弹出的"图层样式"对话框中设置"颜色叠加"和"投影"参数，如图 15-70和图 15-71所示，调整素材位置，如图 15-72所示。

图 15-70 颜色叠加

图 15-71 投影

图 15-72 调整位置

33 单击工具箱中的"圆角矩形工具" ▣，设置工具选项栏中的"工具模式"为"形状"，单击背景任意位置，在弹出的"创建圆角矩形"对话框中设置参数，如图 15-73所示，单击"确定"按钮，修改"填充"为#fc643b，"描边"为无。

图 15-73 创建圆角矩形

34 单击工具箱中的"椭圆工具" ⬭，设置工具选项栏中的"工具模式"为"形状"，单击背景任意位置，创建大小为90像素×90像素的圆形，设置"填充"为#fff001，"描边"为无。

35 单击工具箱中的"自定形状工具" ✍，设置工具选项栏中的"工具模式"为"形状"，"填充"为#fd3b84，打开"自定形状拾色器"下拉面板选择▶形状，单击背景任意位置，在弹出的"创建自定形状"对话框中设置大小为50像素×50像素，单击"确定"按钮，调整形状的位置，如图15-74所示。

36 单击工具箱中的"横排文字工具" T，输入文本，设置字体为"黑体"，字体大小为36点，调整字体间距和位置，如图15-75所示。

图 15-74 形状位置　　　图 15-75 文本位置

37 单击"图层"面板底部的"创建新组"按钮 ▭，新建"素材"图层组，执行"文件"→"置入"命令，打开素材文件，依次置入"素材8.png""素材9.png""素材10.png"和"素材11.png"图片，将它们拖至画面合适位置，如图 15-76所示，完成轮播图的制作，如图 15-77所示。

图 15-76 调整位置

图 15-77 最终效果

15.3 主图设计

素材位置	素材\第 15 章\15.3\素材\背景 .jpg
效果位置	素材\第 15 章\15.3\主图设计 -ok.psd
在线视频	第 15 章\15.3 主图设计 .mp4
技术要点	调整图层、文字工具、图层样式的应用

本实战制作的是淘宝装修主图，画面的整体色调为暖色调，设置不同的明度使画面更有层次感。

01 启动Photoshop CS6软件，打开素材文件"背景.jpg"，如图 15-78所示。

图 15-78 打开"背景 .jpg"素材

02 单击"图层"面板底部的"创建新图层"按钮 ▣，创建新图层。单击工具箱中的"画笔工具" ✎，设置前景色为# 5d360e，在画面四周进行涂抹，制作阴影。单击"图层"面板底部的"添加图层蒙板"按钮 ▣，为图层添加蒙板，设置前景色为黑色，用黑色画笔将多余的暗部擦除，如图 15-79所示。

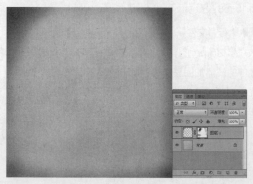

图 15-79 暗部效果

03 单击"图层"面板底部的"创建新的填充或调整图层"按钮 ◑，创建一个"色相/饱和度"调整图层，设置参数，如图 15-80所示。

图 15-80 设置"色相 / 饱和度"参数

04 打开素材文件"素材1.png",单击工具箱中的"移动工具" ，将素材拖曳到另一文档中,调整位置。单击"图层"面板底部的"添加图层蒙板"按钮 ，为图层添加蒙板。单击工具箱中的"画笔工具" ，设置画笔颜色为黑色,"不透明度"为100%,擦除画面中多余的白色,如图 15-81所示。

图 15-81 添加素材

05 单击"图层"面板底部的"创建新图层"按钮 ，创建新图层。单击工具箱中的"画笔工具" ，设置"画笔工具"为"柔边圆"画笔 ，画笔颜色为黑色,"不透明度"为60%,适当调整画笔大小,在图层上涂抹黑色阴影,按Ctrl+J快捷键复制图层,加深阴影效果,如图 15-82所示。

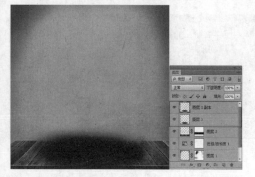

图 15-82 阴影效果

06 按Ctrl+O快捷键,打开"素材2.png"和"素材3"素材文件,单击工具箱中的"移动工具" ，将素材拖曳到编辑的文档中,调整到黑色阴影的位置,效果如图 15-83所示。

图 15-83 添加素材

07 使用相同的方法,添加"素材4.png"与"素材5.png"素材文件。选择"素材4"图层,单击"图层"面板底部的"添加图层样式"按钮 ，勾选"投影",参数设置如图 15-84所示,为素材添加阴影效果,如图 15-85所示。

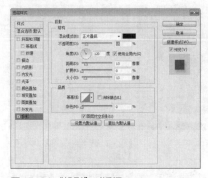

图 15-84 "投影"对话框

图 15-85 阴影效果

08 选择"素材5"图层,单击"图层"面板底部的"添加矢量蒙板"按钮 ，为图层添加蒙板,单击工具箱中的"画笔工具" ，设置画笔颜色为黑色,"不透明度"为100%,擦除画面中多余的叶子,如图 15-86所示。

图 15-86 擦除多余叶子

09 单击"图层"面板底部的"创建新组"按钮 ，创建"组1"图层组。单击工具箱中的"横排文字工具" ，在工具选项栏中设置字体为"宋体"，字体颜色为#3f1e0c，在不同的图层分别输入"坚""果""盛""宴"4个字，如图 15-87所示。

10 分别调整4个文字的大小和位置，如图 15-88 所示。

图 15-87 输入文字

图 15-88 调整文字的大小和位置

11 选择"坚"字图层，双击该图层打开"图层样式"对话框，在弹出的面板中设置"斜面和浮雕"参数，如图 15-89所示。

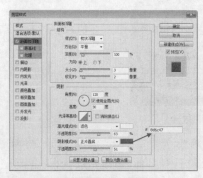

图 15-89 "斜面和浮雕"参数

12 单击"确定"按钮关闭对话框，添加了"斜面和浮雕"的文字效果如图 15-90所示。

13 按住Alt键并拖动"坚"字图层后面的 图标，将"斜面和浮雕"样式效果复制到其他的文字图层上，如图 15-91所示。

图 15-90 "斜面和浮雕"效果　图 15-91 "斜面和浮雕"效果

14 单击"图层"面板底部的"创建新组"按钮 ，创建"组2"图层组。单击工具箱中的"圆角矩形工具" ，设置"工具模式"为"形状"，"填充"为#3f1e0c，"描边"为无，在画面上绘制一个圆角矩形，如图 15-92所示。

图 15-92 绘制圆角矩形

15 单击工具箱中的"横排文字工具" ，设置字体为"宋体"，字体大小为18点，字体颜色为#e7cea9，输入【原香奶味 入口脆香】，如图 15-93所示。

16 单击工具箱中的"横排文字工具" ，设置字体为"宋体"，字体大小为6点，字体颜色为#3f1e0c，输入一段英文，最终效果图 15-94所示。

图 15-93 输入文字　　　　图 15-94 最终效果

第16章

平面广告综合实战

近年来，平面广告设计已经成为热门职业之一。在各类平面广告的制作中，Photoshop是使用较为广泛的软件，很多人都想通过学习Photoshop来进入平面广告设计领域，成为一位优秀的平面广告设计师。本章将详细讲解产品包装和标志的制作，帮助读者掌握各类平面广告设计作品的制作规律。

学习重点

- 渐变工具的使用
- 添加图层样式的技巧
- 钢笔工具的使用

16.1 薯条包装

素材位置	素材 \ 第 16 章 \16.1 \ 素材
效果位置	素材 \ 第 16 章 \16.1 \ 薯条包装 -ok.psd
在线视频	第 16 章 \16.1 薯条包装 .mp4
技术要点	钢笔工具、渐变工具、图层样式的应用

本实战为塑料包装设计，画面的整体色调是红色，设置不同的明度使画面更有层次感，同时加入了薯条与番茄素材让整个画面更加有吸引力。

01 启动Photoshop CS6软件，执行"文件"→"新建"命令，在弹出的"新建"对话框中设置参数，如图16-1所示。

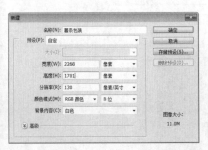

图 16-1 新建文件

02 设置前景色为#e0dcdc，按Alt+Delete快捷键，填充前景色。按Ctrl+R快捷键，打开标尺，单击工具箱中的"移动工具" ，在标尺上拖出8条辅助线。单击"图层"面板底部的"创建新图层"按钮 ，创建"包装袋"图层，单击工具箱中的"钢笔工具" ，在工具选项栏中选择"路径"，绘制包装袋形状的路径，如图16-2所示。

03 按Ctrl+Enter快捷键，将路径转换为选区，单击工具箱中的"渐变工具" ，在选项栏中单击渐变条，设置渐变颜色，如图 16-3 所示。

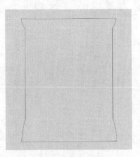

图 16-2 绘制路径

图 16-3 编辑渐变条

04 单击"线性渐变"按钮 ，按住Shift键，在画面中从左往右拖出线性渐变色，如图 16-4 所示。

05 双击"包装袋"图层，在弹出的"图层样式"对话框中勾选"内阴影"样式，参数如图 16-5 所示。

06 单击"确定"按钮，图层样式效果如图 16-6 所示。

图 16-4 渐变效果

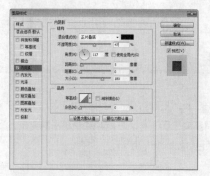

图 16-5 "内阴影"参数

图 16-6 内阴影效果

07 单击工具箱中的"吸管工具" ，在暗红色处单击，吸取颜色。单击工具箱中的"渐变工具" ，在工具选项栏中单击渐变条，在"渐变编辑器"中设置从前景色到透明渐变，如图 16-7所示，单击"确定"按钮。

图 16-7 从暗红色至透明

08 单击"线性渐变"按钮 ，按住Ctrl键，单击"包装袋"缩览图，将其载入选区，新建图层，先在画面中

从上往下拖出线性渐变色，再从下往上拖出线性渐变色，加深上下两边的颜色，如图 16-8所示。

09 新建图层，单击工具箱中的"矩形选框工具" ，绘制两个矩形选框，在"渐变编辑器"对话框中编辑颜色，如图 16-9和图 16-10所示，分别在画面中的顶部和底部从左往右拖出一条直线，填充渐变色，如图 16-11所示。

图 16-8 渐变效果

图 16-9 红色渐变

图 16-10 绿色渐变

图 16-11 渐变效果

10 单击"图层"面板下方的"新建新组"按钮 ，新建"彩带"图层组，在其下方新建图层。单击工具中的"钢笔工具" ，在工具选项栏中选择"路径"，绘制路径。单击工具箱中"直接选择工具" ，调整路径形状，按Ctrl+Enter快捷键，转换路径为选区，如图 16-12所示。

11 单击工具箱中的"渐变工具"[图]，选择同上的绿色渐变，在画面中从左往右拖动光标，填充线性渐变色，如图 16-13所示。

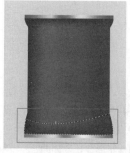 

图 16-12 绘制形状　　　　图 16-13 填充效果

12 单击"图层"面板底部的"添加图层样式"按钮 [fx]，勾选"内阴影"样式，参数设置如图 16-14所示，单击"确定"按钮，图层样式效果如图 16-15所示。

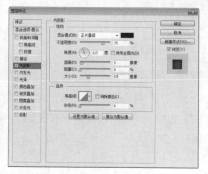

图 16-14 "内阴影"参数

图 16-15 内阴影效果

13 在图层组内继续新建图层，单击工具箱中的"钢笔工具"[图]，在工具选项栏中选择"路径"，绘制路径。再单击工具箱中的"直接选择工具"[图]，调整路径形状，按Ctrl+Enter快捷键，转换路径为选区，如图16-16所示。

14 单击工具箱中"渐变工具"[图]，在选项栏中单击渐

变条，编辑渐变颜色，如图 16-17所示，单击"确定"按钮，在画面中从左往右拖动光标，填充线性渐变，如图16-18所示。

图 16-16 绘制彩带　　图 16-17 黄色渐变参数

图 16-18 渐变效果

15 选中填充黄色渐变图形的图层，按住Ctrl键单击该图层缩览图，将其载入选区，新建图层，单击工具箱的"渐变工具"[图]，在选项栏中单击渐变条，编辑渐变颜色，如图 16-19所示。在画面中从左往右拖动光标，填充线性渐变，按Ctrl+T快捷键，调整黄色渐变图形的大小和位置，如图 16-20所示。

图 16-19 设置亮黄色渐变　　图 16-20 渐变效果

16 按Ctrl+J快捷键，复制图层，按Ctrl+T快捷键，调整复制图形的大小和位置，单击工具箱中的"渐变工具"[图]，在工具选项栏中单击渐变条，编辑渐变颜色，如图 16-21所示。在画面中从左往右拖动光标，填

充线性渐变，完成后将该图层移动至绿色渐变图层下方，如图 16-22 所示。

图 16-21 浅绿色渐变参数　　图 16-22 渐变效果

17 按Ctrl+O快捷键，打开"薯条.png"素材，如图 16-23 所示。单击工具箱中的"移动工具" ，将其拖动至当前图层，调整大小，单击"图层"面板底部的"添加图层样式"按钮 ，弹出"图层样式"对话框，设置"外发光"参数，如图 16-24 所示。

图 16-23 打开"薯条.png"素材

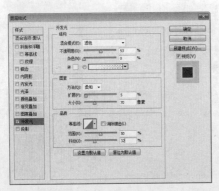

图 16-24 "外发光"参数

18 将添加的素材图层放置在"彩带"图层组下方，并在该图层上单击鼠标右键，在弹出的快捷菜单中选择"创建剪贴蒙版"，创建剪贴蒙版，效果如图 16-25 所示。

图 16-25 创建剪贴蒙版

19 新建图层，单击工具箱中"钢笔工具" ，在工具选项栏中选择"路径"，绘制路径。单击工具箱中的"直接选择工具" ，调整路径形状，如图 16-26 所示。

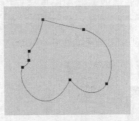

图 16-26 绘制路径并调整路径形状

20 按Ctrl+Enter快捷键将路径转换为选区，前景色设置为#64A457，按Alt+Delete快捷键，填充前景色。在"图层"面板设置"填充"为85%，如图 16-27 所示。

21 按Ctrl+J快捷键复制图层，按住Ctrl键并单击该图层缩览图，将其载入选区，设置前景色为#fdf300，按Alt+Delete快捷键，填充前景色，使用"移动工具" ，移动复制图形的位置，如图 16-28 所示。

图 16-27 填充绿色　　图 16-28 移动复制图形

22 新建图层，单击工具箱中的"椭圆选框工具" ，绘制椭圆选框。执行"编辑"→"描边"命令，设置描边颜色为白色，参数设置如图 16-29 所示，再执行"滤镜"→"模糊"→"高斯模糊"命令，设置模糊"半径"为30像素，单击"确定"按钮。

23 按Ctrl+D快捷键取消选区，再按Ctrl+T快捷键调整图形大小，如图 16-30所示。

图 16-29 "描边"参数　　图 16-30 模糊效果

24 单击工具箱中的"横排文字工具" T，在工具选项栏中设置字体颜色为黑色，输入"爽口"文本，单击工具选项栏中的"创建文字变换"按钮，进行文字变形，如图 16-31和图 16-32所示。

图 16-31 文字变形参数　　图 16-32 文字效果

25 再输入一行英文，将该文字的字体颜色设置为绿色，单击工具选项栏中的"创建文字变换"按钮，进行文字变形，如图 16-33所示，再为该文字添加白色描边效果，如图 16-34所示

图 16-33 文字变形参数　　图 16-34 文字效果

26 按Ctrl+O快捷键，打开"素材1.png""素材2.png"和"番茄.png"素材图片，将它们拖至画面中的合适位置，按Ctrl+T快捷键调整它们的大小和位置，如图 16-35所示。

27 单击工具箱中的"横排文字工具" T，设置合适的文字颜色与字体大小，单击工具选项栏中的"创建文字变换"按钮，进行文字变形，变形参数如图 16-36所示。

图 16-35 添加素材　　　　图 16-36 变形参数

28 单击"图层"面板底部的"添加图层样式"按钮 fx，勾选"描边"选项，参数设置如图 16-37所示。

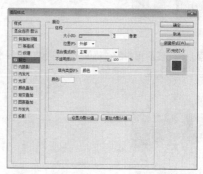

图 16-37 "描边"参数

29 描边文字效果如图 16-38所示。单击工具箱中的"横排文字工具" T，在包装袋左上角输入两行文字，单击"图层"面板底部的"添加图层样式"按钮 fx，勾选"投影"选项，参数设置如图 16-39所示，效果如图 16-40所示。

图 16-38 描边文字效果

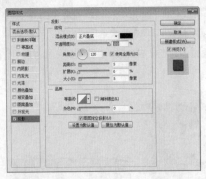

图 16-39 "投影"参数

图 16-40 投影效果

30 新建图层,单击工具箱中的"铅笔工具" ,设置前景色为白色,绘制线条,如图 16-41所示。

图 16-41 绘制线条

31 单击"图层"面板底部的"添加图层样式"按钮 ,勾选"外发光"选项,参数设置如图 16-42所示,单击"确定"按钮,外发光效果如图16-43所示。

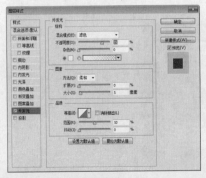

图 16-42 "外发光"参数

图 16-43 外发光效果

32 按Ctrl+O快捷键,打开"大薯条.png"素材,单击工具箱中的"矩形选框工具" ,框选其中一根薯条,如图 16-44所示,按Ctrl+C快捷键复制该薯条,切换至原文档中,按Ctrl+V快捷键粘贴至包装袋上,再按Ctrl+J快捷键将其复制两份,分别设置大小和位置。

33 新建图层,设置前景色为#fee683,单击工具箱中的"画笔工具" ,设置适当的画笔大小,沿着薯条的边缘涂抹,如图 16-45所示。

图 16-44 框选薯条　　　　　图 16-45 涂抹薯条边缘

34 执行"滤镜"→"模糊"→"高斯模糊"命令,设置模糊"半径"为20像素,做出热气效果,如图16-46所示。

35 单击工具箱中的"涂抹工具" ,对线条进行涂抹,涂抹出热气扭曲和变形的效果,如图16-47所示。

图 16-46 模糊效果　　　　　图 16-47 涂抹效果

36 新建组,选中除"背景"图层的所有图层,将它们拖至组内,按Ctrl+J快捷键复制组,按Ctrl+T快捷键显示定界框,单击鼠标右键选择"垂直旋转"选项,移到合适位置，如图 16-48所示。

37 单击"图层"面板底部的"添加图层蒙版"按钮
 ，为复制的组添加蒙版，单击工具箱中的"渐变工
具" ，在工具选项栏中设置从白色到黑色的线性渐
变，在画面中从上往下拖动鼠标，制作倒影效果，如图
16-49所示。

图 16-48 翻转薯条包装　　图 16-49 倒影效果

38 按Ctrl+O快捷键，打开"树叶.png"素材，单击工
具箱中的"移动工具" ，拖至画面左上角，如图
16-50所示。

图 16-50 添加树叶

39 按Ctrl+O快捷键，打开"番茄.png"素材，单击工
具箱中的"移动工具" ，拖至画面，单击"图层"
面板底部的"添加图层样式"按钮 **fx**，勾选"投
影"，参数设置如图 16-51所示，效果如图16-52
所示。

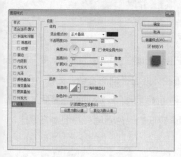

图 16-51 "投影"参数

图 16-52 投影效果

40 按Ctrl+O快捷键，添加"大薯条.png"素材，拖至
画面，按Ctrl+T快捷键缩放至合适大小，如图 16-53所
示。新建图层，移动至"大薯条"图层下方，设置前景
色为黑色，单击工具箱中的"画笔工具" ，在其工
具选项栏中设置适当的画笔大小，并设置画笔的"不透
明度"为13%，在大薯条下面涂抹，做出阴影效果，如
图 16-54所示。

图 16-53 添加"大薯条 .png"素材　图 16-54 阴影效果

41 单击"图层"面板底部的"创建新的填充或调整图
层"按钮 ，创建一个"曲线"调整图层，设置参数
如图 16-55所示，并为其创建剪贴蒙版，效果如图
16-56所示。

42 按Ctrl+O快捷键，添加"薯条袋.png"素材，拖至
画面右上角，按Ctrl+T快捷键缩放至合适大小，如图
16-57所示。

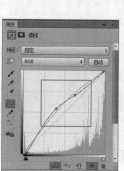 

图 16-55 "曲线"参数　　图 16-56 调整曲线效果

图 16-57 添加"薯条袋 .png"素材

43 在"薯条袋"图层上方创建一个"曲线"调整图层，设置参数如图 16-58所示，最终效果如图16-59所示。

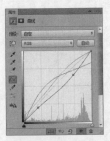

图 16-58 "曲线"参数

图 16-59 最终效果

16.2 标志

效果位置	素材 \ 第 16 章 \16.2\ 标志 -ok.psd
在线视频	第 16 章 \16.2 标志 .mp4
技术要点	钢笔工具、渐变工具的应用

本实战应用"新建"命令、横排文字工具、钢笔工具与渐变工具制作一个线条流畅、造型美观的标志。

01 启动Photoshop CS6软件，执行"文件"→"新建"命令，在弹出的"新建"对话框中设置参数，如图16-60所示。

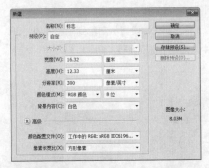

图 16-60 新建文件

02 新建图层，单击工具箱中的"渐变工具" ，在工具选项栏中单击渐变条，打开"渐变编辑器"对话框，设置渐变颜色，如图 16-61所示。再单击"线性渐变"按钮 ，按住Shift键，在画面中从上往下拖出线性渐变色，如图 16-62所示。

图 16-61 渐变颜色设置

图 16-62 线性渐变

03 新建图层，在工具选项栏中单击"径向渐变"按钮 ，在画面中从里往外拖出径向渐变色，如图 16-63所示。单击"图层"面板底部的"添加图层蒙版"按钮 ，使用不透明度较低的黑色画笔在画面上方涂抹，如图16-64所示。

图 16-63 径向渐变

图 16-64 涂抹效果

04 新建图层，单击工具箱中的"钢笔工具" ，在工具选项栏中选择"路径"，绘制图 16-65 所示的路径。

05 按Ctrl+Enter快捷键将路径载入选区，单击工具箱中的"渐变工具" ，在工具选项栏中单击渐变条，打开"渐变编辑器"对话框，设置渐变颜色，如图 16-66 所示。

图 16-65 绘制路径

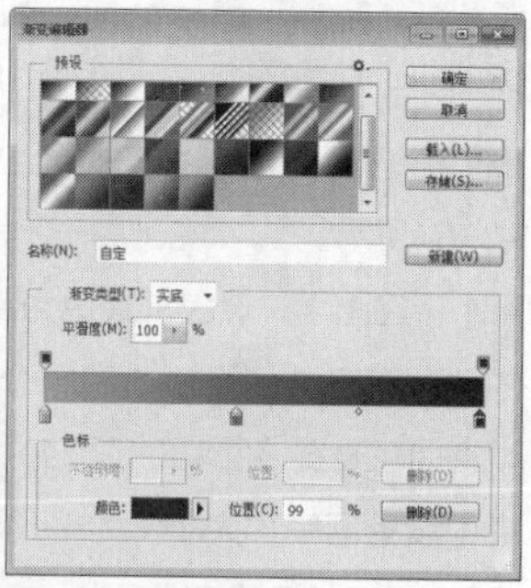

图 16-66 渐变参数

06 在工具选项栏中单击"线性渐变"按钮 ，在画面中从左往右拖出线性渐变色，效果如图 16-67 所示。

07 新建图层，单击工具箱中的"钢笔工具" ，绘制一个形状路径，按Ctrl+Enter快捷键将路径载入选区，如图 16-68 所示。

图 16-67 填充渐变

图 16-68 路径载入选区

08 单击工具箱中的"渐变工具" ，在工具选项栏中单击渐变条，设置渐变色如图 16-69 所示。单击"线性渐变"按钮 ，在画面中从左上往右下拖出线性渐变色，效果如图16-70所示。

09 新建图层，参照上述步骤，绘制一个形状路径，载入选区，如图 16-71 所示。

图 16-69 渐变参数

图 16 70 填充渐变

图 16-71 路径载入选区

10 单击工具箱中的"渐变工具" ，在工具选项栏中单击渐变条，设置渐变色如图 16-72 所示。单击"线性渐变"按钮 ，在画面中从右上往左下拖出线性渐变色，效果如图16-73所示。

图 16-72 渐变参数

图 16-73 填充渐变

11 新建图层，再绘制一个形状路径，单击工具箱中的"渐变工具" ，在工具选项栏中单击渐变条，设置渐变色如图 16-74 所示。单击"线性渐变"按钮 ，在画面中从上往左拖出线性渐变色，效果如图16-75所示。

图 16-74 渐变参数

图 16-75 填充效果

12 绘制该标志的印痕，使其更有立体感。隐藏除橘黄

色渐变图形所在图层的所有形状图层，只显示橘黄色渐变图形。新建图层，单击工具箱中的"钢笔工具" ✐，在形状上面绘制图 16-76所示的路径，按Ctrl+Enter快捷键将路径载入选区。

13 单击工具箱中的"吸管工具" ✐，在橘黄色处单击，吸取颜色，再单击工具箱中的"渐变工具" ▣，在工具选项栏中单击渐变条，打开"渐变编辑器"对话框，选择从前景色到透明的渐变，如图 16-77所示。

图 16-76 绘制路径　　　图 16-77 渐变参数

14 在选区内从上往下拖出线性渐变色，单击其他图层前面的图标 👁，显示图层以查看整体效果，如图16-78所示。

15 新建图层，参照上述步骤，在红色渐变图形上绘制图 16-79所示的路径，将其载入选区。单击工具箱中的"吸管工具" ✐，在暗紫色处单击，吸取颜色，设置从前景色到透明的渐变，如图 16-80所示。

图 16-78 填充效果　　　图 16-79 绘制路径

16 在选区内从右往左拖出线性渐变色，效果如图16-81所示。

图 16-80 渐变参数　　　图 16-81 填充渐变

17 新建图层，接着在蓝色渐变图形上绘制图 16-82所示的路径，将其载入选区。单击工具箱中的"吸管工具" ✐，在深蓝色处单击，吸取颜色，再单击工具箱中的"渐变工具" ▣，设置从前景色到透明的渐变，如图 16-83所示。

 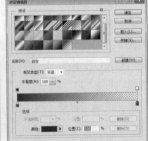

图 16-82 绘制路径　　　图 16-83 渐变参数

18 在选区内从左往右拖出线性渐变色，效果如图16-84所示。

19 新建图层，设置前景色为# 4b6562，单击工具箱的"画笔工具" ✐，选择一个柔边画笔 ●，打开画笔设置面板设置该画笔的"圆度"为16%，在其工具选项栏中设置画笔"大小"为43像素，设置画笔"不透明度"为4%，设置完成后在标志下方涂抹，如图 16-85所示。

 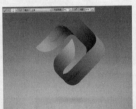

图 16-84 填充渐变　　　图 16-85 绘制阴影

20 单击工具箱中的"横排文字工具" T，在标志左边输入文字，在工具选项栏中设置字体颜色为灰色（# 2f2f31），字体大小为12点，打开"字符"面板设置字距为320，最终效果如图16-86所示。

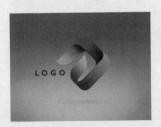

图 16-86 输入文字

UI图标设计综合实战

第17章

随着UI热的到来，UI设计成为各大互联网公司的需求之一，UI设计师的待遇和地位也逐渐上升，那么UI到底是什么呢？UI即User Interface（用户界面）的缩写，一般是指对软件的人机交互、操作逻辑、界面美观方面的整体设计。一个好的UI设计师，能润物于无声，在浑然天成的设计中为产品注入新的价值。娴熟的技法，是完美展现设计作品的必备条件。本章主要讲解UI设计当中两个具有代表性的案例，通过这些案例来帮助读者了解UI制作的常用工具及技法。

学习重点
- 形状工具的使用
- 图层蒙版的使用
- 添加图层样式的技巧

17.1 简约图标设计

效果位置	素材 \ 第 17 章 \17.1\ 简约图标设计 -ok.psd
在线视频	第 17 章 \17.1 简约图标设计 .mp4
技术要点	形状工具、布尔运算、图层样式、变换命令的应用

本实战制作的是一个简约风格的图标。在设计过程中首先使用"圆角矩形工具" ▣ 制作出衬托性底座，再通过设置图层样式制作翻页效果，最后利用"多边形工具" ▣、"矩形工具" ▣ 和"钢笔工具" ▨ 制作铅笔图标，使整个图标呈现简约、清新的风格特点。

01 启动Photoshop CS6软件，执行"文件"→"新建"命令，在弹出的"新建"对话框中设置参数，如图17-1所示。

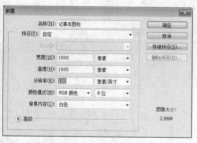

图 17-1 新建文件

02 设置前景色为#fff4d8，按Alt+Delete快捷键，填充前景色。单击工具箱中的"圆角矩形工具" ▣，设置工具选项栏中的"工具模式"为"形状"，在画布中单击鼠标，在弹出的"创建圆角矩形"对话框中，设置参数如图17-2所示。

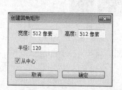

图 17-2 设置圆角矩形参数

03 双击"圆角矩形"图层，重新命名为icon base，设置前景色为#c47420，按Alt+Delete快捷键，填充前景色。双击该图层，在弹出的"图层样式"对话框中设置"内阴影"的参数，如图17-3所示。

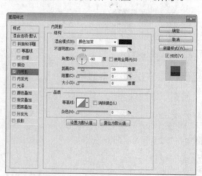

图 17-3 "内阴影"参数设置

04 单击工具箱中的"矩形工具" ▣，在画布中单击鼠标，在弹出的"创建矩形"对话框中设置参数，如图17-4所示。

图 17-4 设置矩形参数

05 按Ctrl+T快捷键显示定界框，在选项栏中设置"旋转" △ 参数值为45度，再调整到合适的位置，双击该图层缩览图，在弹出的"拾色器（纯色）"对话框中设置颜色为黑色，如图17-5所示。

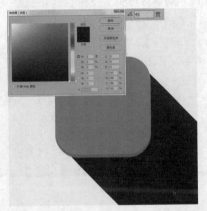

图 17-5 添加阴影效果

06 双击该图层，在弹出的"图层样式"对话框中设置"渐变叠加"的参数，如图17-6所示。

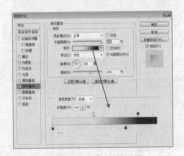

图 17-6 "渐变叠加"参数设置

07 在该图层面板上方设置"不透明度"参数值为30%，设置"填充"参数值为0，得到图 17-7所示的效果图。

图 17-7 设置不透明度及填充

08 按照上述创建圆角矩形的操作方法，创建一个440像素×440像素的圆角矩形。在"图层"面板中双击图层缩览图，在弹出的"拾色器（纯色）"对话框中设置颜色为#d8d9db，如图17-8所示。

图 17-8 创建圆角矩形

09 单击"图层"面板底部的"添加图层样式"按钮 fx.，在弹出的快捷菜单中选择"投影"选项，并设置相关参数，为圆角矩形添加投影，如图17-9所示。

10 按Ctrl+J快捷键复制该圆角矩形，单击工具箱中的"直接选择工具" ，框选圆角矩形下边的4个锚点，在工具选项栏中设置圆角矩形的高度为426像素，制作翻页效果，如图 17-10所示。

11 复制圆角矩形，应用同样的方法，制作颜色为#f3f3f3的翻页效果，如图17-11所示。

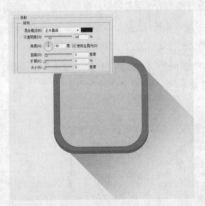

图 17-9 "投影"参数

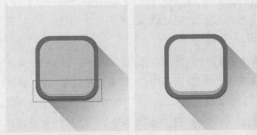

图 17-10 制作翻页效果（1）图 17-11 制作翻页效果（2）

12 单击工具箱中的"直线工具" ，设置"工具模式"为"形状"，按住Shift键在画布中绘制一条水平直线，修改"填充"颜色为黑色，"描边"为无，"描边宽度"为1像素，"设置形状高度"为1像素，"粗细"为1像素，按Shift+Alt快捷键复制并移动线条，如图17-12所示。

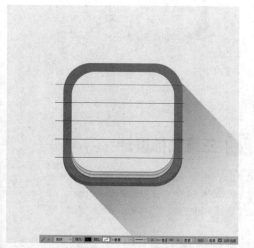

图 17-12　绘制直线

13 按Ctrl+Alt+G快捷键将线条剪贴到圆角矩形中，并设置图层的"不透明度"为20%，制作笔记本的线条，如图17-13所示。

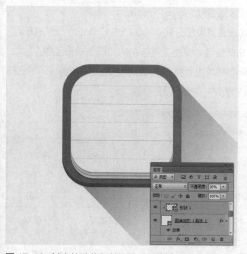

图 17-13　创建剪贴蒙版并设置不透明度参数

14 单击工具箱中的"矩形工具" ，绘制一个192像素×96像素的矩形，设置前景色为#00d36d，按Alt+Delete快捷键填充前景色。使用相同方法，绘制一

个192像素×36像素的矩形，填充色为# 009e52，并更改其不透明度为25%，如图17-14所示。

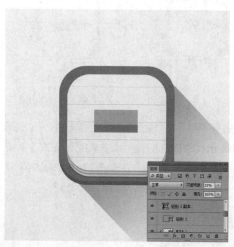

图 17-14　制作铅笔笔身

15 按Ctrl+J快捷键复制矩形图层，设置不透明度为10%，调整其位置，制作铅笔笔身的明暗。单击工具箱中的"多边形工具" ，单击画布任意位置，在弹出的对话框中设置"宽度"与"高度"均为96像素，"边数"为3，创建一个等边三角形状，按Ctrl+T快捷键显示定界框，将其水平翻转，如图17-15所示。

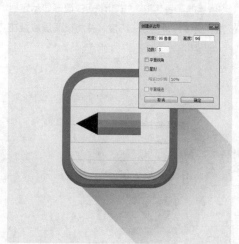

图 17-15　制作铅笔笔尖

16 在工具选项栏中修改三角形"填充"颜色为#e39a4d。使用相同方法，制作铅笔图标的笔尖，如图17-16所示。

17 同上述绘制铅笔笔身和笔尖的操作方法，制作铅笔的橡皮擦部分，如图17-17所示。

图 17-16 制作铅笔笔尖　　图 17-17 制作铅笔橡皮擦

18 按住Ctrl键，在"图层"面板中依次选择铅笔的图层，按Ctrl+G快捷键进行编组，并命名为"铅笔"。按Ctrl+T快捷键显示定界框，在选项栏中设置"旋转"角度为-45度，旋转铅笔图标，如图 17-18所示。

图 17-18 旋转铅笔

19 单击工具箱中的"矩形工具" ▣，创建一个352像素×160像素的黑色矩形，按Ctrl+T快捷键显示定界框，设置"旋转"角度为-45度，并将该图层放置在"铅笔"图层组下方，如图 17-19所示。

图 17-19 绘制矩形

20 双击该图层，打开"图层样式"对话框，设置"渐变叠加"参数，制作铅笔的投影效果，如图 17-20所示。

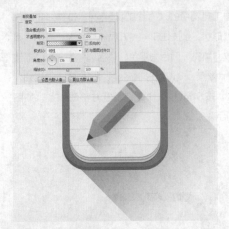

图 17-20 最终效果

17.2 三维图标设计

效果位置	素材 \ 第 17 章 \17.2\ 三维图标设计 -ok.psd
在线视频	第 17 章 \17.2 三维图标设计 .mp4
技术要点	形状工具、图层样式、拾色器的应用

　　本实战制作的三维图标以日历为主题，金属质感的机身加上硬朗的日期数字，让人如置身于未来科技时代。

01 启动Photoshop CS6软件，执行"文件"→"新建"命令，或按Ctrl+N快捷键，在弹出的"新建"对话框中设置参数，如图 17-21所示。

02 设置背景色为#0d285d，按Ctrl+Delete快捷键，填充背景色。单击工具箱中的"圆角矩形工具" ▣，在画布中单击鼠标，在弹出的"创建圆角矩形"对话框中按图 17-22所示设置参数。

　　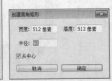

图 17-21 新建文件　　图 17-22 设置圆角
矩形参数

03 单击"确定"按钮，创建圆角矩形，并将该图层命名为"侧面"。按Ctrl+J快捷键复制圆角矩形图层，再按Ctrl+T快捷键显示定界框，将光标放在定界框中间的控制点上，向上拖动定界框，调整圆角矩形的大小，并将该图层命名为"边"，如图 17-23所示。

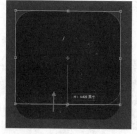

图 17-23 调整圆角矩形的大小

04 双击"侧面"图层，在弹出的"图层样式"对话框中，设置"渐变叠加"的参数，如图 17-24所示，此时图像效果如图 17-25所示。

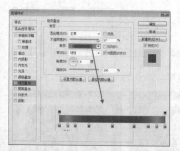

图 17-24 "渐变叠加"参数设置

图 17-25 "渐变叠加"效果

05 双击"边"图层，在弹出的"图层样式"对话框中设置"描边"的参数，如图 17-26所示。

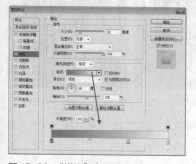

图 17-26 "描边"参数设置

06 在"图层"面板中设置"边"图层的"填充"为

0，描边效果如图 17-27所示。按Ctrl+J快捷键复制"边"图层，在复制的图层上单击鼠标右键，在弹出的快捷菜单中分别选择"栅格化图层"和"栅格化图层样式"选项，得到一个无填充的普通图层，如图 17-28所示。

图 17-27 "描边"效果

图 17-28 栅格化图层及图层样式

07 将该图层移动至"边"图层下方，按键盘上的下方向键两次，移动位置。双击该图层，打开"图层样式"对话框，设置"渐变叠加"参数，如图 17-29所示，单击"确定"按钮关闭对话框，为图标添加高光效果，如图 17-30所示。

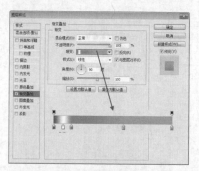

图 17-29 "渐变叠加"参数设置

图 17-30 "渐变叠加"效果

08 双击"侧面"图层，在弹出的"图层样式"对话框中设置"内发光"的参数，加强外金属框效果，如图 17-31所示。

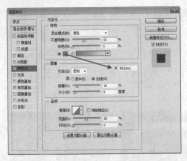

图 17-31 "内发光"参数设置

09 选择"边"图层，单击鼠标右键，将该图层及图层样式栅格化。双击该图层，打开"图层样式"对话框，设置"内阴影"和"内发光"选项的参数，制作金属外框转角处的高光效果，如图 17-32所示。

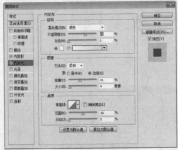

图 17-32 "内阴影"和"内发光"参数设置及效果

10 单击工具栏中的"圆角矩形工具" ，在边框内创建一个444像素×375像素的黑色圆角矩形，设置"半径"为55，如图 17-33所示。

图 17-33 创建黑色圆角矩形

11 在该图层上单击鼠标右键，选择"转换为智能对象"选项，将形状图层转换为智能图层。单击"图层"面板底部"添加图层蒙版"按钮 ，为该图层添加蒙版，单击工具箱中的"矩形选框工具" ，在黑色圆角矩形上创建图 17-34所示的选区。

12 在选区内填充黑色，遮盖圆角矩形的下半部分，如图 17-35所示。

图 17-34 创建矩形选区　　图 17-35 遮盖部分圆角矩形

13 应用同样的操作方法，遮盖圆角矩形其他区域，并将该图层名称为"上半塑料板"，如图 17-36所示。

14 按Ctrl+J快捷键复制"上半塑料板"图层，并垂直翻转图层的内容，重命名为"下半塑料板"，调整其位置，如图 17-37所示。

图 17-36 绘制上半塑料板　　图 17-37 绘制下半塑料板

15 使用工具箱中的"移动工具" ，选择所有外金属框的图层，按Ctrl+G快捷键群组，双击该群组名称，重命名为"外金属框"，如图 17-38所示。

图 17-38　修改图层组名称

16 双击"上半塑料板"图层,打开"图层样式"对话框,设置"内发光"和"渐变叠加"选项参数,为塑料板添加材质,如图 17-39 所示。

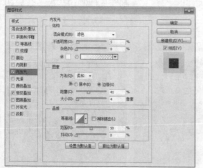

图 17-39　"内发光"和"渐变叠加"参数设置及效果

17 使用相同的方法,为下方的塑料板添加材质,如图

17-40 所示。

18 选择"上半塑料板"和"下半塑料板"图层,按 Ctrl+J 快捷键复制这两个图层,再按 Ctrl+E 快捷键合并这两个图层,重命名为"塑料板",隐藏"上半塑料板"和"下半塑料板"图层,如图 17-41 所示。

图 17-40　为下半塑料板添加　　图 17-41　合并图层
图层样式

19 单击"图层"面板底部的"创建新图层"按钮,在"塑料板"图层上新建图层,并创建为剪贴蒙版。单击工具箱中的"钢笔工具",设置"工具模式"为"路径",绘制图 17-42 所示的路径。

20 按 Ctrl+Enter 快捷键创建选区,按 Shift+F6 快捷键羽化选区,设置"羽化半径"为 10 像素,填充黑色,设置其图层的"不透明度"为 51%,制作塑料板的阴影区域,如图 17-43 所示。

图 17-42　绘制路径　　　　图 17-43　添加塑料板阴影

21 按 Ctrl+J 快捷键复制阴影区域,并水平翻转图层内容,单击工具箱中的"橡皮擦工具",擦除衔接不自然的区域。在"图层"面板中选择所有相关图层,按 Ctrl+G 快捷键将它们群组,双击图层组名称,重新命名为"塑料板",双击该图层组,在弹出的"图层样式"对话框中设置"内阴影"的参数,给塑料板添加高光效果,如图 17-44 所示。

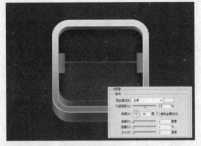

图 17-44 "内阴影"参数设置

22 选择"塑料板"图层，按Ctrl+J快捷键复制该图层，并移至原图层下方，重新为"塑料板"图层上方的两个阴影层创建剪贴蒙版，并将复制的图层向下移动，效果如图 17-45所示。

图 17-45 移动复制的塑料板

23 双击该图层，打开"图层样式"对话框，设置"内阴影"和"颜色叠加"选项的参数，如图 17-46 所示。

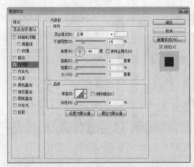

图 17-46 "内阴影"和"颜色叠加"参数设置及效果

24 单击工具箱中的"矩形选框工具" ，在塑料板上创建选区，单击"图层"面板底部的"添加图层蒙版"按钮 ，隐藏多余的塑料板，如图 17-47所示。

25 应用同样的操作方法，制作其他的塑料板，效果如图 17-48所示。

图 17-47 隐藏多余的塑料板　图 17-48 制作其他的塑料板

26 单击工具箱中的"矩形工具" ，在"塑料板"图层组的下方绘制大小合适的黑色矩形，如图 17-49所示。

图 17-49 创建黑色矩形

27 使用相同的方法，在"塑料板"图层组上绘制黑色的矩形，双击该形状图层，打开"图层样式"对话框，设置"内阴影"和"渐变叠加"选项的参数，如图 17-50所示，制作轴板。

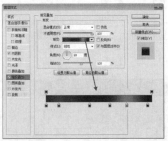

图 17-50 "内阴影"和"渐变叠加"参数设置

28 按Ctrl+J快捷键复制该轴板，移动至右侧，如图 17-51所示。

图 17-51 制作轴板

29 新建图层，单击工具箱中的"钢笔工具" ，设置 "工具模式"为"路径"，绘制数字5，按Ctrl+Enter快捷键将路径转化为选区，并填充白色，如图 17-52所示。

30 由于光照的影响，数字上下两部分颜色是不一样的，所以需要按Ctrl+J快捷键复制此图层，分别在"图层"面板下方单击"添加矢量蒙版"按钮 ，给图层添加图层蒙版，一个隐藏上半部分，一个隐藏下半部分，如图 17-53所示。

图 17-52 制作数字 5　　　图 17-53 分别隐藏数字

31 选择数字5上半部分的图层，双击该图层，打开 "图层样式"对话框，设置"渐变叠加"的参数，如图 17-54所示。

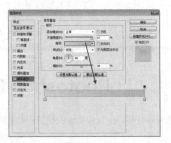

图 17-54 "渐变叠加"参数设置

32 使用相同的方法，为数字5下半部分的图层添加 "渐变叠加"效果，如图 17-55所示，此时三维图标效果如图 17-56所示。

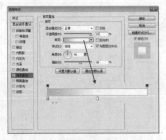

图 17-55 "渐变叠加"参数设置

图 17-56 三维图标效果

33 选择"背景"图层，单击工具箱中的"渐变工具" ，在工具选项栏中单击渐变条，打开"渐变编辑器"对话框，设置从#142e54到#011634的渐变，按 "径向渐变"按钮 ，从中心往四周拖动光标，填充径向渐变，最终效果如图 17-57所示。

图 17-57 最终效果

附 录

Photoshop CS6快捷键总览

为了方便用户查阅和使用Photoshop 快捷键进行图像操作，现将常用的工具、面板和命令快捷键列表如下。

1. 工具快捷键

快 捷 键	工 具	快 捷 键	工 具
A	直接选择工具	N	3D 环绕工具
B	画笔工具	O	减淡 / 加深 / 海绵工具
C	裁切工具	P	钢笔工具
D	转换前 / 背景色为默认颜色	Q	进入快速蒙版状态
E	橡皮擦工具	R	旋转视图工具
F	满屏显示切换	S	图章工具
G	渐变 / 油漆桶工具	T	文字工具
H	抓手工具	U	形状工具
I	吸管工具	V	移动工具
J	修复工具	W	魔棒工具
K	3D 旋转工具	X	交换前 / 背景色
L	套索工具	Y	历史记录画笔工具
M	选框工具	Z	缩放工具

2. 面板显示常用快捷键

快 捷 键	工 具
F1	打开帮助
F2	剪切
F3	复制
F4	粘贴
F5	隐藏 / 显示画笔面板
F6	隐藏 / 显示颜色面板
F7	隐藏 / 显示图层面板
F8	隐藏 / 显示信息面板
F9	隐藏 / 显示动作面板
Tab	显示 / 隐藏所有面板
Shift + Tab	显示 / 隐藏工具箱外的面板

3. 选择和移动时所使用的快捷键

快 捷 键	功 能
任一选择工具 + 空格键 + 拖动	选择时移动选择区域的位置
任一选择工具 + Shift + 拖动	在当前选区添加选区
任一选择工具 + Alt + 拖动	从当前选区减去选区
任一选择工具 + Shift + Alt + 拖动	交叉当前选区

快捷键	功能
Shift + 拖动	限制选区为正方形或圆形
Alt + 拖动	以某一点为中心开始绘制选区
Ctrl	临时切换至移动工具▶♣
Alt + 单击	从♡工具临时切换至♡工具
Alt + 拖动	从♡工具临时切换至♡工具
Alt + 拖动	从♡工具临时切换至♡工具
Alt + 单击	从♡工具临时切换至♡工具
▶♣ + Alt + 拖动选区	移动复制选区图像
任一选择工具 + ←、→、↑、↓	每次移动选区 1 个像素
Ctrl + ←、→、↑、↓	每次移动图层 1 个像素
Shift + 拖动参考线	将参考线紧贴至标尺刻度
Alt + 拖动参考线	将参考线更改为水平或垂直

4.编辑路径时所使用的快捷键

快捷键	功能
▶ + Shift + 单击	选择多个锚点
▶ + Alt + 单击	选择整个路径
↕ + Alt + Ctrl + 拖动	复制路径
Ctrl + Alt + Shift + T	重复变换复制路径
Ctrl	从任一钢笔工具切换至▶
Alt	从▶切换至▶₊
Alt + Ctrl	指针在锚点或方向点上时从▶切换至▶
任一钢笔工具 + Ctrl + Enter	将路径转换为选区

5. 菜单命令快捷键

菜单	快捷键	功能
文件菜单	Ctrl + N	打开"新建"对话框，新建一个图像文件
	Ctrl + O	打开"打开"对话框，打开一个或多个图像文件
	Ctrl + Alt +Shift + O	打开"打开为"对话框，以指定格式打开图像
	Ctrl+Alt+O	打开 Bridge
	Ctrl + W 或 Alt + F4	关闭当前图像文件
	Ctrl + Alt+W	关闭全部
	Ctrl + Shift +W	关闭并转移到 Bridge
	Ctrl + S	保存当前图像文件
	Ctrl + Shift + O	打开 Bridge 浏览图像
	Ctrl + Shift + S	打开"另存为"对话框保存图像
	Ctrl + Alt + Shift + S	将图像保存为网页
	Ctrl + Shift + P	打开"页面设置"对话框
	Ctrl + P	打开"打印"对话框，预览和设置打印参数
	Ctrl +Alt+Shift+ P	打印拷贝
	F12	恢复图像到最近保存的状态
	Alt + F4 或 Ctrl + Q	退出 Photoshop 程序

续表

菜单	快 捷 键	功 能
编辑菜单	Ctrl + K	打开"首选项"对话框，设置 Photoshop 的操作环境
	Ctrl + Z	还原和重做上一次的编辑操作
	Ctrl + Shift + Z	还原前一次操作
	Ctrl + Alt + Z	重做后一次操作
	Ctrl + Shift + F	渐隐
	Ctrl + X	剪切图像
	Ctrl + C	拷贝图像
	Ctrl + Shift + C	合并拷贝所有图层中的图像内容
	Ctrl + V 或 F4	粘贴图像
	Ctrl + Shift + V	粘贴图像到选择区域
	Delete	清除选取范围内的图像
	Shift + F5	打开"填充"对话框
	Alt + Delete	用前景色填充图像或选取范围
	Ctrl + Delete	用背景色填充图像或选取范围
	Ctrl + T	自由变换图像
	Ctrl + Shift + T	再次变换
图像菜单	Ctrl + L	打开"色阶"对话框调整图像色调
	Ctrl + Shift + L	执行"自动色调"命令
	Ctrl + Alt + Shift + L	执行"自动对比度"命令
	Ctrl + Shift + B	执行"自动颜色"命令
	Ctrl + M	打开"曲线"对话框，调整图像的色彩和色调
	Ctrl + B	打开"色彩平衡"对话框，调整图像的色彩平衡
	Ctrl + U	打开"色相/饱和度"对话框，调整图像的色相、饱和度和亮度
	Ctrl + Shift + U	执行"去色"命令，去除图像的色彩
	Ctrl+Alt+Shift+B	打开"黑白"调整对话框
	Ctrl + I	执行"反相"命令，将图像颜色反相
	Ctrl+Alt+I	打开"图像大小"对话框
	Ctrl+Alt+C	打开"画布大小"对话框
图层菜单	Ctrl + Shift + N	打开"新建图层"对话框，建立新的图层
	Ctrl + J	将当前图层选区范围内的内容复制到新建的图层，若当前无选区，则复制当前图层
	Ctrl + Shift + J	将当前图层选区范围内的内容剪切到新建的图层
	Ctrl + G	新建图层组
	Ctrl + Shift +G	取消图层编组
	Ctrl+Alt+G	创建/释放剪切蒙版
	Ctrl + Shift +]	将当前图层移动到最顶层
	Ctrl +]	将当前图层上移一层
	Ctrl + [	将当前图层下移一层
	Ctrl + Shift + [	将当前图层移动到最底层
	Ctrl + E	将当前图层与下一图层合并（或合并链接图层）
	Ctrl + Shift + E	合并所有可见图层
选择菜单	Ctrl + A	全选整个图像
	Ctrl + Alt + A	全选所有图层
	Ctrl + D	取消选择
	Ctrl + Alt + R	打开"调整边缘"对话框
	Ctrl + Shift + D	重复上一次范围选取
	Ctrl + Shift + I 或 Shift+F7	反转当前选取范围
	Shift+F6	打开"羽化"对话框，羽化选取范围

菜单	快 捷 键	功　　能
视图菜单	Ctrl + Y	校样图像颜色
	Ctrl + Shift + Y	色域警告，在图像窗口中以灰色显示不能印刷的颜色
	Ctrl + +	放大图像显示
	Ctrl +-	缩小图像显示
	Ctrl + 0	满画布显示图像
	Ctrl + Alt + 0 或 Ctrl +1	以实际像素显示图像
	Ctrl + H	显示 / 隐藏选区蚂蚁线、参考线、路径、网格和切片
	Ctrl + Shift + H	显示 / 隐藏路径
	Ctrl + R	显示 / 隐藏标尺
	Ctrl +;	显示 / 隐藏参考线
	Ctrl + '	显示 / 隐藏网格
	Ctrl + Alt + ;	锁定参考线

6. 图像窗口查看快捷键

快 捷 键	作 用
双击工具箱🖐工具或按 Ctrl + 0 键	满画布显示图像
Ctrl + +	放大视图显示
Ctrl + −	缩小视图显示
Ctrl + Alt + 0	实际像素显示
任意工具 + Space 键	切换至抓手工具（🖐），拖曳鼠标可移动图像窗口中的图像
Ctrl + Tab	切换至下一幅图像
Ctrl + Shift + Tab	切换至上一幅图像
Page Down	图像窗口向下滚动一屏
Page Up	图像窗口向上滚动一屏
Shift + Page Down	图像窗口向下滚动 10 像素
Shift + Page Up	图像窗口向上滚动 10 像素
Home	移动图像窗口至左下角
End	移动图像窗口至右下角

7. 图层面板常用快捷键

快 捷 键	作 用
Ctrl + Shift +N	新建图层
Alt + Ctrl + G	创建 / 释放剪贴蒙板
Ctrl + E	合并图层
Shift + Ctrl + E	合并可见图层
Alt + [或]	选择下一个或上一个图层
Shift + Alt +]	激活底部或顶部图层
设置图层的不透明度	快速输入数字键，例如 50 表示不透明度为 50%，16 表示不透明度为 16%

8. 画笔面板常用快捷键

快 捷 键	作 用
Alt + 单击画笔	删除画笔
[ ]	加大或减小画笔尺寸
Shift + [ ]	加大或减小画笔硬度
< >	循环选择画笔

9. 文字编辑快捷键

快 捷 键	作 用
🔲 + Ctrl + Shift + L	将段落左对齐
🔲 + Ctrl + Shift + C	将段落居中
🔲 + Ctrl + Shift + R	将段落右对齐
Ctrl + A	选择所有字符
Shift + 单击	选择插入光标至鼠标单击处之间的所有字符
Ctrl + Shift + < >	将所选文字字号减少 / 增加 2 点
Ctrl + Alt + Shift + < >	将所选文字字号减少 / 增加 10 点
Alt + ← →	减少 / 增加当前插入光标位置的字符间距

10. 绘图快捷键

快 捷 键	作 用
任一绘图工具 + Alt	临时切换至吸管工具 🔲
Shift + 🔲	切换至取样工具 🔲
🔲 + Alt + 单击	删除取样点
🔲 + Alt + 单击	选择颜色至背景色
Alt + Backspace（Del）键	填充前景色
Ctrl + Backspace（Del）键	填充背景色
/	打开 / 关闭 "保留透明区域" 选项，相当于图层面板 🔲 按钮
绘画工具 + Shift + 单击	连接点与直线
🔲 + Alt + 拖移光标	抹掉历史记录

本书实战速查表

1. 软件功能学习类实战

实战名称	所在页
实战：置入 EPS 格式文件	27
实战：置入 AI 格式文件	28
实战：创建自定义工作区	30
实战：自定义工具快捷键	30
实战：校正建筑变形	34
实战：将照片设置为计算机桌面	35
实战：使用标尺	36
实战：使用参考线	36
实战：用历史记录面板还原图像	39
实战：用矩形选框工具制作矩形选区	45
实战：使用单行选框工具	46
实战：用磁性套索工具制作选区	49
实战：用多边形套索工具制作选区	50
实战：用拾色器设置颜色	68
实战：用吸管工具拾取颜色	70
实战：创建自定义画笔	79
实战：用实色渐变制作水晶按钮	82
实战：绘制直线	123
实战：绘制心形路径	127

2. 抠图类实战

3. 平面设计类实战

4. 绘画类实战

5. 数码照片类实战

6. 图像创意与合成类实战

7. 淘宝装修类实战

8. UI设计类实战